应用型本科 机械类专业系列教材

机械 CAD/CAM 技术

（第四版）

张建成　刘冰冰　主编

西安电子科技大学出版社

内 容 简 介

本书系统地讲述了 CAD/CAM 技术的基本概念、基本方法和应用实训实例，主要内容包括 CAD/CAM 的基本概念、系统组成、CAD 技术、CAM 技术和 CAD/CAM 集成技术的发展趋势等。

本书在保持内容系统性的基础上，突出内容的新颖性和实用性，在介绍 CAD/CAM 应用技术的同时，结合常用 CAD/CAM 软件 Pro/E 的应用，给出从机械零件三维造型设计到机械零件数控加工自动编程的各种实训方案，便于学生实际操作。

本书可作为应用型本科数控类、机械类、机电类专业学生的教材，也可作为从事数控自动编程、CAD/CAM 技术工程应用的技术人员的参考书和培训教材。

图书在版编目(CIP)数据

机械 CAD/CAM 技术 / 张建成，刘冰冰主编. —4 版. —西安：
西安电子科技大学出版社，2022.3
ISBN 978-7-5606-6359-3

Ⅰ.①机… Ⅱ.①张… ②刘… Ⅲ.①机械设计—计算机辅助设计—高等学校—教材
②机械制造—计算机辅助制造—高等学校—教材 Ⅳ.①TH122 ②TH164

中国版本图书馆 CIP 数据核字(2021)第 275220 号

策划编辑 马乐惠
责任编辑 雷鸿俊
出版发行 西安电子科技大学出版社(西安市太白南路 2 号)
电　　话 (029)88202421 88201467　　邮　　编 710071
网　　址 www.xduph.com　　电子邮箱 xdupfxb001@163.com
经　　销 新华书店
印刷单位 陕西天意印务有限责任公司
版　　次 2022 年 3 月第 4 版　　2022 年 3 月第 1 次印刷
开　　本 787 毫米×1092 毫米 1/16　　印　　张 19.5
字　　数 461 千字
印　　数 1～3000 册
定　　价 44.00 元
ISBN 978-7-5606-6359-3/TH
XDUP 6661004-1
如有印装问题可调换

前　　言

CAD/CAM 技术是随信息技术的发展而形成的一门新兴技术，它的应用和发展引起了社会和生产的巨大变革，因此 CAD/CAM 技术被视为 20 世纪最杰出的工程成就之一。随着 CAD/CAM 技术的推广应用，它已逐渐从一门新兴技术发展成为多行业的技术基础。

提高新产品的开发能力及制造能力是提高制造业企业竞争力的关键，而 CAD/CAM 技术是提高产品设计和制造质量、缩短产品开发周期、降低产品成本的强有力手段，也是未来工程技术人员必须掌握的基本工具。

本书是一本实用技术教材，突出介绍 CAD/CAM 的概念、应用方法，并培养学生结合具体的 CAD/CAM 软件进行实践练习。目前流行的 CAD/CAM 软件众多，虽然不同的软件有其各自的特点，但其重要功能、基本方法却是相同的。本书重点介绍当前企业和设计单位广泛使用的 Pro/E 软件。

本书第四版基本沿袭了第三版的编写体系，在第一版至第三版的基础上，根据读者的反馈意见，结合 CAD/CAM 技术的发展对部分内容做了修订。

随着中国高等教育的不断发展，应用型本科高校不断增多，与之相配套的教材却数量有限，本书根据形势需要，将使用对象确定为应用型本科机械类专业学生。应用型本科的机械 CAD/CAM 课程属于实践类课程，通过课内学习和实训环节，应使学生能使用高中档 CAD/CAM 软件完成较复杂的零件三维模型的创建、虚拟装配及干涉检查、二维装配图及零件图的出图、铣削加工及车削加工的自动编程、刀位文件的编辑和 CAM 后置处理，并通过铣削加工中心（或数控铣床）及车削加工中心（或数控车床）直接加工出自己所设计的零件。

学生通过这样的学习和实训，所学到的不仅仅是机械 CAD/CAM 的概念，而且是实际的机械 CAD/CAM 理论知识及高中档 CAD/CAM 软件的操作技能。

本书的编者力求在编写上能达到上述目的。

本书各章的编写分工为：北京联合大学方新编写第 1 章，北京联合大学张建成编写第 2 章、第 3 章 3.2～3.7 节，北京联合大学饶军编写第 3 章 3.1 节和 3.8 节，北京联合大学雷保珍和东南大学成贤学院葛永成编写第 4 章，北京联合大学刘冰冰编写第 5 章。本书由张建成、刘冰冰担任主编，张建成负责统稿，方新教授担任主审。

本书由北京联合大学规划教材建设项目资助。由于编者水平有限，加之时间仓促，书中不足之处在所难免，敬请读者批评指正。

编　者

2021 年 11 月

目 录

第1章 绪 论

1.1 概 述

1.1.1 CAD/CAM 的基本概念

计算机辅助设计(Computer Aided Design，CAD)和计算机辅助制造(Computer Aided Manufacturing，CAM)是计算机技术在机械制造领域中应用的两个主要方面，是指在产品的设计和制造过程中利用计算机作为主要手段，代替人的手工劳动和部分脑力劳动，使产品的设计和制造实现自动化。CAD 和 CAM 是紧密联系及互相影响的两个阶段，联系设计与制造两个环节的图纸可以实现信息化，CAD 的输出结果常常作为 CAM 的输入信息，因此，在发展过程中 CAD 和 CAM 就很自然地结合起来，逐渐趋于集成化，构成统一的 CAD/CAM 系统，于是人们常把二者合称为 CAD/CAM。

计算机辅助设计(CAD)主要是指：使用计算机来辅助一项设计的建立、修改、分析和优化，即整个设计工作先由设计人员构思，再利用计算机对有关产品的大量资料进行检索，根据性能要求及有关数据、公式进行计算、分析和优化设计之后，将产品设计图形显示出来。设计人员可以对设计方案或图形做必要的修改，直到获得满意的设计结果。

在没有采用 CAD 技术之前，设计工作由设计人员根据设计对象的要求(用户的要求或产品的开发设想)，参考各种有关资料(各种参数、数据及制造标准等)、计算公式，考虑所采用的加工方法及生产设备条件，类比相似产品的设计及自己的设计经验，构思并拟订产品的初步方案或结构草图，进行多次反复的计算分析、综合比较，选定在经济性、工艺性和可靠性等方面较为合理完善的方案。根据这个初步设计绘制设计图纸并编制有关文件资料(穿插着必要的设计修改、验算等)。这种设计方式不可避免地存在着以下不足之处：

(1) 人工完成的产品设计难以做到最佳(优化)设计，仅凭个人经验设计，故只能停留在靠类比和估算来代替设计计算的阶段上。

(2) 设计人员花费大量的时间和精力，用于烦琐、重复的手工计算、绘图和编制表格，耗工费时，拖长了设计周期。

(3) 设计的精确性和可靠性受到了很大限制，影响了设计质量。

(4) 难以进行精确的计算，设计中安全系数值较大，增大了材料的消耗。

因此，这种传统的设计方法已越来越不能适应经济、技术和社会发展的需要。由于市场对产品不断提出各种各样的要求，产品的更新换代非常迅速，生产向着多品种、中小批量方向发展。只有适应这种日新月异的变化，努力追求 T、C、Q、S、D，即以最短的交货期(Time)、最小的成本(Cost)，向市场推出质量(Quality)最好的产品，同时为用户提供最好的服务(Service)并不断进行新产品的研发(Developing)，企业才能在国内外市场的激烈竞争中求得生存和发展。计算机辅助设计的应用，是实现这一目标必不可少的条件。一般来说，能解决某类问题的 CAD 系统应具备以下 3 个条件：

(1) 有较完备的数据库。凡解决该类问题所需的各种数据、标准、经验曲线、表格等，都按照数据结构关系存入计算机存储器中，以便于检索调用或增删修改。

(2) 有较完备的程序库，即将解决该类问题所必需的各种计算、设计、分析方法，包括通用方法和专用方法，都编制出相应的计算机程序，并汇集备用。

(3) 具备人机会话功能的交互式图形系统，即能利用实时输入/输出装置，如键盘、鼠标、图形显示器、自动绘图仪器，实时输入设计人员的有关指令和数据，实时输出设计图样及数据。

一般认为，CAD 系统应能完成的工作包括草图设计、零件设计、装配设计、复杂曲面设计、工程图样设计、工程分析、真实感及渲染、数据交换等。

一个较完善的 CAD 系统由数值计算与处理、交互绘图与图形输入/输出、存储和管理设计制造信息的工程数据库等三大模块组成。近十年来，国际上推出的商用 CAD 系统种类繁多，功能近似或有一定差异。分析十几种通用的 CAD 系统，可归纳其主要功能如下：

(1) 造型功能。造型包括实体造型(Solid Modeling)和曲面造型(Surface Modeling)。系统应具有定义和生成体素，以及构造实体模型的能力。系统还应具有根据给定的离散数据和工程问题的边界条件来定义、生成、控制和处理过渡曲面与非矩形域曲面的拼合能力，提供曲面造型技术。

(2) 二维与三维图形的相互转换。设计过程是一个反复修改、逐步逼近的过程。产品的总体设计需要三维图形，而结构设计主要用二维图形，二维与三维图形可进行相互转换，为设计绘图提供了极其有力的工具。

(3) 参数化设计。具有参数化设计功能的 CAD 系统，能使产品三维(包括二维)模型参数化，设计人员在任何阶段修改尺寸时，系统会自动完成相应实体形状的改变。参数化设计能真正将初次设计从生产过程中分离出来，通过标准化减少零件的种类和数量，增加设计成果的储备，以最快的速度适应市场变化，满足用户的需求。

(4) 三维几何模型的显示处理。系统应具有动态显示模型、消隐、彩色浓淡处理的能力，以便设计人员能直接观察、构思和检验产品模型，解决三维几何模型的复杂空间布局问题。

(5) 三维运动机构的分析和仿真。系统应具有对运动机构的参数、运动轨迹干涉检查的分析能力，以及对运动系统进行仿真的能力。

(6) 物体质量特征计算。可根据几何模型计算相应物体的体积、质量、表面积、重心、转动惯量、回转半径等几何特性，为工程分析提供必要的基本参数和数据。

(7) 有限元分析。系统应具有对产品模型的应力分布、强度、变形、振动等进行有限元分析的能力，以便为设计人员研究产品的受力、变形，描述应力提供分析技术。

(8) 优化。可对设计方案进行优选，以保证产品具有现代化设计水平。

(9) 极强的图形处理功能。图形处理功能包括画图、编辑功能，以及图形输出、标准件参数化图素、各类特征符号库等。

(10) 先进的二次开发工具。任何一种通用 CAD 系统都不可能同时满足各行各业、各种情况的需要，因此 CAD 系统提供先进、实用的二次开发工具是非常必要的。

(11) 数据处理与数据交换。系统应具有处理和管理有关产品设计、制造等方面信息的能力，以实现设计、制造、管理的信息共享，并达到自动检索、快速存取、不同系统间传输和交换的目的。

在计算机辅助设计发展的同时，计算机辅助制造(CAM)也得到了迅猛的发展。计算机辅助制造主要是指：利用计算机辅助完成从生产准备到产品制造整个过程的活动，即通过直接或间接地把计算机与制造过程和生产设备相联系，用计算机系统进行制造过程的计划、管理以及对生产设备的控制与操作的运行，处理产品制造过程中所需的数据，控制和处理物料(毛坯和零件等)的流动，对产品进行测试和检验等。它包括很多方面，如计算机数控(Computer Numerical Control，CNC)、直接数控(Direct Numerical Control，DNC)、柔性制造系统(Flexible Manufacturing System，FMS)、机器人(Robots)、计算机辅助工艺设计(Computer Aided Process Planning，CAPP)、计算机辅助测试(Computer Aided Test，CAT)、计算机辅助生产计划编制(Production Planning Simulation，PPS)以及计算机辅助生产管理(Computer Aided Production Management，CAPM)等。这是对 CAM 广义的定义。狭义 CAM 是指在制造过程中的某个环节应用到计算机辅助技术(通常是指计算机辅助机械加工)，更明确地说是数控加工，利用计算机进行数控加工程序编制，包括刀具路径规划、刀位文件生成、刀具轨迹仿真及 NC 代码生成等。它的输入信息是零件的工艺路线和工序内容，输出信息是加工时的刀位文件和数控程序。在 CAM 过程中主要包括两类软件：计算机辅助工艺设计软件(CAPP)和数控编程软件(NCP)。狭义 CAM 可理解为数控加工，即把 CAM 软件看作是 NCP 软件。其实，目前大部分商业化的 CAM 软件都包含 NCP 功能。广义的 CAM 包括 CAPP 和 NCP。更为广义的 CAM 则是指应用计算机辅助完成从原材料到产品的全部制造过程，包括直接制造过程和间接制造过程，如工艺准备、生产作业计划、物流过程的运行控制、生产控制、质量控制等。

实用的 CAM 系统大致分为以下两类：

(1) CAM 的直接应用：计算机与制造过程直接连接，对制造过程和生产设备进行监视与控制。计算机监视是指将计算机与制造过程连在一起，对制造过程和设备进行观察以及在加工过程中收集数据，计算机并不直接控制操作。而计算机控制则是对制造过程和设备进行直接的控制。有些档次较高的 CAM 系统既包括计算机监视，也包括计算机控制，形成了计算机监控系统。其具体内容包括 CNC、DNC、CAT、FMS 和机床的自适应控制(Adaptive Control，AC)等。

(2) CAM 的间接应用：计算机与制造过程不直接连接，而是以"脱机"(指设备不在计算机直接控制之下)工作方式提供生产计划、进行技术准备以及发出有关指令和信息等，通过这些可以对生产过程和设备进行更有效的管理。在此过程中，用户向计算机输入数据和程序，再按计算机的输出结果去指导生产。其具体内容包括计算机辅助 NC 编程、加工过程刀具轨迹生成、计算机辅助工艺过程设计、计算机辅助生成工时定额、计算机辅助安排材料需求计划、计算机辅助车间(工段)管理等。

在制造过程中，应用 CAM 可以大大提高机床的利用率，减少生产技术准备、生产管理以及其他各种辅助时间，使整个生产效率得以大大提高。在现代制造系统中，传统的工艺设计方法已越来越不能满足系统高效率、高柔性和信息高度集成的要求，工艺设计成为 CAD/CAM 之间集成的关键和难点，迫切需要计算机这样的高效信息处理工具参与工艺设计，因而出现了 CAPP。

CAPP 是指在人和计算机组成的系统中，根据产品设计阶段给出的信息，人机交互地或自动地确定产品加工方法和工艺过程。一般认为 CAPP 的功能包括毛坯设计、加工方法选择、工艺路线制订、工序设计和刀具夹具设计。

工序设计又包含机床和刀夹量具等的选择、切削用量选择、加工余量分配以及工时定额计算等。通过应用 CAPP，计算机系统既可以全部或部分地进行工艺设计，又能以迅速和一致的方式向用户提供优化的方案。

目前，有些人认为应用计算机完成设计过程中的数值计算、有关分析及计算机绘图就是 CAD，利用软件进行自动编程便是 CAM，应该说这是对 CAD/CAM 技术的片面理解和不全面的认识。设计是人类高度智能化的一种活动，往往贯穿了产品的整个生命周期，包含产品的需求规划、概念设计、总体设计、结构设计、产品试制、生产规划、营销设计、报废回收等流程，从而最终实现产品从概念设计到实物、从抽象到具体、从定性到定量的生产过程，设计中既有大量的数值计算，也有众多的推理决策判断。从设计方法角度看，设计可分为常规设计、革新设计和创新设计等三类。目前，一般的 CAD 系统是以数据库为核心、以交互图形设计为手段，在建立产品几何模型的基础上，利用有限元和优化设计对产品的性能进行分析计算，而对推理和判断却做得不多，因此，在产品开发中，计算机只是作为一种辅助的设计工具，许多推理判断工作仍需由人工完成，所以人们将它称为计算机辅助设计。

由于 CAD/CAM 技术是一个发展着的概念，不同地区、不同国家的学者从不同的角度出发，对 CAD、CAM 内涵的理解也不完全相同，因此要给 CAD、CAM 下一个确切的定义并不容易。一般认为，CAD 是指工程技术人员在人和计算机组成的系统中，以计算机为辅助工具，通过计算机和 CAD 软件对设计产品进行分析、计算、仿真、优化与绘图，在这一过程中，把设计人员的创造性思维、综合判断能力与计算机强大的记忆、数值计算、信息检索等能力相结合，各尽所长，完成产品的设计、分析、绘图等工作，最终达到提高产品设计质量、缩短产品开发周期、降低产品生产成本的目的。CAD 的功能可以大致归纳为四类，即几何建模、工程分析、动态模拟和自动绘图。为了实现这些功能，一个完整的 CAD 系统应由科学计算、图形系统和工程数据库等组成。科学计算包括有限元分析、可靠性分析、动态分析、产品的常规设计和优化设计等；图形系统则包括几何造型、自动绘图、动态仿真等；工程数据库对设计过程中需要使用和产生的数据、图形、文档等进行存储与管理。

值得注意的是，不应该把 CAD 与计算机辅助绘图、计算机图形学混淆起来。计算机辅助绘图是指使用图形软件和硬件进行绘图及有关标注的一种技术；计算机图形学是研究通过计算机将数据转换为图形，并在专用设备上显示的原理、方法和技术的科学。计算机辅助绘图主要解决机械制图问题，是 CAD 的一个组成部分，其内涵比 CAD 小得多；计算机图形学是一门独立的学科，但它的有关图形处理的理论与方法是构成 CAD 技术的重要基础。

把计算机辅助设计和计算机辅助制造集成在一起，称为 CAD/CAM 系统；把计算机辅助设计、计算机辅助工程和计算机辅助制造集成在一起，称为 CAD/CAE/CAM 系统。现在很多 CAD 系统逐渐添加了 CAM 和 CAE(Computer Aided Engineering，计算机辅助工程分析)功能，所以工程界习惯上把 CAD/CAE/CAM 称为 CAD 系统或 CAD/CAM 系统。一个产品的设计制造过程往往包括产品任务规划、方案设计、结构设计、产品试制、产品试用、产品生产等阶段，而计算机只是按用户给定的算法完成产品设计制造全过程中某些阶段或某个阶段中的部分工作，如图 1.1.1 所示。

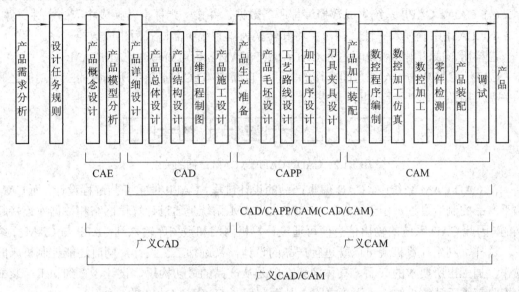

图 1.1.1 产品开发过程及 CAD、CAE、CAM 的范围

CAD/CAM 技术是一种在不断发展着的技术，随着相关技术及应用领域的发展和扩大，CAD/CAM 技术的内涵也在不断扩展。

1.1.2 CAD/CAM 集成的概念

近 40 年来，CAD、CAPP、CAM 技术得到了飞速发展，尤其是自 20 世纪 70 年代中期以来，计算机的应用日益广泛，几乎深入到与生产过程有关的所有领域，形成了许多计算机辅助的分散系统。如不考虑企业行政管理方面的因素，这些分散系统包括 PPS、CAD、CAE、CAPP、CAM、CAQ(Computer Aided Quality，计算机辅助质量管理)、CAFD(Computer Aided Fixture Design，计算机辅助夹具设计)。

这些独立的分散系统，分别在产品设计自动化、工艺过程设计自动化和数控编程自动化等方面起到了重要作用。但是采用这些各自独立的分散系统，不能实现系统之间信息的自动传递和交换，信息资源还不能共享。例如，CAD 系统设计的结果不能直接为 CAPP 系统所接受，进行工艺过程设计时，还需要人工将 CAD 输出的图样文档等信息转换成 CAPP 系统所需要的输入数据，这不但影响了效率的提高，而且在人工转换中难免发生错误。所以，随着计算机日益广泛深入的应用，人们很快认识到，只有当 CAD 系统一次性输入的信息及其产生的结果能为后续环节(如 CAPP、CAM)继续应用时才是最经济和最合理的。为此，提出了 CAD/CAPP/CAM 集成的概念，并首先致力于 CAD、CAPP 与 CAM 系统之间数据自动传递和转换的研究，以便将已存在和使用的 CAD、CAPP、CAM 系统通过计算机网络和数据库集成起来。目前，这一技术已达到实用和逐步成熟阶段。

利用数据传递和转换技术实现 CAD 与 CAPP、CAM 集成的基本工作步骤如下：

(1) CAD 设计产品结构，绘制产品图样，为 CAPP、CAM 过程准备数据。

(2) 经数据转换接口，将产品数据转换成中性文件(如 IGES、STEP 文件)。

(3) CAPP 系统读入中性文件，并将其转换为系统所需格式后生成零件工艺过程。

(4) CAD、CAPP 系统生成数控编程所需数据，并按一定标准转换成相应的中性文件。

(5) CAM 系统读入中性文件，并将其转换为本系统所需格式后生成数控程序。

这样所形成的集成系统表达为 CAD/CAPP/CAM，也可简写为 CAD/CAM。

CAD、CAPP 与 CAM 之间密切的关系，也即 CAD/CAM 系统所具有的三大功能之间的关系可用图 1.1.2 所示的框图来表示。

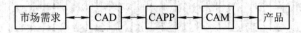

图 1.1.2　CAD、CAPP 与 CAM 之间的关系

在 CAD/CAM 系统中，CAD 偏重产品的设计过程，CAPP 偏重工艺过程设计，而 CAM 偏重产品的制造过程。由于 CAD、CAPP 与 CAM 系统是通过计算机网络和数据库连接起来的，因此 CAD 系统的输出信息便可通过计算机网络和数据库输入到 CAPP 与 CAM 系统中。这样，利用计算机就可以既进行产品的设计，又进行工艺设计，同时还能控制机床的操作，加工出所要求的产品。具体地说，就是从产品的最初构思、设计，直到加工、装配和检验都置于计算机的统一管理之下，从而实现了 CAD 与 CAM 的一体化。

1.1.3　产品生产过程与 CAD/CAM 过程

产品是市场竞争的核心。对于产品有不同的定义和理解。首先从生产的观点来看，产品是从需求分析开始，经过设计过程、制造过程后变成可供用户使用的成品，这一总过程也称为产品生产过程。产品生产过程具体包括产品设计、工艺设计、加工和装配过程。每一过程又划分为若干个阶段。例如，产品设计过程可划分为任务规划、概念设计、结构设计、施工设计等四个阶段；工艺设计过程可划分为毛坯的确定，工件的定位与夹紧，工艺路线设计，工序设计，刀具、夹具、量具等的设计与选择等阶段；加工、装配过程可划分为数控编程、加工过程仿真、数控加工、检测、装配、调试等阶段。

在上述各过程、阶段内，计算机获得不同程度的应用，并形成了相应 CAD/CAPP/CAM 过程链，如图 1.1.3 所示。按顺序的生产观点，这是一个串行的过程链，但按并行工程的观点考虑到信息反馈，这也是一个交叉、并行的过程。

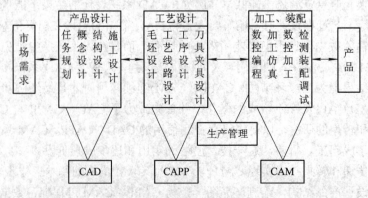

图 1.1.3　产品生产过程与 CAD/CAM 过程

从计算机科学的角度看，设计与制造过程是一个信息处理、交换、流通和管理的过程，因此，CAD/CAM 系统是用计算机对设计和制造过程中信息的产生、存储、转换、流通和管理进行分析与控制，CAD/CAM 系统实质上是一个有关产品设计和制造的信息处理系统。这种信息处理系统是通过计算机网络来实现的。通过计算机网络系统进行信息交换，既可以使设计和制造信息有机地结合，可以相互利用这两个领域的必要知识进行设计和制造，也由于信息管理一体化，可以减少设计差错、制造失误和信息传输错误，从而缩短准备时间和简化修正程序，还便于技术和生产状况的管理、记录和质量水平的提高。

1.2 CAD/CAM 技术的应用和发展

1.2.1 CAD/CAM 技术的应用

目前，CAD/CAM 技术已经渗透到工程技术和人类生活的几乎所有领域，成为一个令人瞩目的高技术产业，尤其是在机械、电子、航空、航天、兵器、汽车、船舶、电力、化工、建筑和服装等行业应用已较为普遍。CAD/CAM 的发展把计算机的高速度、准确性和大贮存量与技术人员的思维综合分析能力结合起来，从而大幅度地提高了生产效率，缩短了产品的研制周期，提高了设计和制造的质量，节约了原材料和能源，加速了产品的更新换代，提高了企业的竞争能力。

目前，CAD/CAM 技术的应用水平已成为衡量一个国家工业现代化水平的重要标志。我国近年来 CAD/CAM 技术的研究与应用虽然已取得了可喜成绩，但与工业发达国家相比差距依然很大。许多企业尽管引进了 CAD/CAM 系统，但其功能却没能得以充分发挥。因此，我们应抓紧时机，结合国情，积极开展 CAD/CAM 技术的研究与推广工作，提高企业竞争能力，加快企业现代化进程的步伐。

1.2.2 CAD/CAM 技术的历史沿革

机械产品的生产可以分为产品设计和产品制造两个阶段。设计与制造是密切相关的，应当统一起来考虑。CAD 和 CAM 的发展也是密切相关的。

1. CAD/CAM 集成技术的产生

CAD/CAM 是一门基于计算机技术而发展起来的、与机械设计和制造技术相互渗透结合的、多学科综合性的技术。它随着计算机技术的迅速发展、数控机床的广泛应用及 CAD/CAM 软件的日益完善，在电子、机械、航空、航天、轻工等领域得到了广泛的应用。1989 年，美国国家工程科学院对 1965—1989 年的 25 年间当代十项杰出工程技术成就进行了评选，CAD 技术名列第四。美国国家科学基金会曾在一篇报告中指出："CAD/CAM 对直接提高生产率比电气化以来的任何发展都具有更大的潜力，应用 CAD/CAM 技术，将是提高生产率的关键。"

CAD/CAM 技术为什么能在短短的 40 余年间发展如此迅速呢？归根到底是因为它几乎

推动了整个领域的设计革命，大大提高了产品开发速度，缩短了产品从开发到上市的周期；同时，由于市场竞争的日益激烈，用户对产品的质量、价格、生产周期、服务、个性化等要求越来越高。对于产品开发商来说，为了立足市场，必须使用先进设计制造技术，以缩短产品的设计开发周期，提高产品质量，最终提升产品的市场竞争力，CAD/CAM 技术便是首选之一。因此，作为先进制造技术重要组成部分的 CAD/CAM 技术，它的发展及应用水平已成为衡量一个国家的科学技术进步和工业现代化的重要标志之一，尤其是模具CAD/CAM 技术对于现代大批量优质生产更具有重要意义。

2. CAD/CAM 发展历程

1) CAD/CAM 技术的发展历程

从 CAD/CAM 技术诞生至今，它的发展始终与计算机技术、软硬件水平及相关基础技术(如计算机图形学、网络技术、通信技术等)的发展紧密相连。因此，我们在了解 CAD 技术发展历程的同时，也需要了解当时与 CAD 技术相关联技术的发展情况。在 CAD 技术和 CAM 技术诞生初期，它们是独立发展的，而 CAM 技术的发展促使了 CAD 技术的出现和发展。

20 世纪 40 年代末期，美国有一位叫约翰·帕森斯的工程师构思并向美国空军展示了一种加工方法：在一张硬纸卡上打孔来表示需要加工的零件的几何形状，利用这张硬纸卡来控制机床进行零件的加工。当时美国空军正在寻找一种先进的加工方法以解决飞机外形样板加工的问题，因此美国空军对该构思十分感兴趣并大力赞助，同时委托麻省理工学院进行研究开发。1952 年，麻省理工学院伺服机构实验室和帕森斯公司合作研制出了世界上第一台数控机床，该机床在用于飞机螺旋桨叶片轮廓检验样板的加工中取得圆满成功。它是用含有某种指令的特定程序控制其运动并实现工件加工的：首先由人工编好程序并输入数控机床，然后执行程序实现零件的自动加工。用这种方法在编制复杂零件的加工程序时存在编程比较麻烦、周期长且容易出错等缺点。因为程序编制较难，所以限制了它的有效应用。针对这些问题，以该实验室 D. T. Ross 教授为首的研究小组开始着手研究一种能实现自动编程的系统，即 APT(Automatically Programmed Tools)。APT 是一套纯文字的计算机语言，主要由几何定义语句、刀具语句、宏指令与循环指令、辅助功能及说明语句、输入输出语句组成。编程人员首先描述需要加工的零件形状和刀具形状、加工方法、加工参数等，然后编制出零件的加工程序。1969 年，美国 United Computing 公司成功地开发出了 APT 软件并取名为 UNIAPT。APT 软件经过软件开发商的发展，先后推出了 APT-II、APT-III、APT-IV、APT-SS 等版本，其功能不断扩充，APT-III 具有立体切削功能，APT-IV 实现了曲面加工，APT-SS 可雕刻表面。APT 软件以语句为结构对加工零件的几何形状进行描述和定义，以应用软件对语句进行信息处理，最终生成零件的数控加工程序的工作原理，就是CAM 技术的开端。因此，早期的 CAM 主要用于解决程序编制问题，APT 也成为自动编程的一种形式——以计算机语言为基础的自动编程。

虽然以计算机语言为基础的自动编程方法解决了不少编程问题，但它仍存在许多明显不足，如缺少对零件形状和刀位轨迹进行模拟验证的功能使得加工容易出错；程序编制时因为没有图形而不直观，不能处理复杂零件尤其是有曲面的零件等。

第二次世界大战后，随着美国飞机制造业的迅速发展，飞机气动外形的准确度要求逐渐提高，飞机结构也更加复杂，人们开始尝试着使用一种新的制造方法——模线样板工作法，即在铝板上，按真实尺寸绘制飞机各部分的外形轮廓及与外形有关的结构零件图，再用这些模线图制作样板和工装，从而保证了飞机零件制造和装配的精度。在飞机制造中，这种方法取得了很好的效果，缺点是生产准备周期长、手工劳动量大。20 世纪 50 年代中期，由于电子计算机的发展，一些飞机制造公司开始尝试用电子计算机建立飞机外形的数学模型，计算切面数据，再用绘图机输出这些曲线。这种方法大大提高了飞机的制造精度，缩短了生产准备时间，降低了人工工作量，这就是 CAD 技术的雏形。

CAD 技术从出现至今大致经历了以下 5 个阶段：

(1) 孕育形成阶段(20 世纪 50 年代)。该阶段最大的成果是：1950 年麻省理工学院研制出了"旋风Ⅰ号"(Whirlwind-Ⅰ)形显示器，该显示器类似于示波器。虽然它只能用于显示简单的图形且显示精度很低，但它却是 CAD 技术酝酿开始的标志。随后，1958 年 Calcomp 公司和 Gerber 公司先后研制出了滚筒式绘图仪和平板式绘图仪。显示器和绘图仪的发明，表明了该时期的硬件具有图形输出功能。

(2) 快速发展阶段(20 世纪 60 年代)。20 世纪 50 年代末期，美国麻省理工学院林肯实验室研制出将雷达信号转换为显示器图形的空中防御系统。该系统使用了光笔，操作者用它指向屏幕中的目标图形，即可获得所需信息，这便是交互式图形技术的开端。

1962 年，麻省理工学院林肯实验室的 I. E. Sutherland 发表了《Sketchpad：一个人机通信的图形系统》的博士论文，首次提出了计算机图形学、交互技术、分层存储符号的数据结构等新思想。他开发了人机对话式的二维图形系统 Sketchpad，第一次证实了人机对话工作的可能性，为 CAD 技术的发展和应用奠定了坚实的理论基础。I. E. Sutherland 的博士论文中所提出的 CAD 技术的思想，成为该时期的重大成果之一。

计算机技术、交互式图形技术等基础理论的建立与发展、图形输入/输出设备(如光笔、图形显示器、绘图仪等)的成功研制及对图形数据处理方法的深入研究，大大推动了 CAD 技术的完善和发展，一个有力证据就是商品化 CAD 软件的出现和应用。如 1964 年美国通用汽车公司和 IBM 公司联合开发的 DAC-1(Design Augmented by Computer)系统，该系统主要用于汽车外形和汽车结构的设计。

1965 年，美国的 IBM 公司和洛克希德公司共同开发了 CADAM 系统，该系统具有三维造型和结构分析能力，广泛应用于工程设计、机械工业、飞机制造等行业。

不过，该时期的 CAD 系统主要是二维系统，三维 CAD 系统也只是简单的线框造型系统，且规模庞大，价格昂贵。线框造型系统只能表达几何体基本的几何信息，不能有效表达几何体间的拓扑信息，也就无法实现 CAM 和 CAE。

虽然 CAD 技术和 CAM 技术是计算机应用技术中独立发展的两个分支，但随着 CAD 技术、CAM 技术在制造业中的推广，二者间的相互结合显得越来越迫切。CAD 系统只有配合 CAM，才能充分显示它的巨大优越性；同样，CAM 只有利用 CAD 技术所建立的几何模型，才能进一步发挥它的作用。20 世纪 60 年代末至 70 年代初，一些外国公司开始着手将计算机辅助设计系统和计算机辅助制造系统进行集成，建立一个统一的应用程序库，并逐步形成统一的系统。United Computing 公司向一家专门从事图形开发的公司购买其图形系统 ADAM，并将 ADAM 与自己开发的 UNIAPT 软件结合起来，成为一套新的系统，并取名为 UNI-GRAPHICS。1973 年 10 月，在底特律召开的 CAD/CAM 会议上，United

Computing 公司向外界发布了该系统。

(3) 成熟推广阶段(20 世纪 70 年代)。由于计算机硬件的快速发展，CAD 技术进入了成熟推广时期，出现了一批专门从事 CAD/CAM 技术的公司，推出了具有代表性的 CAD/CAM 软件：1970 年，美国 Applicon 公司第一个推出了完整的 CAD 系统；法国 Dassault 公司开发出基于表面模型的自由曲面建模技术，推出三维曲面造型软件 CATIA；美国 GE 公司开发出 CALMA；美国麦道飞机公司开发出 UG 等。1974 年，人们开始把 CAD 系统和生产管理及力学计算相结合，1975 年发展为 CAD/CAM 集成系统。该时期 CAD 技术的应用主要是"交钥匙系统"(Turnkey System)，即软件服务商提供以小型计算机为基础、软硬件齐备的 CAD 系统。曲面造型系统的出现是这一时期在 CAD 技术方面取得的重大成果，被认为是第一次 CAD 技术革命。20 世纪 70 年代初，美国 IBM 公司和法国 Dassault 公司联合开发了 CATIA 系统，该系统以自由曲面造型方法表达零件的表面模型，使人们从简单的二维工程图样中解放出来。曲面造型技术的出现及应用，虽解决了 CAM 的表面加工问题，但不能表达质量、重心、体积、转动惯量等几何物理量，因此无法实现 CAE。

(4) 广泛应用阶段(20 世纪 80 年代)。随着微型计算机的飞速发展，CAD 系统逐渐开始从小型计算机向微型计算机转化，这为 CAD 技术的广泛应用创造了良好的硬件条件。这一时期在 CAD 技术方面主要的技术特征是实体造型理论的建立和几何建模方法的出现，构造实体几何法(CSG)和边界表示法(B-rep)等实体表示方法在 CAD 软件开发中得到广泛应用。由于实体造型技术的出现，统一了 CAD、CAE、CAM 的表达模型，从而使得 CAE 技术成为可能并逐渐得到应用。因此，实体造型技术被认为是第二次 CAD 技术革命。1979 年，SDRC 公司开发出了第一套基于实体造型技术的大型 CAD/CAM 软件 I-deas。

20 世纪 80 年代中期，CV 公司的一些技术人员提出了一种比无约束自由造型更新颖的造型技术——参数化设计，但 CV 公司否决了这一技术提案，参与策划的技术人员便离开了 CV 公司，成立了 PTC 公司，并于 1988 年推出全球第一套基于参数化造型技术的 CAD/CAM 软件 Pro/E，获得巨大成功。参数化实体造型技术的主要特点是基于特征、全数据相关、全尺寸约束、尺寸驱动。参数化实体造型技术成为 CAD 技术发展史中的第三次技术革命。

20 世纪 80 年代后期，SDRC 公司的技术人员对参数化技术进行了深入的研究和探索。1990 年，经过几年的研究探索之后，发现参数化技术存在不少缺点，如全尺寸约束这一要求大大限制了设计人员创造能力的发挥。美国麻省理工学院的 Gossard 教授了提出了一种新的造型技术——变量化设计。变量化设计采用非线性约束方程组联立求解，设定初始值后用牛顿迭代法进行精化；同时，变量化设计扩大了约束的类型，除了几何约束外，还引入力学、运动学、动力学等约束，使得求解过程不仅含有几何问题，也包含了工程实际问题。众所周知，已知全部参数的方程组进行顺序求解比较容易。而在欠约束情况下，方程联立求解的数学处理和软件实现的难度则大大增加。但是，经过 3 年的努力，1993 年，SDRC 公司推出了基于变量化设计的全新体系结构的 I-deas Master Series 软件。变量化设计既保留了参数化设计的优点(如基于特征、全数据相关)，又克服了参数化设计的不足(如全尺寸约束)，因此，变量化设计技术被认为是 CAD 的第四次技术革命。

在同一时期，CAM 也由简单的 NC 机床逐步发展成 CNC、DNC、FMS 等。在生产的准备工作和组织管理方面也出现了 CAPP、CAFD、计算机辅助编程、PPS、CAQ 等一系列独立的计算机辅助系统，对加工过程进行监控、自动检测和自动化管理等。

(5) 标准化、智能化、集成化阶段(20 世纪 80 年代后)。随着 CAD 技术的不断发展，技术标准化愈显迫切和重要。从 1977 年推出 CORE 图形标准以来，陆续出现了与应用程序接口有关的标准、与图形存储和传输有关的标准和与虚拟设备接口有关的标准，这些标准的制定和采用对 CAD 技术的推广起到了重要的作用。

将人工智能(Artificial Intelligence，AI)引入 CAD 系统是 CAD 技术发展的必然趋势，这种结合大大提高了设计的自动化程度。专家系统(Expert System，ES)是人工智能在产品和工程设计中最早获得成功应用的一个领域，它在产品设计初始阶段，特别是在概念设计和构思评价阶段起到了积极的作用。

CAD 技术与 CAM、CAE 等技术的集成形成了广义的 CAD/CAM 系统。CAD/CAM 系统的构建实现了信息集成和功能集成，CIMS 则是更高层次的集成，它包括产品几何、加工、管理等全方位的信息。

2) CAE 技术的发展历程

CAE 是指以现代计算力学为基础、以计算机仿真为手段，对产品进行工程分析并实现产品优化设计的技术。这里所指的工程分析包括有限元分析、运动机构分析、应力计算、结构分析、电磁场分析等。在产品设计中，CAD 技术完成了产品的几何模型的建立，但是对于设计是否合理、产品能否满足工程应用要求，则需对模型进行工程分析、设计优化，并根据需要对几何模型进行必要的修改，使产品最终满足有关要求。CAE 是 CAD/CAM 进行集成的一个必不可少的重要环节，因此有些学者认为 CAE 应属于广义 CAD 的重要组成部分，目前在大型商业化 CAD/CAM 软件中，CAE 是该软件的重要功能模块。

CAE 技术的发展大致经历了三个阶段。

(1) 技术探索阶段(20 世纪 60—70 年代)。20 世纪 50 年代，飞机逐渐由螺旋桨式向喷气式转变。为了确定高速飞行的喷气式飞机的机翼结构，必须对其动态特性进行精确的分析计算。1956 年，美国波音飞机公司开发了一种新的计算方法——有限元法，并把它应用于飞机生产；1967 年，SDRC 公司成立并于 1968 年发布了世界上第一个动力学测试及模态分析软件包；1970 年，SASI 公司成立，开发了 ANSYS 软件。

(2) 蓬勃发展阶段(20 世纪 70—80 年代)。1977 年，MDI 公司成立，其主导软件 ADAMS 广泛应用于机械系统运动学、动力学仿真分析；1978 年，ABAQUS 软件应用于结构非线性分析；1982 年，CSAR 公司成立，所开发的 CSA/Nastran 软件主要应用于大结构、流-固耦合、热学、噪声分析等；1989 年，ES-KD 公司成立，发展了 P 法有限元程序。

(3) 成熟推广阶段(20 世纪 90 年代)。CAE 软件开发公司注意不断增强自身 CAE 软件的前、后置处理能力并积极开发与应用 CAD 软件的专用接口，使 CAE 技术逐渐走上了与 CAD/CAM 集成的轨道。

1.2.3 CAD/CAM 技术的发展趋势

CAD/CAM 技术还在不断的发展之中，发展的主要趋势是集成化、智能化、并行化、网络化和标准化，先进设计技术和制造方法得到不断应用与推广。具体来说主要体现在以下几个方向上。

1. CIMS

CIMS 是 CAD/CAM 集成技术发展的必然趋势。它是一种计算机化、信息化、集成化、智能化的制造系统，是在自动化技术、信息技术和制造技术的基础上，通过计算机及其软件，将制造工厂全部生产活动所需的各种分散的自动化系统有机地集成起来，能适合于多品种、中小批量生产的高柔性的先进制造系统。它能有效地缩短生产周期，强化人、生产和经营管理之间的密切联系，减少再制品，压缩流动资金，提高企业的整体效益。应用 CIMS 输入的是产品的要求和信息，输出的则是制造好的合格产品。在 CIMS 中，人参与的工作会更少，这是未来工厂自动化的前景。CIMS 的核心技术是 CAD/CAM 技术。

CIMS 的核心是实现企业信息集成，使企业实现动态总体优化，产品达到上市快、质量高、成本低、服务好的标准，从而提高企业的竞争能力与生存能力。

CIMS 又称计算机综合制造系统，它是在网络、数据库支持下，由以计算机辅助设计为核心的工程信息处理系统，以计算机辅助制造为中心的加工、装配、检测、储运、监控自动化工艺系统和经营管理信息系统所组成的综合体。

2. 智能化 CAD/CAM 系统

随着 CAD/CAM 技术的发展，除了集成化之外，人们还将人工智能技术、专家系统应用于 CAD/CAM 系统中，形成智能化的 CAD/CAM 系统，使其具有人类专家的知识与经验，具有学习、推理、联想和判断功能及智能化的视觉、听觉和语言能力，从而解决那些以前必须由人类才能解决的复杂问题。因此，基于知识的智能化的专家系统也是 CAD/CAM 的重要发展趋势之一。

产品的生产过程是需要建立在大量的知识和经验基础上的。所谓专家系统，就是一个存储有大量知识和经验的知识库的计算机软件系统。知识库中的知识与经验来源于很多有关的人类专家的知识与经验的总结。专家系统应用人工智能技术，使计算机能够在一定程度上代替人进行推理、判断和模拟人设计的思维过程，从而解决那些以前必须由人才能解决的复杂问题。一个成功的专家系统解决问题的能力可以达到甚至于超过单个人类专家的水平。此外，专家系统具有对所选择的方案进行解释的功能。一些应用实例表明，借助于基于知识的专家系统，设计人员可以从中学到本身不具备的知识。专家系统的出现，将计算机在设计、制造中的应用推向了一个全新的发展阶段。这是一个具有巨大潜在意义的发展方向，它可以在更高的创造性思维活动层次上，给技术人员以更有效的帮助。

3. 并行工程

并行工程(Concurrent Engineering)是随着 CAD/CAM、CIMS 技术发展提出的一种新的系统工程方法。这种方法的思路，就是并行的、集成的设计产品及其开发的过程。它要求开发人员在设计阶段就考虑产品整个生命周期的所有要求，包括质量、成本、进度、用户要求等，以便最大限度地提高产品开发效率及一次成功率。并行工程的关键是用并行设计方法代替串行设计方法(顺序法)，图 1.2.1 为两种设计方法示意图。由图 1.2.1 可见，在串行法中信息流向是单向的，而在并行法中信息流向是双向的。

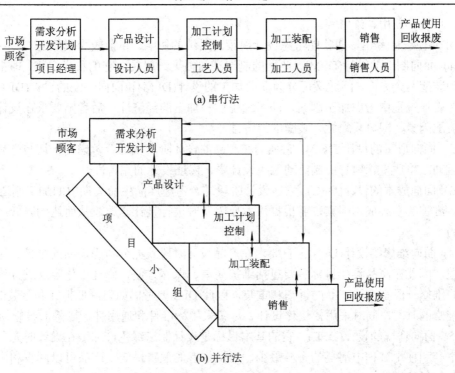

(a) 串行法

(b) 并行法

图 1.2.1　两种设计方法示意图

4. 分布式网络化

自 20 世纪 90 年代以来，计算机网络已成为计算机发展进入新时代的标志。所谓计算机网络，就是用通信线路和通信设备将分散在不同地点的多台计算机，按一定网络拓扑结构连接起来。这些功能使独立的计算机按照网络协议进行通信，实现资源共享。CAD/CAM 技术日趋成熟，可应用于越来越大的项目。由于这类项目往往不是一个人，而是多个人、多个企业在多台计算机上协同完成的，因此分布式计算机网络系统非常适用于 CAD/CAM 的作业方式。同时，随着 Internet 的发展，可针对某一特定产品，将分散在不同地区的现有智力资源和生产设备资源迅速组合，建立动态联盟的制造体系，以适应全球化制造的发展趋势。

5. 先进设计技术和制造方法得到应用及推广

1) 面向 X 的设计

随着市场竞争的加剧，各企业已越来越重视快速推出新产品以占领市场，因此新产品开发的成功率也越来越受到关注。据统计，在新产品的各种方案中只有 6.5%能够制造出实际产品，而制造出的产品能够商品化的比例一般不足 15%，商品化的产品进入市场后一般又约有半数未能获得成功，这样一来，新产品方案中真正能成功的不到 0.5%。

人们对这个问题进行了研究之后，发现造成这种状况的主要原因之一是在产品的设计阶段只是注重了设计本身，而对产品在制造、装配、成本、质量、经营、销售、维修等方面的影响因素考虑不够，这就埋下了"隐患"。为在产品的策划设计阶段就能对后续阶段可能出现的诸多影响因素加以全面的考虑，产生了面向 X 的设计，即 DFX(Design For X)，其中 X 可以代表产品生命周期中的各种因素，如制造、装配、成本、质量、检验、经营、销售、环境、使用、维修等。

DFX 使设计者在早期就能考虑设计决策对后续的影响。目前较为成熟的 DFX 技术有：

(1) 面向制造的设计(DFM)。此处的制造在习惯上一般是取它的狭义定义，即主要包括加工和装配两个方面，因此又可分为面向加工的设计(DFM)和面向装配的设计(DFA)。前者强调在设计过程中考虑加工因素，即可加工性和加工的经济性；后者则要求在设计过程中考虑装配因素，即可装配性、装配的经济性。

(2) 面向质量的设计(DFQ)。它强调在产品的设计阶段就综合考虑到一切与产品质量有关的活动，将质量管理与控制活动融入设计中，保证设计的完善性。

(3) 面向成本的设计(DFC)。它在设计阶段综合考虑产品生命周期中的加工制造、装配、检测、维护等多种成本因素，并根据成本原因及时进行设计修改，从而达到降低产品成本的目的。

(4) 面向维修的设计(DFS)。它要求在产品设计阶段就充分考虑产品的维护、保养和维修问题，因此在产品设计目标中要包括维护简单、保养方便、修理工作容易进行等。由于产品的维修一般都涉及产品的拆卸和重装，因此 DFS 要考虑如何降低拆卸和重装的难度，减少维修的时间，同时采用模块化设计、尽量采用标准件和通用件，以降低维修的成本。

(5) 面向环境的设计(DFE)。它的基本目标是设计制造绿色产品，在设计时充分考虑产品在生产和使用过程中消耗的资源最少、对操作者的危害最低，产品可以回收利用，以节约资源，保护环境。

2) 绿色设计与制造

自 20 世纪中期尤其是 70 年代以来，全球性环境恶化达到了很严重的程度，引起人们的极大忧虑。面对日益严重的生态危机，人们不得不共同采取行动来保护环境，以确保人类社会能持续健康发展。由此，绿色设计和绿色制造技术获得了显著的发展。

绿色设计又称生态设计、环境设计、生命周期设计或环境意识设计等，是由绿色产品而引申出的一种设计方法。产品能否达到绿色标准要求，其决定因素是该产品在设计时是否采用了绿色设计。

传统设计在设计过程中，设计人员通常主要是根据产品基本属性(功能、质量、寿命、成本)指标进行设计，其设计指导原则是产品易于制造并满足所要求的功能、性能，而较少或基本没有考虑资源再生利用以及产品对生态环境的影响。这样设计生产制造出来的产品，在其使用寿命结束后回收利用率低，资源、能源浪费严重，特别是其中的有毒、有害物质会严重污染生态环境，影响生产发展的持续性。

绿色设计是这样一种设计，即在产品整个生命周期内，着重考虑产品环境属性(可拆卸性、可回收性、可维护性、可重复利用性等)，并将其作为设计目标，在满足环境目标的同时，保证产品应有的基本功能、使用寿命、质量等。绿色设计要求在设计产品时必须按环境保护的指标选用合理的原材料、结构和工艺，在制造和使用过程中降低能耗、不产生毒副作用，其产品易于拆卸和回收，回收的材料可用于再生产。

绿色设计不仅停留在技术层面上，更体现在设计的思维和原则方面：坚持以人为中心、以自然为本的绿色思维，建立绿色产品和清洁生产的评价指标体系，构建并完善绿色产品的服务体系，实现人类社会的可持续发展。

绿色设计必须遵循一定的系统化设计程序，其中包括：环境规章评价，环境污染鉴别，环境问题的提出，减少污染、满足用户要求的替代方案，替代方案的技术与商业评估等。绿色设计人员应该考虑这样的问题：制造过程中可能产生的废弃物是什么，有毒成分的可能替代物是什么，报废产品如何管理，设计对产品回收性有什么影响，零件材料对环境有何影响，用户怎样使用产品等。

绿色设计所关心的目标除传统设计的基本目标外，还有两个：一是防止影响环境的废弃物产生；二是良好的材料管理。也就是说，避免废弃物产生，用再造加工技术或废弃物管理方法协调产品设计，使零件或材料在产品达到寿命周期时，以最高的附加值回收并重复利用。

绿色设计通常有以下 3 个主要阶段：

(1) 跟踪材料流，确定材料输入与输出之间的平衡。

(2) 对特殊产品或产品种类分配环境费用，并确定相应的产品价值。

(3) 对设计过程进行系统性研究，而不是将注意力集中在产品本身。

从产品的整体质量考虑，设计人员不应只根据物理目标设计产品，而应以产品为用户提供的服务或损害为主要依据。

绿色设计是基于绿色设计数据库的设计，绿色设计数据库是一个庞大复杂的数据库，对绿色产品的设计过程起着举足轻重的作用。它包括产品寿命周期中与环境、技术、经济等有关的一切数据，如材料成分、各种材料对环境的影响值、材料自然降解周期、人工降解周期、费用，制造、装配、销售、使用过程中所产生的附加物数量及对环境的影响值，环境评估准则所需的各种判断标准等。

绿色设计的原则包括资源最佳利用原则、能量消耗最小原则、零污染原则和零损害原则。

绿色设计的主要内容包括绿色产品的描述和评价模型、绿色设计的材料选择与管理、产品的可拆卸性设计、产品的可回收性设计、绿色产品的成本分析、绿色设计数据库等。

绿色设计的目的是实现绿色制造，绿色制造就是使用绿色资源，运用绿色生产技术来获得绿色产品的过程。联合国环境保护署提出了绿色制造技术的 3 项原则：

(1) "不断运用"原则：绿色制造技术持续不断运用到社会生产的全部领域和社会持续发展的整个过程。

(2) 预防性原则：对环境影响因素从末端治理追溯到源头，采取一切措施最大限度地减少污染物的产生。

(3) 一体化原则：将空气、水、土地等环境因素作为一个整体考虑，避免污染物在不同介质之间转移。

根据这些原则，绿色制造过程应当做到尽量减少制造过程中的资源能源消耗、尽量减少制造过程对环境的不利影响、尽量使报废的产品获得再生和利用。

3) 模块化设计

模块化设计源于朴素的"搭积木"的思想。20 世纪初，机械制造业就出现了模块化的产品，最有代表性的是组合机床。"模块化设计"这一概念的提出，把模块化设计的思想和方法提高到理论的高度来研究，具有重要的意义，促进了模块化设计的发展，并在工业实际中获得了成功的应用。

开发具有多种功能的不同产品时，不必对每种产品进行单独设计，而是精心设计出多种模块，将其经过不同方式的组合来构成不同产品，以解决产品品种、规格和设计制造周期、成本之间的矛盾，这就是模块化设计的含义。模块化设计与产品标准化设计、系列化设计密切相关。三者之间互相影响、互相制约，通常合在一起作为评定产品质量优劣的重要指标。

模块是指一组具有同一功能和接合要素(指连接方式和连接部位的形状、尺寸，连接件间的配合或啮合等)，但性能、规格或结构不同却能互换的单元。

模块具有两个特征，一是与其他模块连接的通用接口，二是模块各自的特定单元。前一个特征使模块之间能自由连接，后一个特征使得模块的连接带来不同功能的组合。

4) 动态设计

机械设计系统在实际工作状态下将承受各种复杂可变的载荷和环境因素的作用，因此，系统不但要具有预定的功能，而且其结构的动态性能也要满足一定的要求，使系统受到各种预期的变化载荷和环境因素作用时，仍然能保持良好的工作状态。

振动理论、材料疲劳断裂理论等科学理论的发展和计算机技术、有限元分析技术、模态分析技术及试验测试技术等的进步，为机械系统的动态设计构筑了坚实的基础。一些工业发达国家在产品设计中已经普遍采用了动态设计技术，在设计阶段就可以预估产品的动力学性能和使用寿命。

动态设计分析技术可分为两类基本问题：一是动态分析，即在已知系统模型、外部激励载荷和系统工作条件的基础上分析研究系统的动态特性；二是以动态性能满足预定要求为目标，建立系统模型，这是动态修改、优化、再设计的过程。

1.2.4 CAD/CAM 技术产生的效益

CAD/CAM 技术的发展，不仅深刻地改变着制造业的面貌，而且正在使传统的产品设计和制造方法发生根本的变化。例如：

产品的设计已不再像过去那样需要很长周期，要用试制样品去进行性能实验，而是可以在计算机屏幕上边设计、边模拟、边实验、边修改，实现一次设计成功。

设计信息的存储已不再是采用图纸的方式，而是采用将图形和文字信息贮存在计算机的图形库或数据库中。

绘图也不再是利用绘图板、丁字尺，而是采用计算机和自动绘图机等。

设计的修改工作也不再是非常费时的事了，而是随时可以调用存储在计算机中的模型，并按人的意愿，放大、缩小、转换、修改，或同其他零件相连接等。

对产品中的运动部件，如发动机中活塞的运动、机器人的运动、加工系统中工件的传动、刀具的切削运动和更换等都可以在计算机屏幕上实现动态模拟。

工艺规程的设计也不再完全依赖工艺人员的经验和用手工操作进行，而是用计算机实现工艺规程的自动设计。工艺装备也可用计算机进行设计。

加工设备将逐渐采用 CNC 机床、FMC 和 FMS 等，对加工过程可以进行实时监控、自动检测和自动化管理等。

上述这一切必然能使企业在时间竞争能力、质量竞争能力、价格竞争能力和创新竞争能力等方面得以大大提高，产生非常好的经济效益和社会效益。但同时也对设计和工艺人员的教育与培训提出了新的、更高的要求。为赶超世界先进水平，成功地引进、研制和正确使用 CAD/CAM 系统，也需对 CAD/CAM 的现状和发展有一正确的认识。CAD/CAM 技术是一门方兴未艾的学科，现有的系统不见得是最好的系统，在这一学科内还有很多问题有待于深入研究与探索。

+++++ 思 考 题 +++++

1. CAD 的含义及功能分别是什么？
2. CAM 的含义及功能分别是什么？
3. CAD/CAM 技术的发展趋势如何？

第 2 章 CAD/CAM 系统

2.1 CAD/CAM 系统基础

2.1.1 CAD/CAM 系统的组成

所谓系统，是指为某个共同目标而组织在一起的相互关联部分的组合。一个完整的 CAD/CAM 系统由硬件、软件和人等三大部分组成。

硬件主要指计算机及各种配套设备，如各种档次的计算机、打印机、绘图机等。广义上说，还包括数控加工的各种机械设备等，它是 CAD/CAM 系统的物质基础。软件一般包括系统软件、支撑软件和应用软件等，它是 CAD/CAM 系统的核心。硬件的性能及其 CAD/CAM 功能的实现必须通过软件实现。人在 CAD/CAM 系统中起主导作用，是 CAD/CAM 系统的关键。CAD/CAM 属于高新技术，只有高素质的技术人才才能把 CAD/CAM 系统的先进性能充分发挥出来，为企业创造效益。图 2.1.1 为 CAD/CAM 系统组成简图。

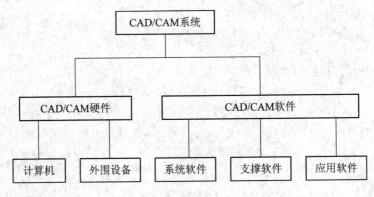

图 2.1.1　CAD/CAM 系统的组成

2.1.2 CAD/CAM 系统的功能

比较完善的 CAD/CAM 系统，应该能够基本完成从产品设计到制造全过程中的各项工作。一般来说，CAD/CAM 系统应具有以下主要功能：

(1) 交互图形输入及输出功能，可用于基本的产品结构设计等任务。

(2) 几何建模功能，包括实体建模、线框建模及自由曲面建模等。几何建模是 CAD/CAM 系统几何处理的核心，提供有关产品设计的各种数据，是后续作业处理的基础。

(3) 物理性能计算及工程分析功能，可根据几何建模的基本参数，对产品进行工程分析和数值计算，最常用的是有限元分析和优化处理功能。

(4) 处理数控加工信息的功能，可用于自动编程、动态仿真及多坐标数控加工控制等。

(5) 数据管理功能，可用于处理产品设计过程中的全部信息，实现工程数据信息的共享。

2.1.3　CAD/CAM 系统的选型及配置

1. CAD/CAM 系统的选型

由于 CAD/CAM 系统投资相对较大，因此如何科学、合理地选择适合本企业技术水平及生产能力的系统，必须经过详细的考察与分析。选择 CAD/CAM 系统最基本的出发点是性能价格比及其适用范围，同时考虑其技术的发展趋势，特别是软件和硬件技术的发展。一般要进行以下考虑：

(1) 根据本企业的特点、规模、追求目标及发展趋势等因素，确定应具有的系统功能。

(2) 从整个产品设计周期中各个进程的工作要求出发，考核拟选用的系统各模块的功能，包括其开放性和集成性等特点。然后，根据性能价格比选择合适的硬件环境和软件环境。

(3) 考虑如何使用、管理该系统，使其发挥应有的作用，真正为企业创造良好的效益。

由于计算机技术发展迅速，软硬件产品的更新周期很短，因此在组建 CAD/CAM 系统时，应在总体规划指导下，先构建系统的基本部分，再逐步扩充。资金尚不充足或 CAD/CAM 基础薄弱的企业，应先选择效益比较显著的普及性应用。

2. CAD/CAM 系统的配置

1) 配置原则

CAD/CAM 系统的硬件配置要考虑以下几方面：

(1) 系统功能。主要包括 CPU 的数据处理能力、内外存容量、输入/输出性能、图像显示和处理能力、与外部设备的接口能力和网络通信能力。

(2) 硬件系统要有良好的开放性且符合工业标准，采用 UNIX、Windows 等操作系统。系统硬件配置应利于系统进一步扩充、联网以及支持更多种类的外围设备。

(3) 经济性能。

CAD/CAM 系统的软件配置要考虑以下几方面：

(1) 采用标准操作系统，一般选用网络版。

(2) 支撑软件根据需要配置成低端、中端或高端系统。

(3) 用户多。

(4) 运行可靠，维护简单，性能价格比高。

(5) 厂商信誉及售后服务好。

2) 基本配置形式

按照所用主机分类，CAD/CAM 系统的基本配置有 4 种形式：大型机系统、小型机系统、工程工作站系统和微机系统。

大型机系统采用高性能的大型通用计算机为主机，用分时方式连接几十台图形终端和字符终端。主机系统的特点是通用性强、计算能力强，但价格昂贵，主要应用在需要进行复杂计算和大量数据处理的 CAD/CAM 系统，如国外的大型飞机制造公司和汽车制造公司。常见的主机有 IBM 系列、西门子系列等。

小型机系统配有专用的软件、硬件，并独立地承担设计任务，其优点是软件不需要变更即可在其系列产品上使用，但小型机系统扩展能力差，数据存储分散，因此现在应用很少。

工程工作站系统采用高性能的图形工作站，其特点是运算速度快、数据存储量大、图形显示速度高、具有强大的网络功能，但工程工作站的价格相对昂贵，同时由于采用 UNIX 操作系统，其维护和使用都较难，不适合普通用户使用。

微机系统采用微型计算机为主机，操作系统为流行的 Windows 系统或 Windows NT 系统，其操作非常简单，适用于广大中小用户。同时，随着计算机技术的发展，微机的性能已经达到甚至超过了传统的工作站系统，过去一些基于工作站的 CAD/CAM 软件也相继推出微机版。微机系统的发展，使 CAD/CAM 技术走出高楼，得以在广大企业中真正得到普及。

2.1.4　CAD/CAM 系统的工作方式

各种 CAD/CAM 系统基本采用人机交互的工作方式(也称人机对话方式)。工作时，操作者根据具体的要求向计算机发出指令，计算机将运算的结果以图形或数据的形式快速显示在计算机的屏幕上，操作者经过观察、分析、判断后，通过输入设备向计算机发出新的指令，计算机再根据新的指令进行新的计算，完成新的工作。

目前，计算机硬件的水平正以摩尔定律的规律飞速发展，CAD/CAM 系统的软件功能也日益强大。但是，要发挥出 CAD/CAM 系统的作用，关键在人。没有掌握 CAD/CAM 技术的人才，CAD/CAM 系统的价值将无法体现。CAD/CAM 对人的要求包括：

1. 基础知识

基础知识必须包括以下 3 方面：

(1) 计算机基础，主要包括系统软件和硬件的基本原理与应用基础。

(2) 专业基础，如机械制图、机械设计与制造、电路设计等。

(3) 外语基础。

2. 实践知识

必须有工程实践经验，不断地从事 CAD/CAM 技术的应用实践，在实践中加深对先进技术的掌握，并不断丰富实践经验。

3. 不断学习和培训

CAD/CAM 技术是飞速发展的先进技术，只有及时更新知识，始终掌握最前沿的软件和技术，才能发挥更大的作用。

2.1.5　CAD/CAM 系统的工作过程

一个较为完整的 CAD/CAM 系统的工作过程如图 2.1.2 所示。

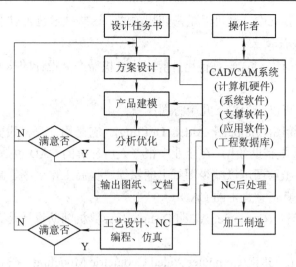

图 2.1.2　CAD/CAM 系统的工作过程

从图 2.1.2 中可以看到，操作人员使用各种设计、分析、绘图、仿真软件，以人机交互的形式进行操作。CAD/CAM 软件的强大功能为设计工作带来许多方便，也使得一些靠人工不可能完成的任务得以完成。

图 2.1.2 所示的 CAD/CAM 系统的工作过程包括以下几个方面：

(1) 各种专家系统可以协助设计人员进行产品分析及方案设计。

(2) 使用几何造型系统快速、准确地建立产品的三维模型，并得到产品的基本数据，有些基于特征的建模系统还包括加工制造信息。

(3) 计算分析软件利用产品模型中的相关数据，自动生成有限元网格进行分析，得到静态和动态的分析结果，为结构设计及优化提供依据。

(4) 利用仿真软件进行动态仿真、装配仿真、检验零件干涉碰撞情况、模拟刀具轨迹等，以代替物理模型试验或实际样机检验等。

(5) 图形处理软件用于图形的绘制、编辑、显示与打印输出等，可以得到产品的任意方向的视图、剖面图、效果图等。

(6) 计算机辅助工艺规划(CAPP)软件辅助设计人员设计工艺路线，确定工序，选择机床、刀具，制定切削用量，计算工时定额、加工成本等，最后输出完整的工艺文件等，实现零件加工工艺设计的自动化。

(7) 数控(NC)自动编程软件可以直接使用 CAPP 生成的结果进行自动编程，形成刀位文件，再经处理而成为机床的加工代码，即 NC 代码。

根据应用要求的不同，实际的 CAD/CAM 系统可支持上述全部过程，也可仅支持部分过程。图 2.1.2 所示的系统包含了 CAD/CAM 的主要软件功能，实际的系统往往会有差别，不可能或不必要包含所有的软件模块，有的系统还需要该图中未列出的软件功能。

2.1.6　CAD/CAM 系统集成的关键技术

1. CAD/CAM 系统集成技术的内涵

CAD/CAM 系统是一个集成的系统，是由许多相关的技术集成在一起的综合系统，其中每一部分既可以是独立的，又可以是密切相关的。这些技术包含以下内容：

1) 计算机辅助设计技术

计算机辅助设计简称 CAD，是使用计算机进行机械产品设计的技术，是 CAD/CAM 系统集成的基础。

计算机辅助设计可以分为以下几个方面：

(1) 计算机辅助绘图(Computer Aided Drafting)。它是用计算机代替传统的手工绘图。CAD 发展初期即计算机辅助绘图，在企业中很多人所理解的 CAD 也是指计算机辅助绘图。虽然用计算机代替手工绘图可以减少图纸上的错误、提高工作效率、减轻劳动强度，但计算机辅助绘图并不是真正意义上的 CAD。

(2) 计算机辅助设计(Computer Aided Design)。计算机辅助设计是真正意义上的 CAD，它包括以下几个方面：

① 计算机辅助几何建模(Computer Aided Geometric Modeling)。在 CAD/CAM 集成的系统中，设计时已不存在绘图的概念，而是直接建立产品的三维模型。计算机辅助设计的基本任务就是考虑如何构建产品的三维几何模型，利用计算机记录产品的三维几何模型数据，并在计算机屏幕上真实显示出三维形状效果。三维几何建模是 CAD/CAM 系统的核心技术，它提供有关产品设计的各种数据信息，为后续作业打下基础。产品的几何建模包括零件建模和装配建模。常见的建模方法有线框模型、曲面模型和实体模型。由于实体模型全面记录零件的边框、表面以及由面组成的体的信息，并可以记录其材料属性和加工属性，因此目前广泛采用的是实体建模，在很多 CAD/CAM 系统中为更好地表现异型表面，经常采用曲面建模和实体建模一体的混合建模技术。

② 装配及干涉分析(Design For Assemble，DFA)。在装配建模中，为分析和评价产品的装配性能，避免真实装配中零件与零件、零件与部件、部件与部件之间产生干涉碰撞现象，必须对装配模型进行干涉分析，及时发现并解决这些问题。

③ 可制造性分析(Design For Manufacturing)。在零部件设计时应避免产品的不可制造性，减少不合理的零件结构，为产品的制造做好准备。

(3) 计算机辅助分析(CAE)。利用计算机和产品的三维几何模型，可以在产品的设计过程中，对产品进行必要和精确的计算及分析，这些计算和分析是过去采用手工设计方法不可能完成的。目前 CAE 主要包括运动学、动力学分析和仿真(Kinematics & Dynamics)、有限元分析和仿真(Finite Element Analysis，FEA)及优化设计(Optimization，OPT)。运动、动力学分析是对机构的位移、速度、加速度及各关节的受力进行分析，并以形象直观的方式进行运动仿真，从而全面了解机构的设计性能和运动情况，及时发现并解决问题。有限元分析是对产品重要的零部件进行应力、应变分析，根据分析结果评价设计结构的合理性，并对不合理的地方进行修改。优化设计是在保证产品的性能和质量的前提下，追求产品的最优，如体积最小、重量最轻、寿命最长等。

2) 计算机辅助制造技术

计算机辅助制造(CAM)是指在产品的制造过程中采用计算机技术，包括以下几个方面：

(1) 计算机辅助编程(Computer Aided Programming)：一般人们所说的 CAM 就是指计算机辅助编程。它是根据零件的模型，利用计算机自动生成刀具运动轨迹，通过后置处理，生成数控加工代码，直接传送给数控机床来进行零件的加工。在使用数控代码之前，可以利用计算机进行加工代码仿真，确保加工过程中的安全性和正确性。

(2) 计算机辅助工艺规程编制(Computer Aided Program Planning, CAPP)：利用计算机进行零件加工工艺路线的自动编制，选择合理的切削参数和加工设备，并确定合理的检验数据。

(3) 计算机辅助质量控制(Computer Aided Quality，CAQ)：对产品质量进行及时检验，并提出分析报告，对生产的组织、进度和其他管理问题及时进行跟踪、反馈，并辅助做出决策。

2. CAD/CAM 系统集成的关键技术

CAD/CAM 系统的集成就是按照产品设计与制造的实际进程，在计算机内实现各应用程序所需的信息处理和交换，形成连续的、协调的和科学的信息流。因此，产生公共信息的产品造型技术、存储和处理公共信息的工程数据库技术、进行数据交换的接口技术、对系统的资源进行统一管理的技术、对系统的运行统一组织的执行控制程序以及实现系统内部的通信和数据等技术构成了 CAD/CAM 系统集成的关键技术。这些技术的实施水平将成为衡量 CAD/CAM 系统集成度高低的主要依据。

1) 产品建模技术

一个完善的产品设计模型是 CAD/CAM 系统进行信息集成的基础，也是 CAD/CAM 系统中共享数据的核心。为了实现信息的高度集成，产品建模是非常重要的。传统的基于实体造型的 CAD 系统仅仅是产品几何形状的描述，缺乏产品制造工艺信息，从而造成设计与制造信息彼此分离，导致 CAD/CAM 系统集成的困难。CAD/CAM 集成系统将特征概念引入 CAD/CAM 系统，建立 CAD/CAPP/CAM 范围内相对统一的、基于特征的产品定义模型。该模型不仅支持从设计到制造各阶段所需的产品定义信息(包括几何信息、工艺信息和加工制造信息)，还提供符合人们思维方式的高层次工程描述语言特征，能使设计和制造工程师用相同的方式考虑问题。它允许用一个数据结构同时满足设计和制造的需要，这就为 CAD/CAM 系统提供了设计与制造之间相互通信和相互理解的基础，使其真正实现 CAD/CAM 系统的一体化。因而就目前而言，基于特征的产品定义模型是解决产品建模关键技术的比较有效的途径。

2) 集成的数据管理技术

随着 CAD/CAM 技术的自动化、集成化、智能化和柔性化程度的不断提高，集成系统中的数据管理问题日益复杂，传统的商用数据库已满足不了上述要求。CAD/CAM 系统的集成应努力建立能处理复杂数据的工程数据处理环境，使 CAD/CAM 各子系统能够有效地进行数据交换，尽量避免数据文件和格式转换，清除数据冗余，保证数据的一致性、安全性和保密性。采用工程数据库方法将成为开发新一代 CAD/CAM 集成系统的主流，也是系统进行集成的核心。

3) 产品数据交换接口技术

数据交换的任务是在不同的计算机之间、不同操作系统之间、不同数据库之间和不同应用软件之间进行数据通信。为了克服以往各种 CAD/CAM 系统之间，甚至各功能模块之间在开发过程中的孤岛现象，统一它们的机内数据表示格式，使不同系统间、不同模块间的数据交换顺利进行，充分发挥用户应用软件的效益，提高 CAD/CAM 系统的生产率，必须制订国际性的数据交换规范和网络协议，开发各类系统接口。有了这种标准和规范，产品数据才能在各系统之间方便、流畅地传输。

4) 集成的执行控制程序

由于 CAD/CAM 集成化系统的程序规模大、信息源多、传输路径不一，以及各模块的支撑环境多样化，因而没有一个对系统的资源进行统一管理、对系统的运行进行统一组织的执行控制程序是不行的。这种执行控制程序是系统集成的最基本要素之一。它的任务是把各个相关模块组织起来，按规定的运行方式完成规定的作业，并协调各模块之间的信息传输，提供统一的用户界面，进行故障处理等工作。

2.1.7 CAD/CAM 集成的体系结构

CAD/CAM 系统分以下 3 个层次来实现：

(1) 产品数据管理层。它以 STEP 的产品模型为基础，提供数据库、工作格式(STEP)、文件交换等 3 种数据交换方式。这 3 种数据的存取由 DBMS(数据库管理系统)、工作格式管理模式及系统转换器来实现。

(2) 基本功能层，包括几何造型、特征造型、图形编辑显示及尺寸公差处理。通常的 CAD/CAM 集成软件具备完整的功能界面、统一的产品模型和数据表。

(3) 系统层，包括设计、分析、工艺规程设计和数控编程等。可以通过用户界面来完成从设计、分析到加工的任务。

由于数据管理层采用了统一的数据管理方法，当产品模型改变时，数据的管理方式不变，因此对系统程序影响不大。由于系统采用分层结构，并且每一层都有一个标准界面，因此每一层进行功能扩充时，对其他层的影响很小。另外，某一层的系统开发人员不必了解其他层次界面提供的功能。

2.1.8 CAD/CAM 集成的发展趋势

目前 CAD/CAM 集成的关键技术已经得到解决，今后的 CAD/CAM 集成发展的特点和趋势体现在以下几点：

(1) 面向并行工程。CAD/CAM 集成系统应该从全局优化的角度出发，能够对产品进行管理和控制，并对已经存在的产品设计进行改进和提高。

(2) 面向生产过程的多种功能的高度集成。

(3) 支持面向对象的工程数据库。

(4) 参数化设计。

(5) 多种工业标准数据接口和具有二次开发的能力。

(6) 智能化技术。

(7) 现代 CAD 技术。

2.2　CAD/CAM 系统的硬件与软件

2.2.1　硬件的组成

CAD/CAM 系统中的硬件包括主机、输入/输出设备及网络互连设备等三大类。其中主机进行数据的计算和存储；输入设备向计算机输入信息和各种指令，输出设备主要用于把计算机计算的结果以数据或图纸的形式传送出来；网络互连设备则使计算机能够通过网络互相传递信息，实现设计信息和设计数据的共享。

1. 主机

CAD/CAM 系统中的主机包括大型机、小型机、图形工作站和微型计算机。目前，微型计算机技术发展得非常迅速，其性能已接近甚至超过了传统的工作站，因此在 CAD/CAM 系统中得到了广泛应用，是中小用户的首选机型。

主机主要包括 CPU、存储器等。CAD/CAM 系统要求计算机的 CPU 有极高的运算速度，现在市场上流行的微机 CPU 为 Intel i 系列处理器，当前主频可达 4 GHz 以上，还普遍采用了双核、四核等技术，以满足 CAD/CAM 系统对运算速度的要求。存储器可分为内存储器和外存储器两类。一般常见的 CAD/CAM 系统要求计算机应当有较大的内存容量，目前应达到 8 GHz，甚至更大。

常见的外存储器有硬盘、光盘等，目前还发展了云存储技术。硬盘是计算机中的主要外存储器，当前容量可达 2 TB，并且根据需求可以加装双硬盘。移动硬盘和 U 盘扩展了计算机的存储空间，这类外存储器与计算机的 USB 接口连接，支持热插拔，已获得广泛的应用。

2. 输入设备

输入设备是把图形数据或指令传送给计算机的一种装置，计算机键盘就是一种最常见的输入设备。除此之外，它还有以下几种：

1) 鼠标

鼠标是计算机上的主要输入设备，由于其结构简单、使用方便、价格便宜，因此现在已经成为计算机的标准配置。在 CAD/CAM 系统中，鼠标主要通过交互的方式向计算机输入命令、坐标点以及拾取图形对象等。鼠标的种类主要有机械鼠标、光电鼠标等，根据按键的数量又可分为双键鼠标和三键鼠标。在 CAD/CAM 系统中由于要求有较高的光标定位精度和方便观察图形的能力，因此最好选用真三键的光电鼠标。

2) 数字化图形输入板

数字化图形输入板是一种定标设备，当专用的触笔或游标(与鼠标类似)在输入板上移动时，它向计算机发送触笔或游标的坐标位置。数字化仪定位精度高、使用方便，但价格较贵，一般用于原有图纸的计算机化。

3) 扫描仪

当用户希望把复杂的图形或图像输入计算机时，扫描仪是首选设备。扫描仪是一种高精度的光电产品，它通过光电转换原理，把要输入的图形、图像、文字、数据等扫描到计算机中，供计算机进行处理。扫描仪的特点是输入速度快、质量好，并可以输入彩色图形。扫描仪在工程中主要用于原有工程图纸的计算机化，但图纸只能以图像的形式存储，占用空间很大，并且不便于修改。扫描后的图形只有通过专用的软件进行处理后，才能够转化成工程中常用的格式。

常见的扫描仪有手持式、平板式(见图 2.2.1)和滚筒式等 3 种，其主要性能指标为光学分辨率。

图 2.2.1　平板式扫描仪

4) 数码相机

数码相机是新一代的输入设备(见图 2.2.2)，它的外形和普通照相机相同，只是其感光部分用电子元件取代了传统照相机的胶卷。它的主要优点是可以像照相似的把实物的信息直接输入到计算机中，供计算机处理使用。数码相机的性能主要是分辨率(用像素表示)，像素越高则性能越好，如 2500 万像素。与数码相机的原理类似，还有数码摄像机，它主要用于存储动态的图像。

图 2.2.2　数码相机

3. 输出设备

输出设备是把计算机中生成的图形或数据打印到图纸上或显示在屏幕上的设备，包括显示器、打印机和绘图仪等。

1) 显示器

显示器是计算机中应用的最主要的输出设备，用于图形、文字等各种信息的显示，一台没有显示器的计算机等于没有了眼睛。因此，显示器是计算机的标准配置。目前，常用的显示器有阴极射线管式(CRT)和液晶式(LED)。

阴极射线管式(CRT)显示器的主要优点是价格便宜、亮度高，但易闪耀而使眼睛产生疲劳，同时体积较大。这类显示器的主要技术指标有显示器大小、分辨率、刷新频率等。

液晶显示器具有不闪耀、亮度适中、体积小、无辐射等优点，目前得到越来越多的使用。

2) 打印机

打印机是把计算机中的图形或文字信息输出到纸介质的一种设备，它主要用于 A3 以下图纸的打印。目前，常见的打印机有针式打印机、喷墨打印机和激光打印机三种。在机械设计中使用的多为黑白线条图，因此常采用打印速度快、效果好、耗材便宜的激光打印机。喷墨打印机可以打印彩色图形，常用于打印效果图。而针式打印机打印的图形效果较差，在 CAD/CAM 系统中很少使用。

3) 绘图仪

绘图仪(见图 2.2.3)是 CAD/CAM 系统中的主要输出设备，用于大幅面工程图纸的输出，其特点是输出图纸幅面大(可打印 A0 加宽加长的图纸)、速度快、精度高。高性能的彩色喷墨式绘图仪打印出的彩色图像可与照片媲美。

图 2.2.3　绘图仪

4. 网络互连设备

网络互连设备是组成计算机网络的必要设备。目前企业 CAD/CAM 网络主要使用局域网，组建其网络的主要设备有集线器(HUB)、网络适配器(网卡)、传送介质(双绞线、同轴电缆或光缆)等。网卡安装在每台用户终端计算机上，通过传送介质与集线器相连，而集线器与服务器连接。另外，为保证在不同的企业局域网之间远距离传送信息，组网时还应根据具体情况选用调制解调器、中继器、路由器、网关、网桥、交换机等设备。

5. 常见计算机硬件的配置

下面给出两款 CAD/CAM 系统使用的计算机的配置。

1) Precision 7000 塔式工作站

戴尔工作站性能优良，目前在 CAD/CAM 系统和其他领域都获得了较广泛的应用。其中一款的 Precision 7000 塔式工作站配置如下：

CPU：英特尔® 至强® 处理器 E5-2620 v3 (6C HT，15 MB 缓存，2.4 GHz Turbo)

内存：16 GB 2133 MHz　DDR4 (4×4 GB)　RDIMM　ECC

硬盘：1 TB 3.5 英寸 SATA (7200 r/min)

显示卡：4 GB nVIDIA® Quadro® K2200

2) 兼容机

兼容机指非品牌计算机，其特点是价格便宜，配置灵活，可以根据自己的需求选用计算机配件。在 CAD/CAM 系统中，兼容机主要用于图形终端或低档用户。现列举一款兼容机的配置如下：

CPU：3.4 GHz 四核心/八线程

内存：8 GB   DDR4   2133 MHz

硬盘：128 GB + 1 TB

显示卡：2 GB

显示器：19 英寸纯平显示器

2.2.2 软件的组成

软件在 CAD/CAM 系统中占有重要的地位。如果没有一个好的软件，那么就不可能很好地发挥硬件的能力。根据软件在系统中的作用，软件可以分为系统软件、支撑软件和应用软件三类。

系统软件主要负责管理硬件资源以及各种软件资源，它面向所有用户，是计算机的公共性管理软件及应用和开发 CAD/CAM 系统的软件平台，一般包括操作系统及网络管理系统等。

支撑软件运行在系统软件之上，是实现 CAD/CAM 各种功能的通用性应用基础软件，是 CAD/CAM 系统专业性应用软件的开发平台。

应用软件是用户针对具体要求而专门开发的软件，一般在通用 CAD/CAM 支撑软件系统上开发而成，例如齿轮设计软件、滚刀设计软件、模具设计软件等。

2.2.3 操作系统

操作系统是对计算机系统硬件(包括主机、输入/输出设备)及系统配置的各种软件进行全面控制和管理的底层软件，负责计算机系统内所有软件和硬件资源的监控与调度，使其协调一致、高效率地运行。用户只有通过操作系统才能控制和操纵计算机。目前在机械 CAD/CAM 中广泛采用的操作系统有 UNIX 和 Windows 两种。

UNIX 操作系统主要使用在以中、小型计算机和图形工作站为硬件的 CAD/CAM 系统中，其特点是功能强大、使用灵活、用途广泛。但随着微型计算机的普及和性能的飞速提高，CAD/CAM 系统已经向微机过渡，因此，许多过去建立在 UNIX 操作系统下的支撑软件，已经纷纷推出微机版软件。

Windows 操作系统一般特指美国微软公司的 Windows 操作系统，此窗口界面的系统具有操作简便、直观、友好的用户界面等特点。目前，在微机上采用的主流操作系统有 Windows 7、Windows 8、Windows 10 等。

2.2.4 CAD/CAM 系统的支撑软件

支撑软件是为计算机和用户之间提供界面的软件。支撑软件主要由软件开发商提供，也可以由用户自己开发使用。CAD/CAM 系统的支撑软件主要指那些直接支撑用户进行 CAD/CAM 工作的通用性功能软件，一般可分为功能集成型和功能单一型。

功能集成型 CAD/CAM 系统的支撑软件提供了设计、分析、造型、数控编程及加工控制等多种模块，如 I-deas 软件、UG 软件；功能单一型 CAD/CAM 系统的支撑软件只提供用于实现 CAD/CAM 中某些典型过程的功能，如几何建模软件(包括二维、三维绘图软件包)、计算分析软件、优化设计软件、有限元分析软件、动态仿真软件、数控编程软件等。

目前市场上出售的 CAD/CAM 基本属于支撑软件。各种数据库软件、高级语言软件也属于支撑软件。

2.2.5　CAD/CAM 软件的选择原则

目前，市场上提供 CAD/CAM 软件的厂商有多种，如何选择一种适合用户的软件是非常重要的。

商品化的 CAD/CAM 软件根据性能可以分为高端软件和低端软件。高端软件一般包含 CAD、CAE、CAM 等模块，功能齐全，但价格昂贵。而低端软件一般只包含单一的模块，如只有 CAD 功能或 CAM 加工功能(虽然有些 CAM 软件可以建立实体或曲面模型，但建模过程复杂，并且不能够进行装配造型和三维图形与二维图形的转换，因此，仍然属于单独的 CAM 软件)，其特点是用户可以根据需要单独购买 CAD 或 CAM 软件，使用户节约资金。选择时可根据用户的具体情况按需要购买。一般考虑以下几点：

(1) 用户的应用场合。如果是航空航天、汽车、船舶等大型企业，由于需要非常可靠的产品性能，因此，需要性能全面的高端 CAD/CAM 产品，包括实体造型、曲面造型、有限元分析、动态仿真、数控加工等功能。如果用户是中小型机械制造厂，则需要软件提供更多的标准件库、符号库等功能。

(2) 用户的应用能力。对一个性能全面的高端 CAD/CAM 系统，需要高水平的应用人员。一旦这些人员流失，价格昂贵的 CAD/CAM 系统就失去了应有的功能，发挥不了应有的作用。而性能相对单一的低端 CAD/CAM 系统，由于使用简单、操作简便，大多数的工程技术人员都能掌握，不必担心人员的流失，而且其功能能够得到最大的发挥。

(3) 用户的经济能力。功能齐全的 CAD/CAM 系统价格昂贵，而且有些功能对某些用户来说可能永远用不上，因此，可以根据用户的经济能力选择合适的 CAD/CAM 系统。

(4) 软件的开放性。先进的 CAD/CAM 系统应提供简便的二次开发工具，这样用户可以根据自己的需求开发专用软件。

(5) CAD/CAM 软件提供商的背景。一个具有良好信誉的 CAD/CAM 软件提供商能保证用户得到良好的售后服务与技术支持，并能保证软件的阶段性升级。

2.3　国内外典型 CAD/CAM 软件简介

近几年来，在微机上使用的 CAD/CAM 软件发展非常迅速，而我国是世界上最大的 CAD/CAM 潜在市场。目前，国内常见的 CAD/CAM 软件可以分为单一的 CAD 软件、单一的 CAM 软件和 CAD/CAM 集成在一起的软件。

表 2-1 所列为国内外常见的 CAD/CAM 软件。

表 2-1　国内外常见的 CAD/CAM 软件

名　称	产　地	说　明
AutoCAD 2000i	美国 Autodesk 公司	通用 CAD 软件
AutoCAD Mechanical 2000i	美国 Autodesk 公司	机械 CAD 软件
Mechanical Desktop (MDT)	美国 Autodesk 公司	三维 CAD 软件
Invertor	美国 Autodesk 公司	三维 CAD 软件
Pro/E	美国 PTC 公司	CAD/CAM/CAE
SolidEdge	美国 UGS 公司	三维 CAD 软件
SPI	德国 SPI 公司	钣金设计系统
SolidWorks	SolidWorks 公司	CAD/CAM
UG	美国 UGS 公司	CAD/CAM/CAE
I-deas	美国 SDRC 公司	CAD/CAM/CAE
EdgeCAM	美国 Pathtrace 公司	CAM 软件
HyperMill	Open Mind 软件技术公司	CAM 软件
Cimatron	以色列	CAM 软件
MasterCAM	美国 CNC Software 公司	CAM 软件
CATIA	法国达索公司	CAD/CAM
CAXA 系列产品	中国北航海尔公司	CAD、CAM 等
开目系列产品	中国华工科技开目公司	CAD、CAPP 等
天喻系列产品	中国武汉天喻集团公司	CAD、PDM 等

2.3.1　I-deas 软件

I-deas 是美国机械软件行业先驱 SDRC 公司的产品。该公司成立于 1967 年，早期以工程计算与结构分析为主，后来逐步发展为 CAD/CAE/CAM 软件公司。I-deas 软件的运行环境为工作站和 Windows NT 下的微机。

由于 SDRC 公司早期是以工程与结构分析为主而逐渐发展起来的，因此工程分析是该公司的特长，如 I-deas 有很强的有限元模型生成和后置处理功能，并有多种解算器及优化设计软件。由于解算器是 I-deas 集成化软件的一个组成部分，因此对分析计算无需附加输入文件，这样就减少了大量的计算准备工作，并保证了建模、解算与结果显示之间的数据统一性和正确性。

I-deas 的突出特点是其独创的基于特征的变量化实体造型系统，并且无论是单个模块还是成组应用都是以 Core Master Modeler 为核心来运行的。这种先进的核心式体系结构决定了它必然以主模型(Master Modeler)为单一数据库，并且所有的模块之间的数据全部并行关联。

I-deas 集产品设计、工程分析、数控加工、塑料模具仿真分析、样机测试及产品数据管理于一体，是高度集成化的 CAD/CAE/CAM 一体化工具。

2.3.2　Pro/E 软件

Pro/E 是美国 PTC(Parametric Technology Corporation)公司的机械设计自动化软件产品。该公司成立于 1986 年，它虽然成立较晚，但由于没有沉重包袱，设计思想先进，因此在短短的几年里很快就开发出了一个面向机械工程的 Pro/E 系统，最早较好地实现了参数化设计功能。

Pro/E 包含了 70 多个专用功能模块，如特征造型、产品数据管理(PDM)、有限元分析、装配等。

Pro/E 仅生成实体模型来描述工程师所设计的产品模型，不再应用线框和表面模型转换成实体模型的手段，思路清晰。

Pro/E 采用基于参数化、特征设计的三维实体造型系统，这样便于在新产品的开发中实现概念设计，也可方便地依照工业标准的零件族概念建库。

Pro/E 的用户界面简洁，概念清晰，符合工程技术人员的设计思想与习惯。

本书主要以 Pro/E 软件为例介绍 CAD/CAM。

2.3.3　UG 软件

UG 起源于美国麦道飞机公司，它是美国麦道飞机公司 1975 年买下一家小公司 United Computing Corporation 后发展起来的，1991 年并入美国 EDS(Electronic Data System，电子资讯系统)有限公司。多年来，UG 汇集了美国航空航天与汽车工业的专业经验，发展成为集成化机械 CAD/CAE/CAM 软件系统，适用于航空航天器、汽车、通用机械以及模具等设计、分析、制造工程。该软件的运行环境为工作站和 Windows NT 下的微机。

UG 的曲面实体造型起源于英国形谱数据公司的 Parasolid 系统，采用了标准的 R-rep 结构的实体模型。

UG 发展了概念设计思想，即草图设计，通过修改参数而改变设计。

UG 具有尺寸驱动编辑功能。用户利用编辑技术，指定草图的约束、特征参数和几何关系，利用尺寸驱动生成所需的实体模型。

UG 具有统一的数据库，实现了 CAD/CAE/CAM 之间无数据交换的自由切换。UG 提供二次开发工具 GRIP、UFUNG、ITK，允许用户扩展 UG 功能。同时也以工业标准软件工具集提供给用户，作为开发目的的系统工具。

2.3.4　MDT 软件

MDT(Mechanical Desktop)是美国 Autodesk 公司的三维机械设计软件。1996 年 3 月，Autodesk 公司率先向市场推出了基于微机平台的，能使二维绘图功能和三维造型功能无缝融合在同一套具有相同数据库结构和相同交互界面的软件系统——MDT。

　　MDT 以 ACIS 为内核,具有实体建模、曲面建模、产品装配、二维工程图等功能。该软件的最大特点是与 AutoCAD 图形数据完全兼容,并且具有相似的用户操作界面。

　　MDT 的设计策略是以低的价位来满足广大用户对三维设计软件的需求,因此该软件只包含三维建模部分,是一个单独的设计软件(即只有 CAD 部分),而分析部分和数控加工部分则由其他的专业软件供应商提供,如 MSC 公司的有限元分析及动态机构仿真软件 MSC.visualNastran Desktop,Pathrace 公司的数控加工软件 EdgeCAM,SPI 公司的钣金设计软件 SPIsheetmetal 等。这些软件都可以与 MDT 无缝集成,即在 MDT 环境下的模型发生变化,则相关软件中的模型数据也相应发生改变。

2.3.5　MasterCAM 软件

　　MasterCAM 是美国 CNC Software 公司的产品,具有 CAD 和 CAM 功能,但其 CAD 建模功能较弱,而 CAM 功能强大,因此可以看成专门的 CAM 软件。有些企业用 Pro/E 建模,而用 MasterCAM 进行数控加工程序的编制。

　　MasterCAM 运行于微机环境,虽然不如工作站上的 CAD/CAM 软件功能齐全,但就其性能价格比来说更有灵活性。目前 MasterCAM 的最新版本是 MasterCAM X10。

　　MasterCAM 包括三大模块:Design、Mill 和 Lathe。

　　在 Design 模块中可以进行二维和三维曲线的绘制与编辑,并且具有以 Parasolid 为内核的实体造型功能。

　　Mill 模块属于 CAM 部分,主要进行铣削加工,包括二维加工系统和三维加工系统。二维铣削系统包括外形铣削、型腔加工、面加工以及钻孔、镗孔、螺纹加工等。三维加工包括曲面加工、多轴加工和线框加工系统。

　　Lathe 模块也属于 CAM 部分,主要用于车削加工,可以进行粗车、精车、车螺纹、切槽、镗孔、钻孔等加工。

　　CAM 部分除提供 2D、2.5D、3D 编程,并生成刀具轨迹外,还可以进行刀具加工轨迹的动态模拟显示及提供多种后处理程式。

2.3.6　CATIA 软件

　　CATIA 是法国达索公司的产品开发旗舰解决方案。作为 PLM 协同解决方案的一个重要组成部分,它可以通过建模帮助制造厂商设计他们未来的产品,并支持从项目前期阶段、具体的设计、分析、模拟、组装到维护在内的全部工业设计流程。

　　模块化的 CATIA 系列产品提供产品的风格和外形设计、机械设计、设备与系统工程、管理数字样机、机械加工、分析和模拟。CATIA 产品基于开放式可扩展的 V5 架构。

　　CATIA 提供先进的混合建模技术。在 CATIA 的设计环境中,无论是实体还是曲面,做到了真正的交互操作;在设计时,设计者不必考虑如何对设计目标进行参数化,CATIA 提供了变量驱动及后参数化能力。企业可以将企业多年的经验积累到 CATIA 的知识库中,用于指导本企业新手或指导新产品的开发,加速新型号推向市场的时间。

　　CATIA 具有在整个产品周期内的方便的修改能力,尤其是后期修改性。无论是实体建模还是曲面造型,由于 CATIA 提供了智能化的树结构,用户可方便快捷地对产品进行重复修改，即使是在设计的最后阶段需要做重大的修改，或者是对原有方案的更新换代，对于 CATIA 来说，都是非常容易的事。

CATIA 的各个模块基于统一的数据平台，因此 CATIA 的各个模块存在着真正的全相关性，三维模型的修改能完全体现在二维模型、模拟分析、模具和数控加工的程序中。

CATIA 提供的多模型链接的工作环境及混合建模方式，可实现并行工程设计模式，总体设计部门只要将基本的结构尺寸发放出去，各分系统的人员便可开始工作，既可协同工作，又不互相牵连；由于模型之间的互相联结性，使得上游设计结果可作为下游的参考，同时，上游对设计的修改能直接影响到下游工作的刷新，实现真正的并行工程设计环境。

CATIA 提供了完备的设计能力：从产品的概念设计到最终产品的形成，以其精确可靠的解决方案提供了完整的 2D、3D、参数化混合建模及数据管理手段，从单个零件的设计到最终虚拟样机的建立；同时，作为一个完全集成化的软件系统，CATIA 将机械设计、工程分析及仿真、数控加工和 CATweb 网络应用解决方案有机地结合在一起，可为用户提供严密的无纸化工作环境。

2.3.7　CAXA 系列软件

CAXA 系列软件是我国北京数码大方科技股份有限公司研发的，公司前身为"北航海尔"，是中国领先的工业软件和服务公司，提供二维、三维 CAD 软件以及产品全生命周期管理 PLM 解决方案和工业云服务平台。目前该系列软件是国内 CAD/CAM 市场国产软件中占有率最大的正版软件。

CAXA 系列软件主要包括以下产品：

1. CAXA 电子图版

CAXA 电子图版是一套高效、方便、易学、价格低廉的二维 CAD 软件。该软件提供形象化的设计手段，帮助设计人员摆脱繁重的手工绘图，并有助于促进产品设计的标准化、系列化和通用化。CAXA 电子图版适用于只需要二维设计的场合。

2. CAXA 三维电子图版

为弥补 CAXA 电子图版只能绘制二维图的缺陷，北航海尔推出了三维电子图版。CAXA 三维电子图版采用先进的三维特征造型技术和强大的二维图纸自动创建工具，使用户可以轻松进入三维设计空间，创建三维零件模型，并生成二维工程图。另外，北航海尔公司最新推出的 CAXA 实体设计软件具有更强的三维造型能力。

3. CAXA 制造工程师 2015

CAXA 制造工程师 2015 是一套基于微机的 CAD/CAM 软件。该软件功能强大、易学易用，并采用全中文界面，具有 Windows 风格。在该软件中可以完成三维实体建模和曲面建模；通过加工工艺参数和机床后置设定，可以对选定部分进行数控加工代码的自动生成；可以进行直观的加工仿真，以此检验数控加工代码的正确性。CAXA 制造工程师 2015 为数控加工行业提供了从三维造型设计到数控加工代码生成、校验的一体化的全面的解决方案。

另外 CAXA 系列软件还包括数控铣、数控车、线切割、雕刻、CAPP、冷冲模设计师等软件。

2.4 工程数据库与计算机网络技术在CAD/CAM系统中的应用

CAD/CAM 技术的发展离不开信息技术的发展，如信息技术领域中的工程数据库与计算机网络技术在 CAD/CAM 系统中占有举足轻重的位置。

在 CAD/CAM 系统的设计、分析、制造等过程中，经常用到各种标准、技术规范和相关资料，并且各阶段的结果是以包括图形和数据在内的数据信息方式存在的。如何对这些数据信息进行存储和管理，直接影响着 CAD/CAM 的应用水平。随着计算机水平的发展，CAD/CAM 系统中的信息管理已从文件管理模式逐渐发展为工程数据库管理模式。

凡将地理位置不同且具有独立功能的多个计算机系统，通过通信设备和线路将其连接起来，由功能完善的网络软件(网络协议、信息交换方式、控制程序和网络操作系统)实现网络资源共享的系统称为计算机网络。计算机网络技术在 CAD/CAM 应用方面有着广泛的前景。

2.4.1 CAD/CAM 系统和工程数据库

1. 工程数据库的特点

所谓工程数据库，是指能满足人们在工程活动中对数据处理需求的数据库。理想的 CAD/CAM 系统，应该是在操作系统的支持下，以图形功能为基础，以工程数据库为核心的集成系统，从产品设计、工程分析直到制造过程中产生的全部数据都应在同一个数据库环境中维护。

工程数据库支持复杂数据类型、复杂数据结构，具有丰富的语义关联、数据模式动态定义与修改、版本管理能力，具有完善的用户接口。工程数据库不但能处理常规表格数据、曲线数据等，还能处理图形数据。

随着计算机及网络技术在工程领域中的普遍应用，随着工程数据通过 Internet 的互相传递，随着计算机辅助设计与计算机辅助制造、计算机辅助工程及计算机辅助集成制造系统技术的不断进步，工程数据库的管理变得越来越重要，并成为 CAD/CAM 各个子系统信息交换与数据共享的核心。

2. 工程数据的类型

工程数据的类型有以下 4 种：

(1) 通用型数据：指产品设计与制造过程中所用到的各种数据资料，如国家及行业标准、技术规范、产品目录等方面的数据。这些数据的特点是数据结构不变，数据具有一致性，数据与数据之间关系分明，数据相对稳定，即使有所变动，也只是数值的改动。

(2) 设计型数据：指在产品设计与制造过程中产生的数据，如产品功能要求描述数据、设计参数及分析数据、各种资源描述数据及各种工艺数据,包括各种工程图形、图表及三维几何造型等数据。由于产品种类及规格等的变化,这类数据是动态的,包括数值、数据类型及数据结构。

(3) 工艺加工数据:指专门为 CAD/CAM 系统工艺加工阶段服务的数据,如金属切削工艺参数、热加工工艺参数等。

(4) 管理信息数据:指包括生产活动各个环节的信息数据,如工时定额、物料需求计划、成本核算、销售、市场分析等管理信息数据。

3. 对工程数据库管理系统的基本要求

工程数据库管理系统应满足以下基本要求:

(1) 支持复杂工程数据的存储和管理,即能够处理工程数据的非结构化变长数据和特殊类型数据,支持多媒体信息的集成管理。这包括多方面的具体要求,如图形、图像数据多种格式存储,不同媒体数据类型格式转换与控制,多种媒体数据输入/输出设备的驱动,多种媒体数据编辑处理,支持复杂实体的表示及实体间关系的处理,支持超文本数据的存储和处理,支持动态变长数据记录和超长数据项的存储。

(2) 支持模型的动态修改和扩充,即不仅能够对结构化数据进行静态建模,而且能够动态地进行模型的建立、修改和扩充,这样才能适应工程数据库对反复修改的工程设计的支持。

(3) 具有数据恢复能力,满足 CAD/CAM 各阶段之间、各模块之间信息交换及数据修改的要求。

(4) 支持多库操作和多版本管理。由于工程设计中用到的信息多样化,需要在各个设计模块之间传递数据,因此需要提供多库操作和通信能力。由于工程事务的复杂性和反复修改的实践性,要求工程数据库系统具有良好的多版本管理和存储功能,以正确地反映工程设计过程和最终状态,不仅为工程的实施服务,而且为今后的管理和维护服务,同时也为研究和设计类似工程提供可借鉴的数据。

(5) 支持同一对象的多媒体信息表现形式和处理功能,以适应不同要求。

(6) 支持工程数据的长记录存取和文件兼容处理。在工程数据中有些数据不适合在数据库中直接存储,这些数据可以以文件系统为基础来设计其存储方式,会更为方便,也可提高存取效率,如工程图本身。

(7) 支持智能型的规则描述和查询处理,即具有一定的语义识别、推理和查询能力,能够自动检测和维护设计规则。

(8) 具有良好的数据库系统环境和支持工具,以适应大容量、快速和分布式设计环境的要求。

(9) 支持多用户环境下各专业协同工作的各类数据的语义一致性和系统集成性功能,保证信息在流动过程中的一致性和完整性。

(10) 分布式数据库管理功能,能为所有基本单元系统存取全局数据提供统一的接口标准,适应 CAD/CAM 系统硬件由异种机组成的计算机网络系统,以及远程多用户需求。

4. 产品数据管理(PDM)

产品数据管理(PDM)是一种先进的生产信息管理模式,它通过控制各种数据信息的流动、传递与共享，可以有效地把设计和制造联系在一起。在产品设计制造的整个生命周期中，有关产品设计及制造过程中的数据信息起着核心的支撑作用。产品数据管理是以软件为基础，将所有与产品相关的信息(包括数据、文字、图形、图像等)及与产品相关的过程(如工作流程、工程审批/发放、工程更改等)集成到一起，实施在产品的整个生命周期内，对产品数据信息和开发制造过程进行全面管理。

PDM 按内容和管理范围可分为 3 个层次，即图纸文档管理、部门级数据管理以及企业级数据管理。PDM 的主要技术有：

(1) 与应用软件集成的面向对象的嵌入与链接技术。

(2) 支持产品生命周期内数据建模与管理的对象管理技术。

(3) 支持并行工程的多级分布式计算环境。

(4) 实现数据集成和管理的数据仓储管理技术。

(5) 支持协同工作的网络技术和远程通信技术、跨平台的 Web 技术和 Java 技术。

(6) 独立于硬件平台的图形用户界面(GUI)技术等。

PDM 能实现数据共享，保证数据的一致性和可跟踪性，能实现与各种应用软件数据交换的双向控制。PDM 能够以整个企业为一体，跨越各个工程技术群体，在企业范围内建立并行化的产品开发协作环境，促使产品快速开发和业务过程快速转换。

PDM 技术起源于 CAD 的文件管理，即工程图样文档及其变动管理。PDM 还具有产品配置、零件族管理能力，能够以产品为中心，通过产品结构将不同的零部件信息宏观地集成在一起，并且按照设计制造流程维护和跟踪产品数据的变化。因此，PDM 能起到连接 CAD、CAPP、CAM 并集中管理数据和流程的作用。但 PDM 不具体提供 CAD、CAPP、CAM 的特殊功能，而是通过规范封装，将 CAD、CAPP、CAM 系统作为对象嵌入到 PDM 系统中。所以，PDM 系统是连接和集成 CAD、CAPP、CAM 的软件平台。

2.4.2 CAD/CAM 系统和网络

CAD/CAM 系统的网络系统可以是独立的小型局域网，也可以作为子网与企业内部网互联，其网络结构可以根据需求选用总线型、星型、环型、网状型中的一种。工作模式一般采用客户机/服务器工作模式。

在 CAD/CAM 系统中，要考虑工作效率、可靠性、投资大小及产生的经济效益等整个系统的性能，确定最佳网络结构。图 2.4.1 为一总线型 CAD/CAM 网络结构，通过网络实现了 CAD/CAM 的结合。网络中的客户在客户端完成产品的设计、分析、绘图、工艺设计、工程数据处理及数控自动编程等任务，由加工中心及柔性制造单元完成产品的加工，从而形成 CAD/CAM 系统的一体化。

计算机网络在 CAD/CAM 方面有着非常广泛的应用前景，其表现在以下几点：

(1) 实现设计资源共享。在工程设计中要使用大量的数据和资料，并且需要大量的计算。利用网络，可以把设计资料和必要的数据存放在服务器中，供设计者调用，这样不但减少了客户机的费用，还可以提高计算速度。

(2) 易实现并行设计。在工程设计中，大多数的产品不可能由一个人独立完成。多个设计者可同时进行，每人完成某一部分的设计，设计者通过网络互相调用设计的资料或数据，互相探讨设计过程中的问题，最终完成整个产品的设计。计算机远程网络的使用已使异地设计成为可能。

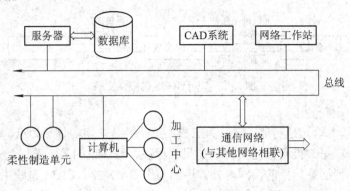

图 2.4.1　总线型 CAD/CAM 网络结构

（3）可以实现异地加工。设计好的产品，通过 CAM 软件自动编程后，可通过网络传送到数控机床，直接进行加工。通过网络传递数据可以减少数据丢失，保证数据安全。计算机网络已使异地加工成为可能。

（4）提高计算机可靠性，均衡负荷，并可协同工作。计算机连成网络后，当某台计算机发生故障时，可由其他计算机代为管理，防止设计数据丢失。

2.4.3　产品数据交换标准

CAD/CAE/CAM 的集成涉及不同的 CAD/CAE/CAM 子系统的信息传递。由于各子系统内的数据结构及格式不同，因此在信息传递过程中必须提供一个中性文件作为接口，以便提高各子系统之间信息传递的效率。这类接口是将各子系统的图形与非图形数据，按照某种标准规定的格式进行转换，得到一种统一的中性文件。该文件独立于已有的 CAD/CAE/CAM 子系统和各种不同应用模块，并通过分布式数据库系统和网络，传递到其他系统或本系统的其他应用模块，最后还原成系统的具体图形或非图形数据。下面介绍目前世界上两种著名的数据交换标准。

1. IGES 标准

IGES(Initial Graphic Exchange Specification，初始化图形数据交换标准)是由美国国家标准协会(ANSI)公布的美国标准，IGES1.0 版本仅限于描述工程图样的几何图形和注释实体。为了解决电气及有限元信息的传递，1983 年 2 月公布的 IGES2.0 版本对图形描述也做了进一步的扩充；1986 年 4 月公布的 IGES3.0 版本则包含了工厂设计和建筑设计方面的内容。为了表达三维实体，1988 年 6 月公布的 IGES4.0 版本收入了 CSG、装配造型、新的图形表示法、三维管道模型及对有限元模型的功能改进等内容。至于实体造型中常用的 B-rep 描述法则出现在 IGES5.0 版本中。

1) IGES 实现

IGES 是一种中性文件，将 CAD/CAE/CAM 系统输出(系统 A)转换成 IGES 时(如图 2.4.2 所示)，必须由系统 A 中的前置处理器处理，把这些要传递的数据格式转换成 IGES 中性文件格式。而 IGES 的实体数据则再由系统 B 中的 IGES 后置处理器处理，以生成系统 B 的内部数据格式。因此，为了利用 IGES 文件实现数据交换，各应用程序必须具备相应的前、后置处理程序。

图 2.4.2　基于 IGES 的数据交换

2) IGES 的实体

IGES 中的基本单元是实体，它分为三类：第一类是几何实体，如点、直线、圆弧、样条曲线、曲面等；第二类是描述实体，如尺寸标注、绘图说明等；第三类是结构实体，如结合项、图组、特征等。目前，国内外常用的商用 CAD/CAE/CAM 系统中的 IGES 接口所采用的实体基本上是 IGES 所定义的实体中的一个子集。

3) IGES 的文件结构

IGES 文件是以 ASCII 码表示的，记录长度为 80 个字符的顺序文件。整个文件按功能分为五个部分：起始段、全程段、目录段、参数段和结束段。IGES 是目前应用最广的数据交换标准，当前流行的主要商用 CAD/CAE/CAM 软件系统，如 Pro/E、Unigraphics NX 和 I-deas 等都含有 IGES 接口。然而，IGES 在实际应用中仍存在以下问题：数据文件过大，数据转换处理时间过长；某些几何类型转换不稳定；只注意了图形数据的交换，而忽略了其他信息的交换。为了克服这些缺点，国际标准化组织在吸取了 IGES 优点的基础上，发展了其他一些性能更佳的数据交换标准，如产品模型数据交换标准 STEP。

2. STEP 标准

STEP 是一个计算机可以处理的产品数据表示和交换的国际标准。它的目标是提供一个不依赖于任何具体系统的中性机制，它规定了产品设计、开发、制造，甚至于产品生命周期中所包含的诸如产品形状、解析模型、材料、加工方法、组装分解顺序、检验测试等必要的信息定义和数据交换的外部描述，因而 STEP 是基于集成的产品信息模型。

产品数据是指全面定义零部件或构件所需要的几何、拓扑、公差、关系、性能和属性等数据。产品信息的交换是指信息的存储、传输和获取，交换方式的不同会导致数据形式的差异。为满足不同层次用户的需求，STEP 提供了四种产品数据交换方式，即文件交换、应用程序界面访问、数据库交换和知识库交换。

产品信息的表示包括零件和装配体的表示及产品数据的中性机制。这个机制的特点是，它不仅适合于中性文件交换，而且可以作为实现共享产品数据库、产品数据存档的基础。STEP 标准中包括以下 5 个方面的内容。

1) 产品数据描述方法

STEP 的体系结构分为 3 层：第一层(底层)是物理层，给出在计算机上的实现形式；第二层是逻辑层，包括集成资源，是一个完善的产品模型，从实际应用中抽象出来，与具体实现无关；第三层(最上层)是应用层，包括应用协议及对应的抽象测试集，给出具体在计算机上的实现形式。

集成资源和应用协议中的产品数据描述，要求使用形式化的数据规范语言来保证描述的一致性。形式化语言既具有可读性，使人们能够理解其中的含义，又能被计算机理解。EXPRESS 就是符合上述要求的数据规范语言，它能完整地描述产品数据上的数据和约束。EXPRESS 用数据元素、关系、约束、规则和函数来定义资源构件，对资源构件进行分类，建立层次结构。资源构件可以通过 EXPRESS 的解释功能，对原有构件进行修改，增加约束、关系或属性，以满足应用协议的开发要求。

数据模型可以用图示化表达来进一步说明标准数据定义。STEP 中用到的图示化表示方法有 EXPRESS-G、$IDEF_0$、$IDEF_{1x}$ 和 NIAM。

2) 集成资源

集成资源提供 STEP 中每个信息元素的唯一表达。集成资源通过解释来满足应用领域的信息要求。集成资源分为两类：第一类是一般资源，此类与应用无关；第二类是应用资源，此类针对特定的应用范围。

STEP 中介绍的一般资源有：产品描述基础和支持，几何和拓扑表示，表达结构，产品结构配置，视觉展现。

(1) 产品描述基础和支持。它包括：一般产品描述资源，提高 STEP 集成资源的一种整体结构，如产品构造定义、产品特性定义和产品特性表达；一般管理资源，它所描述的信息用以管理和控制集成产品描述资源涉及的信息；支持资源是 STEP 集成资源的底层资源，例如一些国际标准计量单位的描述。

(2) 几何和拓扑表示。它是指用于产品外形的显示表达，包括几何部分(参数化曲线、曲面的定义及与此相关的定义)、拓扑部分(涉及物体之间的关系)及几何形体模型提供的物体的一个完整外形表达(包括 CSG 和边界表示模型)。

(3) 表达结构。它描述了几何表达的结构和控制关系，利用这些结构可以区别什么是几何相关，什么不是几何相关，包括表达模式(定义了表达的整体结构)和扫描面实体表达模式(定义了区别扫描面实体中不同元素的一种机制)。

(4) 产品结构配置。此功能支持管理产品结构和管理这些结构的配置所需的信息，根据修改过程的需求及产品开发生命周期中的不同阶段，保存多个设计版本和材料单，产品结构配置模型主要围绕产品生命周期中产品详细设计接近完成的阶段。

(5) 视觉展现。视觉展现可以是工程图样或屏幕上显示的图形。它是一个由产品模型生成图形的拓扑信息模型，当产品的展现数据从一个系统传到另一个系统时，后者能根据展现数据把产品数据变成图形，这部分的内容与绘图、图形标准、文本等有紧密关系。

3) 应用协议

STEP 标准支持广泛的应用领域。具体的应用系统很难采用标准的全部内容，一般只实现标准的一部分，如果不同的应用系统所实现的部分不一致，则在进行数据交换时，会产生类似 IGES 数据不可靠的问题。为了避免这种情况，STEP 计划制定了一系列应用协议。所谓应用协议是一份文件，用以说明如何用标准的 STEP 集成资源来解释产品数据模型文本，以满足工业需要。也就是说，根据不同应用领域的实际需要，确定标准的有关内容，或加上必须补充的信息，强制要求各应用系统在交换、传输和存储产品数据时应符合应用协议的规定。

一个应用协议包括应用的范围、相关内容、信息的定义、应用解释模型、规定的实现方式、一致性要求和测试意图。STEP 中介绍的应用协议有显示绘图、配置控制设计协议、相关绘图、边界模型机械设计和曲面模型机械设计。

4) 实现方式

产品数据的实现方式有 4 级，包括文件交换、应用程序界面访问、数据库实现和知识库交换。CAD/CAE/CAM 系统可以根据对数据交换的要求和技术条件，选取一种或多种形式。

文件交换是最低一级。STEP 文件有专门的格式规定，利用明文或二进制编码，提供对应用协议中产品数据描述的读和写操作，是一种中性文件格式。各应用程序之间数据交换是经过前置处理或后置处理程序处理为标准中性文件后进行交换的。某种 CAD/CAE/CAM 系统的输出经前置处理程序映射成 STEP 中性文件，STEP 中性文件再经后置处理程序处理后传至另一 CAD/CAE/CAM 系统。在 STEP 应用中，由于有统一的产品数据模型，由模型到文件只是一种映射关系，前、后置处理程序比较简单。

通过应用程序界面访问产品数据是第二级，利用 C、C++等通用程序设计语言，调用内存缓冲区的共享数据，这种方法的存取速度最快，但是要求不同的应用系统采用相同的数据结构。

第三级数据库交换方式，是通过共享数据库实现的，如图 2.4.3 所示。产品数据经数据库管理系统 DBMS 存入 STEP 数据库，每个应用系统可以从数据库中取出所需的数据，运用数据字典，应用程序可以向数据库系统直接查询、处理、存取产品数据。

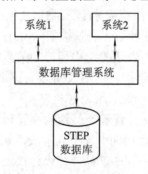

图 2.4.3　数据库交换方式

第四级知识库交换是通过知识库来实现数据交换的。各应用程序通过知识库管理向知识库存取产品数据，它们与数据库交换级的内容基本相同。

5) 一致性测试和抽象测试

一个 STEP 实现的一致性，是指实现符合应用协议中规定的一致性要求。若两个实现符合同一应用协议中的一致性要求，则两者应该是一致的，两方数据可以顺利交换。与应用协议对应的抽象测试集，规定了对该应用协议的实现进行一致性测试的测试方法和测试题。一致性测试方法和框架提出了一致性测试的方法、过程和组织结构等。应用协议需指定一种或几种实现方式。抽象测试集的测试方法和测试题与实现方式无关。

IGES 处理数据是以图形描述数据为主，或者说是以线框或简单的面形数据为中心的。通过对产品数据结构的分析，不难发现以 IGES 为代表的当前流行的数据交换标准已不能适应信息集成发展的需要，而 STEP 的目标是研究完整的产品模型数据交换技术，最终实现在产品生命周期内对产品模型数据进行完整一致的描述和交换。产品模型数据可以为生成制造指令、直接质量控制与测试和产品支持功能提供全面的信息，它是实现 CAD/CAE/CAM 集成的一条充满希望的可行途径。许多 CAD 软件公司已着手开发基于 STEP 标准的新一代 CAD/CAE/CAM 集成系统。STEP 广泛应用于机械 CAD、CAE、电子 CAD、制造过程、软件工程及其他专业领域。

使用 STEP 交换标准的主要优点如下：

(1) 得到广泛的国际开发组织的支持。

(2) STEP 定义了一个开放的产品数据库组织结构。

(3) 有形式化的语言 EXPRESS 作为逻辑规范的描述，EXPRESS 语言定义约束及数据结构，这些约束描述了工程数据集的正确标准。

(4) STEP 前、后置处理器的开发，可以使用格式化的规范，通过自动的软件生成器来完成，由 CAD 数据产生 STEP 的前置处理器，由 STEP 数据产生 CAD 的后置处理器。

(5) STEP 提供了大量的工程数据定义，这些定义包括机械 CAD、电子 CAD、制造过程、软件工程及其他专业领域。

(6) 由 STEP 标准提供的一些与技术无关的定义，可以编译出任何数据库系统可用的数据结构，无论是面向对象数据库还是面向关系数据库系统。

✦✦✦✦✦ 思 考 题 ✦✦✦✦✦

1. 简述 CAD/CAM 系统的基本组成。

2. CAD/CAM 系统应具备哪些主要功能？

3. CAD/CAM 系统的选型应考虑哪些因素？

4. CAD/CAM 系统的配置原则是什么？

5. CAD/CAM 系统集成的关键技术是什么？

6. CAD/CAM 软件的选择原则是什么？

7. 简述工程数据库的特点及其在 CAD/CAM 系统中的作用？

8. STEP 标准包括哪几个方面的内容？

第3章　CAD 技 术

3.1　几何造型技术

几何造型通过对点、线、面、体等几何元素，经过平移、旋转等几何变换和并、交、差等集合运算，产生实体模型。几何造型技术作为 CAD/CAM 技术的基础，在机械工程领域的应用极为广泛。各种机械设计均可采用几何造型技术建立计算机模型，在汽车车身、轮船船体及飞机机身等设计中不仅可以代替实物模型的制作，而且可以大大缩短设计周期，节省人力、物力。本节介绍实体造型的参数化造型技术、变量化造型技术和特征造型技术。

3.1.1　参数化造型技术

早期的 CAD 系统用固定的尺寸值来定义几何元素，输入的每一条线都有确定的位置，但不包括产品图形内在的尺寸约束、拓扑约束及工程约束(如应力、性能约束等)。因此，要想修改实体的结构形状，只有重新造型。这不仅使设计人员投入相当的精力用于重复劳动，而且这种重复劳动的结果并不能反映设计人员对产品的本质构思和意图。而新产品的设计，不可避免地要经历多次反复的修改，进行零件形状和尺寸的综合协调、优化。对于定型产品的设计，需要形成系列，以便针对生产特点和应用需求提供不同型号规格的产品。这些都需要产品的设计图可以随着某些结构尺寸的修改或规格系列的变化而自动修改图形。

参数化造型是先建立图形与尺寸参数之间的约束关系，然后使用约束来定义和修改几何模型。这些尺寸约束及拓扑约束反映了设计时要考虑的因素。实现参数化的一组参数与这些约束保持一定的关系，初始设计的实体自然要满足这些约束，而当输入新的参数值时，也将保持这些约束关系并获得一个新的几何模型。

参数化造型尺寸约束如图 3.1.1 所示，该几何图形由 4 个边长 $l_1 \sim l_4$ 和 4 个夹角 $\alpha_1 \sim \alpha_4$ 表示，初始状态见图 3.1.1(a)。保持 4 个边长不变，当改变夹角 α_1 时，如果仍保持该几何图

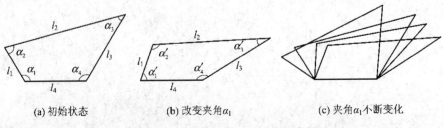

(a) 初始状态　　　　　(b) 改变夹角 α_1　　　　　(c) 夹角 α_1 不断变化

图 3.1.1　参数化造型尺寸约束示意图

形的封闭性，那么其所有角度和每条边的位置都将发生变化，成为图 3.1.1(b)所示的状态。依次类推，随着夹角的不断变化，该几何图形也不断变化，好像被夹角 α_1 所驱动而发生了变化，见图 3.1.1(c)。参数化造型的尺寸约束和拓扑(几何位置)约束如图 3.1.2 所示，该几何图形的初始状态见图 3.1.2(a)，保持边长 $l_1 \sim l_3$、l_4 的水平位置、l_4 与 l_5 的垂直关系不变，当改变 l_4 时，为满足上述尺寸和拓扑要求，变为图 3.1.2(b)所示的状态。依次类推，随着 l_4 的不断变化，该几何图形也不断变化，好像被 l_4 所驱动而发生了变化，见图 3.1.2(c)。这种几何图形随某参数变化而自动变化的现象，称为参数化。

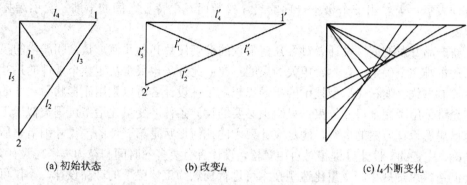

(a) 初始状态　　　　　(b) 改变l_4　　　　　(c) l_4不断变化

图 3.1.2　参数化造型尺寸约束和拓扑约束示意图

参数化造型系统也称为尺寸驱动系统，它只考虑物体的几何约束(尺寸约束及拓扑约束)，而不考虑工程约束。设计对象的结构形状比较定型，可以用一组参数来约定尺寸关系。参数与设计对象的控制尺寸有明显的对应，参数的求解较简单，设计结果的修改受到尺寸驱动。

尺寸驱动的几何模型由几何元素、尺寸约束和拓扑约束等三部分组成。当修改某一尺寸时，系统自动检索该尺寸在尺寸链中的位置，找到它的起始几何元素和终止几何元素，使它们按新尺寸值进行调整，得到新模型；接着检查所有几何元素是否满足约束，如不满足，则保持拓扑约束不变，按尺寸约束修改几何模型，直至全部满足约束条件为止。

参数化的本质是添加约束和满足约束。要保证图 3.1.1 的几何图形封闭，其 8 个尺寸之间必须满足严格的关系。可以看出，该几何图形的形状取决于 4 个边长 $l_1 \sim l_4$ 和夹角 α_1，这 5 个参数即为该几何图形的一组尺寸约束。几何图形的形状由此组尺寸约束确定，改变参数，即改变尺寸约束，几何图形就需要调整形状以便重新满足尺寸约束。图 3.1.2 的几何图形在参数变化的过程中，必须同时满足尺寸约束及拓扑约束，直至获得新的形状。

3.1.2　变量化造型技术

参数化造型技术具有基于特征、全尺寸约束、尺寸驱动几何形状修改、全数据相关的特点，全尺寸约束既不能漏注尺寸(欠约束)，又不能多注尺寸(过约束)，全数据相关指一个参数的修改导致其他相关尺寸全部更新。变量化造型技术是在参数化造型技术的基础上又做了进一步修改后提出的设计思想，变量化造型既保留了参数化造型基于特征、尺寸驱动几何形状修改、全数据相关的优点，又在约束定义方面做了根本性的改变。变量化造型将几何约束中的尺寸约束和拓扑约束分开处理，不苛求全约束，并增加了工程约束。

参数化造型过程类似于工程师读图的过程，由关键尺寸、形状尺寸、定位尺寸直至参考尺寸，无一遗漏地全部看懂(输入计算机)后，形状自然在脑海中(屏幕上)形成。这种对思维的苛刻束缚带来了相当的副作用：决不允许欠尺寸约束；零件截面形状复杂时，满屏幕的尺寸让人无从下手；只有尺寸驱动一种修改手段，不知哪个尺寸会朝着令设计者满意的方向发展；若给出一个极不合理的尺寸参数而发生特征之间的干涉，会引起拓扑关系的改变。

在新产品开发初期，设计者对各几何形状的准确尺寸和各几何形状之间严格的尺寸定位关系还很难完全确定，自然希望欠约束的存在；此外，也很难决定整个零件的尺寸基准及参数控制方式。变量化造型技术的指导思想就是：设计者可以采用先形状后尺寸的设计方式，允许采用不完全尺寸约束，只给出必要的设计条件。变量化造型过程类似于工程师在脑海里思考设计方案的过程，满足设计要求的几何形状是第一位的，尺寸细节是后来才逐步精确、完善的。设计过程相对自由宽松，设计者有更多的时间和精力去考虑设计方案，这符合创造性思维规律。变量化造型技术可进行任意约束情况下的产品设计，不仅可以实现尺寸驱动，还可以实现约束驱动，即由工程关系驱动几何形状的改变，比较适合于产品创新设计。

变量化造型的原理如图 3.1.3 所示。图中：几何元素指构成实体的直线、圆等几何图形要素；几何约束包括尺寸约束及拓扑约束；尺寸值指每次赋给的一组具体值；工程约束表达设计对象的原理、性能等；约束管理用来确定约束状态，识别欠约束或过约束等问题；约束网络分解是将约束划分为较小的方程组，通过代数联立方程或推理方法逐步求解得到每个几何元素特定点的坐标，从而得到一个具体的几何模型。

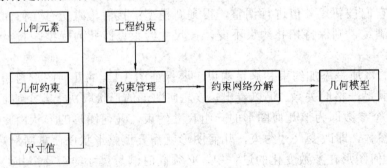

图 3.1.3　变量化造型的原理

3.1.3　特征造型技术

1. 特征的概念

现实世界的物体具有三维形状和质量，因而三维实体造型可以更加真实地、完整地、清楚地描述物体，其利用计算机技术存储物体的几何信息和拓扑信息，代表了 CAD/CAM 技术的主流。

　　实体造型(Solid Modeling)技术是 20 世纪 70 年代后期、80 年代初期逐渐发展完善并推向市场的。实体造型是利用一些基本体素，如长方体、圆柱体、球体、锥体、圆环体以及平面轮廓扫掠体等通过布尔运算生成复杂形体的一种造型技术。实体造型主要包括两部分内容，即体素的定义与描述、体素之间的布尔运算(交、并、差)。体素是一些简单的几何形体，它们可以通过少量参数进行描述，例如长方体可以通过长、宽、高定义形状。

　　目前的许多 CAD/CAM 软件都是一种基于特征的实体造型工具。它可以按照直观的过程创建机械零件的三维实体模型，且能自动生成与该模型相关联的二维工程图。构造三维实体模型的过程称为特征造型，造型的结果称为几何模型。基于特征的实体造型过程除了要用到参数化造型技术、变量化造型技术外，还要用到特征造型技术和数据库联动技术。

　　特征的概念很广，本章仅限于讨论几何特征(以下简称特征)。特征指可以用参数驱动的实体模型，其满足下列条件：

　　(1) 特征是一个实体或零件中的具体构成之一；

　　(2) 特征能对应于某一形状；

　　(3) 特征具有工程上的意义(即与加工方法的一定对应关系)；

　　(4) 特征的性质是可以预料的。

　　零件的几何模型可以看成由一系列的特征堆积而成，改变特征的形状或位置就可以改变零件的几何模型。

　　根据特征构造和组合的先后顺序，可以把特征分为基本特征和附加特征两类。一个零件最重要的特征是基本特征，也是最先构造的特征。基本特征具有以下特点：

　　(1) 基本特征能反映零件的主要体积(或质量)，能基本反映零件的主要形状；

　　(2) 基本特征是构造后续特征的基础。只有构造好基本特征之后，才能再创建其他各种特征，其他特征是附加在基本特征之上的，所以称为附加特征，零件形状的不断补充和细化是通过增加或减去附加特征进行的。

2. 特征造型过程及基本步骤

　　特征造型过程可以形象地比喻为一个由粗到精的泥塑过程，即在一个初始泥坯(基本特征)的基础上，通过不断增加胶泥材料(增加附加特征)或去除胶泥(减去附加特征)，逐步获得一个精美的雕塑(几何模型)。

　　特征造型过程要用到两个基本技术：布尔运算和模型树。

　　通常，零件造型大致遵循下列步骤：

　　(1) 造型方案规划，主要包括分析零件的特征组成、分析零件特征之间的相互关系，分析特征的构造顺序以及特征的构造方法。

　　(2) 创建基本特征，即构造零件上的基本特征。

　　(3) 创建其他附加特征，即根据造型方案规划逐一添加上其他附加特征。

　　(4) 编辑修改特征。在特征造型过程中的任意时刻均可修改特征，包括修改特征的形状、尺寸、位置或特征的从属关系，甚至可以删除已经构造好的特征。

　　(5) 生成工程图，即采用三维到二维技术交互生成二维工程图。

3. 特征分析

构造一个零件时要考虑其上各个特征的形状、尺寸以及特征之间的几何关系，需要预先从总体上对每个特征进行充分考虑。造型方案规划时考虑得越详细，造型过程就会越顺利，最终获得的几何模型也就会越好，复杂的零件尤其如此。

特征分析主要有以下内容：

(1) 特征分解。分析零件都是由哪些特征组成的，需要创建哪些特征。同一个零件可以有不同的特征分解方法，应该以是否符合设计思想为原则来确定一个最佳的特征分解方案。

(2) 特征的构造顺序。分析按照什么顺序创建这些特征以及如何进一步修改，分析的原则仍然是反映设计思想，并方便设计和修改。

(3) 特征的构造方法。不同的特征有不同的构造方法，同一个特征也有不同的构造方法，应该确定特征的造型方法，同时分析特征的主要约束。

4. 特征种类

不同的 CAD/CAM 系统提供了不同的特征种类，有代表性的如下：

(1) 草图特征，包括拉伸特征、旋转特征、扫掠特征等。

(2) 放置特征，包括孔特征、倒角特征、倒圆角特征、阵列特征等。

(3) 辅助特征，即参考几何(包括参考点、参考线、参考面等)。

(4) 高级特征，包括曲面切割特征、加料特征、抽壳(除料)特征、布尔运算特征等。

3.2　草　　绘

草绘是 Pro/E 创建三维模型的基础。要创建零件模型特征，必须首先草绘截面，然后利用拉伸(Extrude)、旋转(Revolve)、混合(Blend)、扫描(Sweep)等命令生成特征，完成零件的三维造型。因此，草绘是实体建模中最基础也是最重要的内容。

草绘的一般步骤是：首先绘制粗略的几何图形，不需要很精确，只要大致形状正确即可；然后对草绘的几何图元进行编辑、添加或删除约束、进行尺寸标注并修改，这样一个二维截面就绘制完成了。本节介绍草绘的基础知识。

3.2.1　草绘界面

1. 进入草绘环境

进入草绘环境有两种方法：一种是利用文件进行草绘，保存后以备建模使用；另一种是在建模时直接进入草绘。下面着重讲解第一种，第二种将在三维建模中具体讲解。

创建新文件进入草绘环境的方法为：选择菜单【文件】|【新建】命令(或者选择工具栏中的【新建】工具 ⬚，或者直接按下键盘的 Ctrl+N 键)，打开【新建】对话框，在该对话框中选择第一项"草绘"，在下方"名称"文本框输入文件名或者接受默认文件名，如图3.2.1 所示，再单击 确定 按钮进入草绘环境。

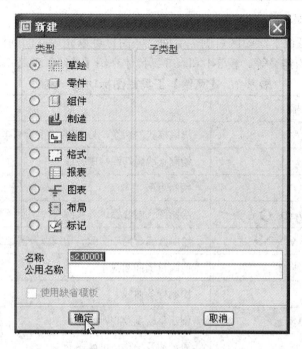

图 3.2.1 【新建】对话框

2. 草绘操作界面

进入草绘环境后，系统默认的主菜单和工具栏会发生相应的变化，在主菜单栏将增加一个【草绘】选项，在绘图区右侧显示【草绘】命令工具栏，如图 3.2.2 所示，在主菜单【草绘】的下拉菜单中包含了该工具栏中的所有功能。

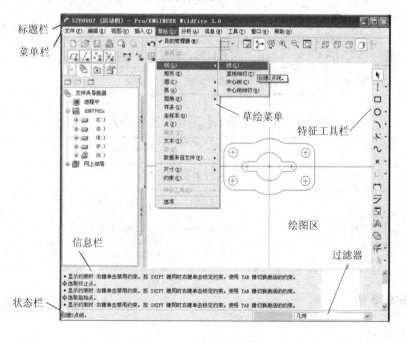

图 3.2.2 草绘操作界面

3. 【草绘】工具

【草绘】工具栏位于绘图区右侧，借助这些图标可以完成截面的绘制、尺寸的标注与修改以及约束条件的定义等。表 3-1 和表 3-2 具体介绍【草绘】工具栏图标的含义。

表 3-1 【草绘】工具栏图标功能一览表

图 标	功 能
	选取模式的切换，与 Shift 键配合可多选编辑元素
	绘制直线、切线与中心线
	绘制矩形
	绘制圆、同心圆、外接圆、内切圆及椭圆
	绘制圆弧、同心圆弧、切线弧及圆锥曲线
	倒圆及倒椭圆弧
	绘制样条曲线
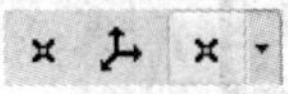	创建草绘点及相对坐标系
	通过边及偏移边创建图元
	尺寸标注
	修改尺寸
	定义或修改约束条件
	绘制文字
	将调色板的外部数据插入到当前窗口，如多边形、工字形
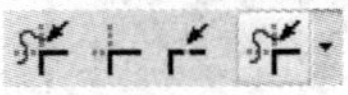	动态修剪、修剪及截断
	镜像、缩放与旋转复制

表 3-2 【草绘显示】工具栏图标功能一览表

图 标	功 能
	控制草图中是否显示尺寸
	控制草图中是否显示几何约束
	控制草图中是否显示网格
	控制草图中是否显示草绘实体端点

3.2.2 基本草绘

1. 草绘直线

Pro/E 的草绘直线命令有 3 种：创建两点线、创建中心线和创建与图元相切的直

线 ㄟ。草绘这 3 种线的步骤介绍如下。

1) 绘制两点线的步骤

(1) 单击【草绘】工具栏中的【创建两点线】图标 ㄟ，或选择菜单【草绘】|【直线】|【直线】命令。

(2) 在绘图区将鼠标移动到需要的位置，单击左键即可确定直线的起点。

(3) 移动鼠标到需要的终点后单击左键，系统便在两点之间绘出一条直线段。

(4) 如果继续草绘直线，则重复步骤(3)，否则单击中键结束直线的创建。

2) 绘制中心线的步骤

(1) 单击【草绘】工具栏中的【中心线】图标 ⋮，或选择菜单【草绘】|【直线】|【中心线】命令。

(2) 在绘图区将鼠标移动到确定中心线位置的第一个点，单击左键即可确定中心线的一个位置。

(3) 移动鼠标到确定中心线位置的第二个点后单击左键，系统便在两点之间绘出一条中心线。

(4) 如果需要草绘另一条中心线，则重复步骤(2)和(3)，否则单击中键结束草绘中心线。

3) 绘制相切直线的步骤

(1) 单击【草绘】工具栏中的【直线相切】图标 ㄟ，或选择菜单【草绘】|【直线】|【直线相切】命令。

(2) 在一圆弧或圆上单击左键选取一起始位置，再到另一圆弧或圆上单击左键选取结束位置，一条与两图元相切的直线创建完成，如图 3.2.3 所示。

(3) 单击鼠标中键或【选取】对话框上的 确定 按钮结束该命令，如图 3.2.4 所示。

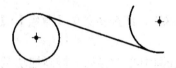

图 3.2.3 与两图元相切的直线　　图 3.2.4 【选取】对话框

📖 提示：系统可以对圆及圆弧进行正确的捕捉，但是不会对样条曲线进行捕捉，因此不能直接利用此命令绘制与样条曲线具有相切关系的切线。

2. 草绘矩形

使用绘制直线的命令，通过绘制 4 条首尾相接且相互垂直的直线即可绘制一矩形。此外，草绘命令中还提供了更方便绘制矩形的工具 □，使用该工具可快速创建矩形。

绘制矩形的步骤如下：

(1) 单击【草绘】工具栏中的图标 □，或选择菜单【草绘】|【矩形】命令。

(2) 在绘图区单击左键放置矩形的一个顶点。

(3) 移动鼠标将动态矩形拖动到所需要位置并单击左键，然后单击中键完成矩形的创建。

3. 绘制圆

Pro/E 中的草绘圆命令有 5 种：通过圆心和圆上一点创建圆○、同心圆◎、3 点圆○、相切圆○和椭圆○。草绘这 5 种圆的步骤介绍如下。

1) 绘制圆心和圆上一点圆的步骤

(1) 单击【草绘】工具栏中的图标○，或选择菜单【草绘】|【圆】|【圆心和点】命令。

(2) 在绘图区单击左键放置圆心点。

(3) 在绘图区单击鼠标左键放置圆上任一点，然后单击中键完成此圆的创建。

2) 绘制同心圆的步骤

(1) 单击【草绘】工具栏中的【同心圆】图标◎，或选择菜单【草绘】|【圆】|【同心圆】命令。

(2) 在绘图区选取需要同心的圆或圆弧，再移动鼠标至适当的位置，单击放置同心圆通过的点，然后单击中键完成同心圆的绘制。

3) 绘制 3 点画圆的步骤

(1) 单击【草绘】工具栏中的【3 点圆】图标○，或选择菜单【草绘】|【圆】|【3 点】命令。

(2) 在绘图区依次单击 3 个点，系统自动生成过这 3 个点的圆。

4) 绘制与三个图元相切的圆的步骤

(1) 单击【草绘】工具栏中的【相切圆】图标○，或选择菜单【草绘】|【圆】|【3 相切】命令。

(2) 在绘图区依次选择 3 个相切图素的边线，系统自动生成与该 3 边相切的圆。

(3) 单击中键或【选取】对话框上的 确定 按钮结束该命令。

5) 绘制椭圆的步骤

(1) 单击【草绘】工具栏中的【椭圆】图标○，或选择菜单【草绘】|【圆】|【椭圆】命令。

(2) 在绘图区中单击左键放置第一点作为椭圆中心，将动态椭圆拖动至所需形状，然后单击中键完成椭圆的绘制。

4. 绘制圆弧

与绘制圆相似，Pro/E 中的草绘圆弧命令有 5 种：3 点绘制圆弧、绘制同心圆弧、通过拾取圆心和端点绘制圆弧、绘制 3 相切圆弧和绘制锥形弧。

草绘这 5 种圆弧的步骤介绍如下。

1) 绘制 3 点圆弧的步骤

(1) 单击【草绘】工具栏中的通过【3 点圆弧】图标，或选择菜单【草绘】|【弧】|【3 点/相切端】命令。

(2) 在绘图区单击左键放置圆弧的起点，然后单击另一位置作为圆弧的终点，再移动鼠标在产生的动态圆弧上指定一点，已确定圆弧的形状。

2) 绘制同心圆弧的步骤

(1) 单击【草绘】工具栏中的【同心圆弧】图标，或选择菜单【草绘】|【弧】|【同

心】命令。

(2) 在绘图区选取已经绘制的圆或圆弧，移动鼠标以确定圆弧的大小。

(3) 在绘图区单击左键指定圆弧的起点和终点即可完成圆弧的绘制。

(4) 单击中键或【选取】对话框上的 确定 按钮结束该命令。

3) 绘制通过圆心和端点圆弧的步骤

(1) 单击【草绘】工具栏中的【通过圆心和端点圆弧】图标 ↷，或选择菜单【草绘】|【弧】|【圆心和端点】命令。

(2) 在绘图区单击左键放置圆弧的圆心，然后拖动鼠标在动态显示的圆弧上指定圆弧的起点和终点即可完成圆弧的绘制。

4) 绘制 3 相切圆弧的步骤

(1) 单击【草绘】工具栏中的【与三个图元相切圆弧】图标 ，或选择菜单【草绘】|【弧】|【3 相切】命令。

(2) 在绘图区依次单击选择 3 个相切图元，系统自动生成与该 3 边相切的圆弧。

(3) 单击中键或【选取】对话框上的 确定 按钮结束该命令。

5) 绘制锥形弧的步骤

(1) 单击【草绘】工具栏中的【锥形弧】图标 ，或选择菜单【草绘】|【弧】|【锥形弧】命令。

(2) 在绘图区单击左键放置锥形弧的第一个端点，移动鼠标至适当位置后单击左键确定锥形弧的另一个端点，出现一条中心线和动态锥形弧曲线。

(3) 拖动鼠标将锥形弧拉成所需要形状，再次单击左键即可完成此锥形弧的绘制。

5. 绘制圆角

Pro/E 中的圆角命令包括两种：圆形圆角 和椭圆形圆角 。

1) 创建圆形圆角的步骤

(1) 单击【草绘】工具栏中的【圆角】图标 ，或选择菜单【草绘】|【圆角】|【圆形】命令。

(2) 在绘图区单击左键选取第一个图元，可以是直线、圆或弧，再单击选取第二个图元，即完成圆形圆角的创建。

(3) 单击中键或【选取】对话框上的 确定 按钮结束该命令。

2) 创建椭圆形圆角的步骤

(1) 单击【草绘】工具栏中的【圆角】图标 ，或选择菜单【草绘】|【圆角】|【椭圆形】命令。

(2) 在绘图区单击左键选取第一个图元，可以是直线、圆或弧，再单击选取第二个图元，即完成椭圆形圆角的创建。

(3) 单击中键或【选取】对话框上的 确定 按钮结束该命令。

6. 绘制样条曲线

绘制样条曲线的步骤如下：

(1) 单击【草绘】工具栏中的【圆角】图标 ，或选择菜单【草绘】|【样条线】命令。

(2) 在绘图区依次单击左键放置第一个点、第二个点、第三个点，等等。

(3) 单击中键结束草绘样条线命令。

7. 草绘坐标系或点

草绘坐标系或点的步骤如下：

(1) 单击【草绘】工具栏中的【坐标系】图标 ⊁ 或【点坐标】图标 × 。还可选择菜单【草绘】|【坐标系】或【草绘】|【点】命令。

(2) 在绘图区单击左键绘制坐标系或点。

(3) 单击中键结束绘制坐标系或点命令。

8. 使用边创建图元

使用边创建图元是一项十分重要的功能，它实际上是把已经有的模型轮廓投影到当前的草绘平面中，作为草绘时的参照或者直接作为草绘图元来使用。在三维建模的过程中经常需要先建立基础特征，再在其某个表面上建立附加特征，这时就可以使用此命令将已有特征的轮廓投影过来形成轮廓线，在此基础上绘制后续特征的草绘截面。

1) 使用边创建图元的步骤

(1) 单击【草绘】工具栏中的【使用边创建图元】图标 ▢ ，或选择菜单【草绘】|【边】|【使用】命令。

(2) 移动鼠标选取要投影的轮廓边，当其显示为亮浅蓝色时单击左键将其选中，该边就会投影到当前的草绘平面中。

2) 使用偏移边创建图元的步骤

(1) 单击【草绘】工具栏中的【使用偏移边创建图元】图标 ▢ ，或选择菜单【草绘】|【边】|【偏移】命令。

(2) 移动鼠标选取要投影并偏移的轮廓边，在信息提示栏输入偏距值，在绘图区的模型上由箭头显示偏移的方向，确认后单击信息提示栏右边的 ✓ 按钮。

9. 草绘文本

草绘文本的步骤如下：

(1) 单击【草绘】工具栏中的【文本】图标 🅰 ，或选择菜单【草绘】|【文本】命令。

(2) 在绘图区单击选择行的起始点，确定文本的起点。

(3) 在绘图区单击选择行的第二点，确定文本高度和方向，弹出【文本】对话框。

(4) 在【文本】对话框中输入文本内容，还可按对话框内容进行文本的调整，完成后单击 确定 按钮，完成草绘文本。

3.2.3　约束

约束就是几何限制条件，通过约束可限定草绘图中图元与图元之间的几何关系。

约束可以选择【草绘】工具栏中的【约束】图标 ▣ ，或选择菜单【草绘】|【约束】命令打开【约束】对话框，如图 3.2.5 所示。

图 3.2.5　【约束】对话框

Pro/E 提供的约束类型中，各按钮的功能如下：

- ⬍：使线的位置为垂直，或使两顶点位于一条垂线上。
- ↔：使线的位置为水平，或使两顶点位于一条水平线上。
- ⊥：使两图元正交(垂直)。
- ∮：使两图元相切。
- ╲：使点位于线的中间。
- ⬦：使两图元共线或重合。
- ⊣⊢：使两点或顶点关于中心线对称。
- ＝：使两线段等长，或者使两圆弧的半径、曲率相等。
- ∥：使两条直线平行。

3.2.4　标注尺寸

经过草图绘制、图元编辑和添加约束之后，草绘的截面几何形状基本定下来，但还需要对其进行尺寸标注，以定义图形几何形状的尺寸和位置尺寸，使草图完全符合设计意图。

进行截面草绘的过程中，系统会自动标注尺寸，但其是弱尺寸，以灰色显示，标注的形式与国标的要求不完全一致，需要手动标注尺寸并把弱尺寸变为强尺寸。

选择尺寸标注命令的方法有 3 种：一是单击【草绘】工具栏上的【标注尺寸】图标 ↦；二是选择菜单【草绘】|【尺寸】|【垂直】命令；三是在绘图区单击右键，从弹出的快捷菜单中选择【尺寸】命令。

尺寸标注分为距离标注和角度标注。

1. 标注线性距离尺寸

线性尺寸主要包括线段的长度、两条平行线之间的距离、点到线段的距离及点到点的距离。

1) 线段的长度

标注方法很简单，只要左键单击要标注的线段，然后将光标移到需要显示尺寸的位置，再单击中键即可。

2) 两条平行线间的距离

首先单击左键以选中第一条直线，然后选中与其平行的第二条直线并单击左键，再将鼠标移到需要显示尺寸的位置，单击中键即可完成。

3) 点到线段的距离

单击左键选中需要标注的点，然后单击左键选中相应的线段，再将鼠标移到需要显示尺寸的位置，单击中键即可完成。

4) 点到点的距离

分别选中需要标注距离的两个点，再将鼠标移到需要显示尺寸的位置，单击中键，完成线性尺寸标注，如图 3.2.6 所示。

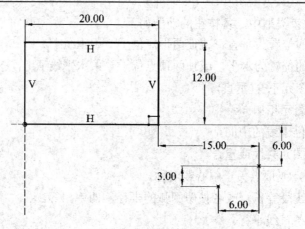

图 3.2.6　线性尺寸标注

2. 标注角度尺寸

角度尺寸主要用于标注两条交线之间的夹角。标注方法是：分别单击左键选中第一条直线和第二条直线；再将鼠标移到需要显示尺寸的位置，单击中键即可完成，如图 3.2.7 所示。

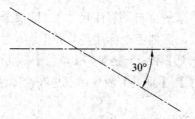

图 3.2.7　角度尺寸标注

3. 标注圆、圆弧的尺寸

1) 标注圆的尺寸

圆的标注有半径标注和直径标注。半径标注方法是：单击左键选中圆，将鼠标移到希望显示尺寸的位置，单击中键即可完成半径的标注。直径标注的方法是：用左键双击选中的圆或分别在圆的两侧单击，然后将鼠标移到希望显示尺寸的位置，单击中键即可完成直径的标注，如图 3.2.8 所示。

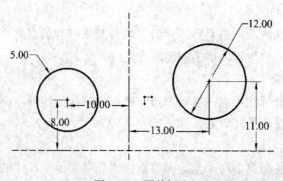

图 3.2.8　圆的标注

2) 标注圆弧的尺寸

圆弧的标注有半径、直径和圆心角的标注。圆弧的半径和直径的标注方法与圆相同。圆心角的标注方法是：分别单击圆弧的两个端点，再单击圆弧本身，然后将鼠标移到需要显示尺寸的位置，单击中键即可完成，如图 3.2.9 所示。

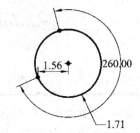

图 3.2.9　标注圆弧的圆心角

4. 标注对称尺寸

对称尺寸(也可称直径尺寸)必须有旋转中心线，第一步单击左键并选中标注对称尺寸的点，第二步单击左键并选中旋转中心线，第三步再次单击第一步选中的那个点，第四步将鼠标移到需要放置尺寸的位置并单击中键，完成对称标注，如图 3.2.10 所示。

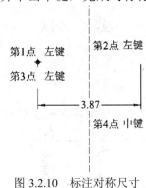

图 3.2.10　标注对称尺寸

3.2.5　修改尺寸

Pro/E 是全参数化的设计软件，通过修改尺寸数值可驱动图形，使图形完全符合设计的要求。

通常修改尺寸数值的方法有以下两种：

(1) 直接双击要修改的尺寸数值，在出现的文本框中输入新的数值。这种方法比较简便，通常用于草绘图比较简单、尺寸较少或只需要改变个别尺寸的时候。

(2) 使用【修改尺寸】对话框修改尺寸，这种方式可以一次修改一组尺寸或全部尺寸。使用【修改尺寸】对话框修改尺寸的步骤如下：

① 选取工具栏中的【选取项目】图标 。

② 单选或框选一个或多个尺寸，选中的尺寸红色加亮显示。

③ 选择菜单【编辑】/【修改】命令，或单击【草绘】工具栏上的【修改尺寸】图标 ，或右击鼠标并从弹出的快捷菜单中选取【修改】命令，弹出【修改尺寸】对话框，如图 3.2.11 所示。

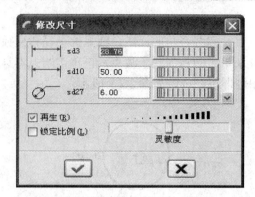

图 3.2.11　【修改尺寸】对话框

④ 在【修改尺寸】对话框中输入需要修改的数值,修改完一个尺寸后,按回车键会自动切换到下一个尺寸。在对话框中要修改的尺寸在绘图区对应地显示出一个方框。

⑤ 尺寸修改完毕,单击【修改尺寸】对话框中的✔按钮完成修改。

📖提示:在使用【修改尺寸】对话框时,应先取消【再生】。

✦✦✦✦✦ 实　　　训 ✦✦✦✦✦

实训实例 1　草绘图一

要求:绘制如图 3.2.12 所示的泵体草图,并标注尺寸。

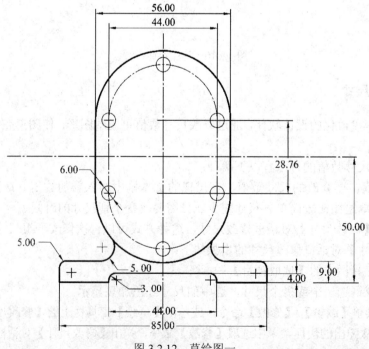

图 3.2.12　草绘图一

　具体步骤如下：

　步骤 1　新建文件。

　(1) 单击工具栏中的 □ 按钮，或者从菜单中选择
【文件】中的【新建】命令。

　(2) 在弹出的【新建】对话框中选择文件类型为
【草绘】。输入零件名称后，取消【使用缺省模板】
复选框的勾选，单击 确定 按钮进入草绘模式。

　步骤 2　绘制截面曲线。

　(1) 单击【草绘】工具栏中的 ┊ 按钮，绘制中
心线。

　(2) 单击【草绘】工具栏中的 ╲ 按钮和 〇 按钮，
画出泵体。

　(3) 单击按钮 ⌒，画出圆弧，单击 ╲ 按钮，并
依次画出底座，如图 3.2.13 所示。

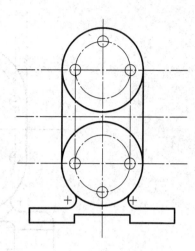

图 3.2.13　步骤 2

　步骤 3　修改曲线并创建几何约束。

　(1) 单击草绘栏中的【动态剪切】按钮 ⅟，动态剪切截面曲线，并单击【弧绘制】工
具栏中的【圆形圆角绘制】按钮 ↳，进行圆角绘制。

　(2) 单击【草绘】工具栏中的 ⊡ 按钮，分别约束两点关于中心线对称，结果如图 3.2.14
所示。

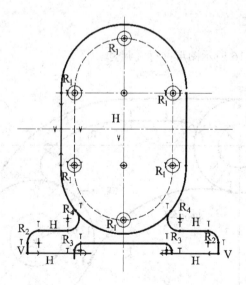

图 3.2.14　步骤 3

　步骤 4　创建尺寸标注及修改尺寸。

　(1) 单击【草绘】工具栏中的 ↦ 按钮，对草图进行尺寸标注。

　(2) 单击【草绘】工具栏中的 ▸ 按钮，使其处于选择状态，在绘图区拖出一个矩形框
选择所有尺寸。

　(3) 单击【草绘】工具栏中的 ⇗ 按钮，取消【再生】按钮。在【修改尺寸】对话框中

输入尺寸值，单击对话框中的 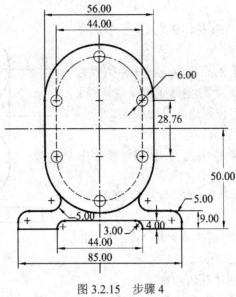✔ 按钮，完成尺寸的修改，如图 3.2.15 所示。

图 3.2.15　步骤 4

步骤 5　保存文件。

单击【水平】工具栏中的 🖫 按钮，在信息区的【保存文件】对话框中单击 确定 按钮，完成该文件的保存。

实训实例 2　草绘图二

要求：绘制如图 3.2.16 所示图形并标注尺寸。

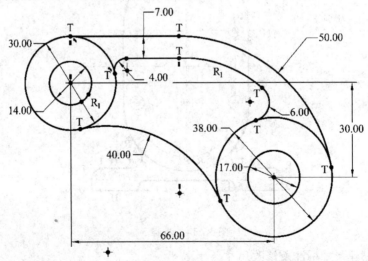

图 3.2.16　草绘图二

具体步骤如下：

步骤 1　建立新文件。

(1) 单击工具栏中的 🗋 按钮，或者从菜单中选择【文件】中的【新建】命令。

（2）在弹出的【新建】对话框中选择文件类型为【草绘】。输入零件名称后，取消【使用缺省模板】复选框的勾选，单击 确定 按钮进入草绘模式。

步骤 2　创建底座拉伸特征。

（1）新建文件。

① 在主菜单栏中选择【文件】命令，单击【水平】工具栏中的 按钮，将弹出【新建】对话框。

② 在【新建】对话框中选择草绘选项，在【名称】文本框中键入文件名后，单击 确定 按钮。

（2）绘制两组同心圆。这两组圆的距离直接影响绘图的准确性。在【特征】工具栏中选取 ○ 和 ◎ 工具，草绘两组同心圆，不必考虑尺寸。

（3）修改尺寸。按尺寸要求修改两组圆的位置尺寸和直径，如图 3.2.17 所示。

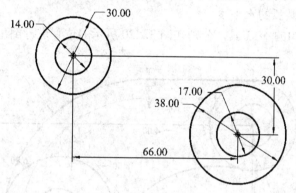

图 3.2.17　两组同心圆

（4）绘制其他曲线。

① 选择工具栏中的 工具，对 $\phi38$ 圆和 $\phi30$ 圆进行倒圆角，修改其尺寸半径为 40，如图 3.2.18 所示。

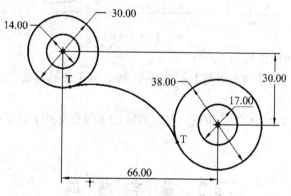

图 3.2.18　倒圆角

② 选择工具栏中的 工具，绘制 $\phi30$ 圆上的水平切线。

③ 选择工具栏中的 工具，对 $\phi38$ 圆和水平直线进行倒圆角，修改其尺寸半径为 50。

④ 选择工具栏中的【动态修剪】工具 ，修剪掉多余的线条，如图 3.2.19 所示。

⑤ 选择工具栏中的 ◎ 工具，在 R50 圆弧的内侧绘制同心圆，注意不要使用任何自动约束。

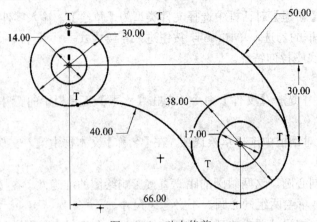

图 3.2.19　动态修剪

⑥ 绘制 R50 内圆弧的水平线。

⑦ 选择工具栏中的 ⤷ 工具，分别在图 3.2.20 所示的位置进行倒角，并修改其尺寸分别为 4 和 6。

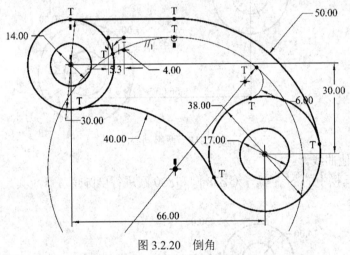

图 3.2.20　倒角

⑧ 标注两水平线的距离为 7。

⑨ 选择工具栏中的【动态修剪】工具 ⤱，修剪掉多余的线条，结果如图 3.2.16 所示。

步骤 3　保存文件。

单击【水平】工具栏中的 ▣ 按钮，在信息区的【保存文件】对话框中单击 确定 按钮，完成该文件的保存。

3.3　基 本 特 征

Pro/E 是基于特征的实体造型软件，特征是 Pro/E 中构成零件的基本单元，零件模型的创建过程就是一系列特征的创建过程。

在 Pro/E 系统的建模过程中，必须首先建立基础特征，其他任何特征都必须建立在基础特征之上。Pro/E 中的基础特征主要包括拉伸特征(Extrude)、旋转特征(Revolve)、扫描特征(Sweep)和混合特征(Blend)。创建这些特征的命令既可以通过菜单来选择，也可以使用工具栏中的命令图标。

3.3.1　拉伸特征

拉伸特征是指草绘一个截面后，在指定的拉伸方向以某一深度平直拉伸截面。拉伸是常用的实体创建类型，适合比较规则的实体。

1. 【拉伸特征】操控板

单击【特征】工具栏上的图标，或选择菜单【插入】|【拉伸】命令，在绘图区下侧会弹出【拉伸特征】操控板，各按钮的功能如图 3.3.1 所示。

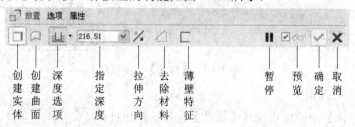

图 3.3.1　【拉伸特征】操控板

在【拉伸特征】操控板中包括【放置】、【选项】、【属性】等 3 个选项上滑板。

1)【放置】上滑板

在【拉伸特征】操控板中选择【放置】按钮，弹出如图 3.3.2 所示的【放置】上滑板，可用来定义草绘平面和草绘放置方向。草绘平面是绘制特征截面或轨迹的平面，可以是基准面或实体上的某个平面，可直接在绘图区选取。单击 定义…… 按钮，打开如图 3.3.3 所示的【草绘】对话框，可定义截面的放置属性。

图 3.3.2　【放置】上滑板　　　　图 3.3.3　【草绘】对话框

2)【选项】上滑板

在【拉伸特征】操控板中选择【选项】按钮，弹出如图 3.3.4 所示的【选项】上滑板，可用来定义草绘平面一侧或两侧的拉伸尺寸。

【拉伸】特征的深度形式，可依据不同的需要指定适当的深度定义方式。各拉伸深度设置有如下几种模式可供选用：

· 日：按给定的拉伸值沿指定的草绘平面两侧对称拉伸。

- ⚎：沿一个方向拉伸到下一个曲面。
- ⚏：沿一个方向拉伸并通过所有特征。
- ⚐：拉伸到与选定的曲面相交。
- ⚐：沿一个方向拉伸到指定的点、曲线、平面或曲面。
- ⚐：拉伸至指定深度。

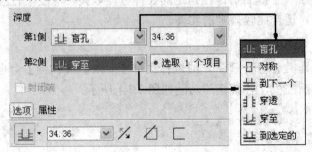

图 3.3.4　【选项】上滑板

3) 【属性】上滑板

在【拉伸特征】操控板中选择【属性】按钮，弹出如图 3.3.5 所示的【属性】上滑板。

图 3.3.5　【属性】上滑板

【属性】可对特征进行重命名，单击 🛈 按钮，可在浏览器中查看关于当前特征的信息。

2. 拉伸步骤

(1) 进入零件设计模式，单击【工具栏】图标 或选择菜单【插入】|【拉伸】命令，在绘图区下侧弹出【拉伸特征】操控板。

(2) 单击 放置 按钮，弹出【放置】上滑板，单击 定义... 按钮，弹出【草绘】对话框，在绘图区中选择相应的草绘平面并可使用系统默认的草绘参照，单击 草绘 按钮，进入草绘界面。

(3) 在草绘环境中绘制拉伸截面，绘制完后单击【草绘】工具栏中的✔按钮，系统回到【拉伸特征】操控板。

(4) 在【选项】上滑板中选择拉伸模式并设置拉伸尺寸，或直接在【拉伸特征】操控板中进行深度选项并输入拉伸尺寸，完成拉伸实体特征。

(5) 如果生成薄体特征，则选择【薄体特征】按钮⊏。

(6) 如果是在已有的实体特征中去除材料，则单击【去除材料】按钮⊿。

(7) 单击 ✕ 按钮可改变去除材料的方向。

(8) 单击【特征预览】按钮，观察生成的特征。

(9) 单击【拉伸特征】操控板中的✔按钮，完成拉伸特征的建立。

📖 提示：

- 拉伸截面可以是开放的，但对于实体拉伸的第一个特征，截面必须是封闭的。
- 对于开放的截面，开放图形的端点必须与零件边缘对齐。
- 拉伸的草绘截面可以是一个或多个封闭图形，但彼此不能相交。

3.3.2　旋转特征

旋转特征是草绘截面绕旋转中心线旋转一定角度而成的一类特征，它适合于构建回转体零件。

草绘旋转截面时，其截面必须全部位于中心线的一侧，倘若要生成的是零件的第一个特征，其截面必须是封闭的。

1．【旋转特征】操控板

单击工具栏上的图标 ⊙⊗，或选择菜单【插入】|【旋转】命令，在绘图区下侧弹出【旋转特征】操控板，各按钮的功能如图 3.3.6 所示。

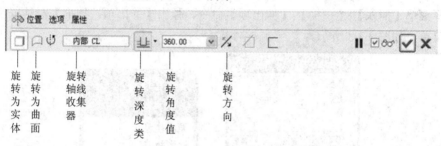

图 3.3.6　【旋转特征】操控板

在旋转特征的上滑板中也包括【位置】、【选项】、【属性】等 3 个选项，其中【位置】可以定义草绘平面和指定旋转轴。在放置的上滑板中单击 定义... 创建或更改截面；【选项】可以定义草绘平面一侧或两侧的旋转角度；【属性】可对特征进行重命名，单击 [i] 按钮，可在浏览器中查看关于当前特征的信息。

2．旋转步骤

(1) 进入零件设计模式，单击工具栏上的图标 ⊙⊗，或选择菜单【插入】|【旋转】命令，在绘图区下侧弹出【旋转特征】操控板。

(2) 单击操控板的 放置 按钮，弹出【放置】上滑板，如图 3.3.7 所示，单击 定义... 按钮，弹出【草绘】对话框。在绘图区中选择相应的草绘平面并可使用系统默认的草绘参照，单击 草绘 按钮，进入草绘界面。

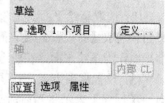

图 3.3.7　【放置】上滑板

(3) 在草绘环境中使用绘制中心线工具绘制一条中心线作为截面的旋转中心线，在中心线的一侧绘制旋转特征截面，绘制完后单击【草绘】工具栏中的 ✓ 按钮，回到【旋转特征】操控板。

(4) 在【选项】面板中选择模型旋转方式，并设置旋转角度。

(5) 如果生成薄体特征，则选择【薄体特征】按钮 [。

(6) 如果是在已有的实体特征中去除材料，则应选择【去除材料】按钮 ⬜。

(7) 单击 ⅍ 按钮可改变去除材料的方向。

(8) 单击【特征预览】按钮 ☑⊗，观察生成的特征。

(9) 单击【旋转特征】操控板中的 ✓ 按钮，完成旋转特征的建立。

3.3.3 扫描特征

扫描特征是指由一个草绘截面沿着指定的轨迹移动而形成的实体。使用扫描建立增料或减料特征时首先要有一条轨迹，再建立沿轨迹线扫描的特征截面。在整个扫描过程中，扫描截面始终垂直于扫描轨迹。

扫描特征有 3 种类型：一是开放的轨迹，封闭的截面；二是封闭的轨迹，封闭的截面；三是封闭的轨迹，开放的截面。

下面介绍创建扫描特征的步骤。

1. 选择扫描特征命令

选择菜单【插入】|【扫描】|【伸出项】命令，弹出【伸出项：扫描】对话框及【扫描轨迹】菜单，如图 3.3.8 所示。

图 3.3.8　【伸出项：扫描】对话框及【扫描轨迹】菜单

2. 定义扫描轨迹

在【扫描轨迹】菜单中要确定是草绘轨迹还是选取已有的轨迹。

- 草绘轨迹：在草绘模式下草绘扫描用的轨迹线。
- 选取轨迹：选取已有的曲线作为扫描轨迹线。

草绘扫描轨迹的步骤如下：

(1) 选取【扫描轨迹】|【草绘轨迹】命令。

(2) 选取草绘平面。在选择【草绘轨迹】后弹出【设置草绘平面】菜单，从中选取草绘平面。选取【新设置】|【设置平面】|【平面】命令，如图 3.3.9 所示，在绘图区选取某一基准平面作为草绘平面，在所选平面上出现一个箭头并弹出【方向】菜单，如图 3.3.10 所示。

(3) 设置视图方向。在【方向】菜单中选取草绘平面看图方向，图形中以箭头表示方向。【反向】表示将当前箭头所指方向反过来；【正向】表示接受当前的箭头所指方向。左键单击【正向】或单击中键，屏幕会弹出【草绘视图】菜单，如图 3.3.11 所示。

图 3.3.9　【设置草绘平面】菜单　　图 3.3.10　【方向】菜单　　图 3.3.11　【草绘视图】菜单

(4) 设置草绘平面的放置方位。在【草绘视图】菜单选取草绘视图的方位后系统进入草绘环境。草绘视图参照方向菜单中的各项含义如下。

· 顶：所选平面的正方向朝上。

· 底部：所选平面的正方向朝下。

· 右：所选平面的正方向朝右。

· 左：所选平面的正方向朝左。

· 缺省：采取系统的默认设置。

· 退出：退出当前操作。

(5) 绘制扫描轨迹。在草绘环境中用草绘工具进行扫描轨迹的绘制，完成后单击工具栏命令图标✔(见图 3.3.12)。如果草绘轨迹是开放的，系统会将视图转换成与草绘轨迹垂直的方向，要求继续绘制扫描截面；如果草绘轨迹是封闭的，则需在系统弹出的【属性】菜单(如图 3.3.13 所示)中选择是【增加内部因素】还是【无内部因素】，选择后单击【完成】即可进入扫描截面的绘制。

　　　　图 3.3.12　工具栏　　　　　　　　　　　　图 3.3.13　【属性】菜单

3. 定义扫描截面

在绘图区绘制扫描截面并标注尺寸，完成后单击工具栏命令图标✔，返回到【伸出项：扫描】对话框。

4. 完成扫描

在【伸出项：扫描】对话框中单击 预览 按钮预览扫描特征。如果符合设计意图，则单击 确定 按钮完成扫描。

3.3.4　混合特征

混合特征是指由多个不同的截面沿空间一定距离构成的实体特征。它适合创建截面逐渐变化的实体。混合特征至少需要两个截面。

混合特征根据形成的方式不同包括平行混合、旋转混合和一般混合三种，混合特征由属性、截面、深度和方向等 4 个元素定义。

下面介绍创建混合特征的步骤。

1. 选择命令

选择菜单【插入】|【混合】|【伸出项】命令，出现【混合选项】菜单，如图 3.3.14 所示，从中定义混合方式。

- 平行：所有截面相互平行。
- 旋转的：混合截面绕 Y 轴旋转，最大旋转角度为 120°，每个截面需单独草绘，混合时各截面坐标系对齐。
- 一般：混合截面可以绕 X 轴、Y 轴和 Z 轴旋转，也可以沿各轴移动，每个截面需单独草绘，混合时各截面坐标系对齐。
- 规则截面：混合截面在草绘平面上绘制。
- 投影截面：混合截面投影到曲面上。
- 选取截面：选取已有截面作为混合截面。
- 草绘截面：草绘混合截面。

图 3.3.14 【混合选项】菜单

2. 定义混合类型和截面类型

在【混合选项】菜单中选择【平行】|【规则截面】|【草绘截面】|【完成】命令，出现如图 3.3.15 所示的【混合】对话框和图 3.3.16 所示的【属性】菜单。

图 3.3.15 【混合】对话框

图 3.3.16 【属性】菜单

3. 定义混合特征的属性

【属性】菜单的各项含义如下：

- 直的：各截面之间用直线连接。
- 光滑：各截面之间用样条曲线连接。

4. 定义截面

按照菜单的提示选择草绘平面的放置属性，进入草绘环境草绘截面。草绘完一个混合截面后，单击鼠标右键，在弹出的快捷菜单中选择【切换剖面】命令，草绘下一个混合截面，刚才的截面变为灰色。在各混合截面之间相互切换，单击鼠标右键，在弹出的快捷菜单中选择【切换剖面】命令即可。

定义截面时要注意以下问题：

(1) 创建混合特征时，截面形状可以不同，但其截面的定点数必须相同。不同时可使用【草绘】工具中的 工具为截面添加顶点。或者选择一个已有顶点，单击鼠标右键，在弹出的快捷菜单中选择【混合顶点】命令，将该顶点变为两个顶点重合的形式。起始点不能作为混合顶点。

(2) 截面可以是一个草绘点，此时不需要使用【混合顶点】命令即可生成混合特征。

(3) 各混合截面的起始点应该对齐，否则生成的混合特征会发生扭曲。

提示：混合截面的起始点附着黄色箭头。欲改变起始点，则选中截面的某个顶点，单击鼠标右键，在弹出的快捷菜单中选择【起始点】命令即可。

5. 定义混合的方向和深度

根据弹出的提示，在消息区根据提示输入两截面的距离，单击 ✔ 按钮，回到【混合】对话框。

6. 完成混合特征

在【混合】对话框中，单击 预览 按钮预览混合特征。如果符合设计意图，则单击 确定 按钮完成混合。

✦✦✦✦✦ 实　　　训 ✦✦✦✦✦

实训实例 1　创建安装架的拉伸特征

要求：创建如图 3.3.17 所示的零件，单位为 mm。

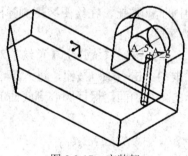

图 3.3.17　安装架

具体步骤如下：

步骤 1　建立新文件。

(1) 单击工具栏中的 按钮，或者从菜单中选择【文件】中的【新建】命令。

(2) 在弹出的【新建】对话框中选择文件类型为【零件】，子类型为【实体】。

(3) 输入零件名称后，取消【使用缺省模板】复选框的勾选，单击 确定 按钮。在弹出的【新文件选项】对话框中选择 "mmns-part-solid"，单击 确定 按钮。

步骤 2　创建底座拉伸特征。

(1) 单击【特征】工具栏中的 按钮，在绘图区下侧弹出【拉伸特征】操控板，单击

操控板中的 放置 按钮打开上滑板。

(2) 单击上滑板中的 定义... 按钮，系统弹出【草绘】对话框。选取基准平面 TOP 面作为草绘平面，接受系统默认的特征生成方向，单击【草绘】对话框中的 草绘 按钮，进入草绘环境。

(3) 绘制如图 3.3.18 所示的线框，单击工具栏中的 ✓ 按钮，在操控板的【深度】框中输入拉伸高度值"15"，单击 ✓ 按钮完成拉伸特征的创建，如图 3.3.19 所示。

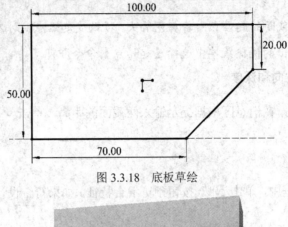

图 3.3.18 底板草绘

图 3.3.19 底板的拉伸

步骤 3 创建侧板拉伸特征。

(1) 单击【特征】工具栏中的 ⬚ 按钮，在绘图区下侧弹出【拉伸特征】操控板，单击操控板中的 放置 按钮打开上滑面板。

(2) 单击上滑面板中的 定义... 按钮，系统弹出【草绘】对话框。选取底座侧面的长边的一面作为草绘平面，在对话框中点击 草绘 按钮，进入草绘环境。

(3) 绘制如图 3.3.20 所示的草绘剖面，保证圆心到底面的尺寸为 35 mm，单击工具栏中的 ✓ 按钮完成草绘。

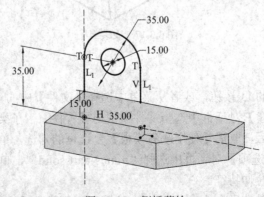

图 3.3.20 侧板草绘

(4) 在【拉伸特征】操控板中的【深度】框中输入拉伸高度值 "15"，单击用户界面中的 ✓ 按钮，完成拉伸特征的创建，如图 3.3.21 所示。

图 3.3.21　侧板的拉伸

步骤 4　创建拉伸孔特征。

(1) 单击工具栏中的 ⟋ 按钮，在绘图区下侧弹出【拉伸特征】操控板，单击操控板中的 放置 按钮，打开上滑面板。

(2) 单击上滑面板中的 定义... 按钮，系统弹出【草绘】对话框。选取底面为草绘平面，单击【草绘】对话框中的 草绘 按钮，进入草绘环境。

(3) 画出直径为 3.5 的圆，单击 ✓ 按钮完成草绘，如图 3.3.22 所示。

(4) 在【深度】选项中选择 ⊥ 项，拉伸到指定的曲面，单击用户界面中的 ✓ 按钮，完成拉伸孔特征的创建，如图 3.3.23 所示。

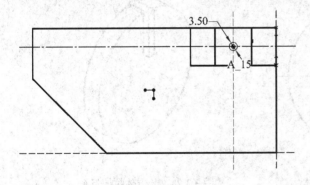

图 3.3.22　小孔的草绘

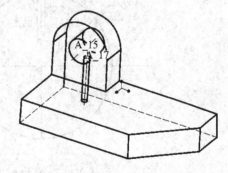

图 3.3.23　小孔的拉伸

(5) 单击【水平】工具栏中的 ⊟ 按钮，在信息区的【保存文件】对话框中单击 确定 按钮，完成该文件的保存。

实训实例 2　创建旋钮

要求：创建如图 3.3.24 所示的零件，单位为 mm。

具体步骤如下：

步骤 1　建立新文件。

步骤 2　创建拉伸圆盘特征。

进入拉伸草绘环境后绘制 ϕ44.50 mm 的圆，如图 3.3.25 所

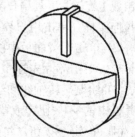

图 3.3.24　旋钮

示。在工具栏中点击 ✔ 按钮，完成草绘，在【拉伸】操控板的【深度】对话框中输入拉伸高度值"6.3 mm"后，单击 ✔ 按钮完成拉伸特征的创建，如图 3.3.26 所示。

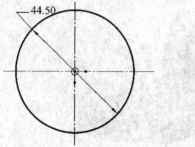

图 3.3.25　草绘尺寸

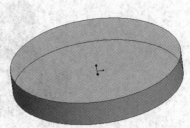

图 3.3.26　拉伸圆盘

步骤 3　创建拉伸长方体特征。

(1) 进入草绘环境。单击工具栏中的 按钮，在绘图区下侧弹出【拉伸特征】操控板，单击操控板中的 放置 按钮打开上滑面板。在上滑面板中单击 定义... 按钮，系统弹出【草绘】对话框。选取圆的端面作为草绘平面，单击对话框中的 草绘 按钮，进入草绘环境。

(2) 草绘长方体的尺寸为 15.9 mm × 2.4 mm，保证圆心到长方体短边的最远距离为 23.5 mm，拉伸长度为 8.9 mm，如图 3.3.27 所示。单击 ✔ 按钮，完成长方体的拉伸特征，如图 3.3.28 所示。

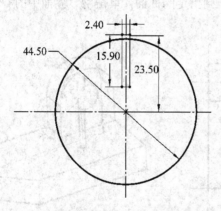

图 3.3.27　草绘长方体

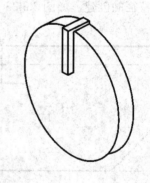

图 3.3.28　长方体拉伸特征

步骤 4　创建旋转特征。

(1) 单击【基础特征】工具栏中的 按钮，在主视区下侧出现【旋转】工具用户界面。单击用户界面上的 按钮生成拉伸实体，单击用户界面上的 放置 按钮，打开上滑面板。

(2) 单击上滑面板中的 定义... 按钮，系统弹出【草绘】对话框。单击 使用先前的 按钮，进入【草绘器】。

(3) 绘制旋转轴线和线框，如图 3.3.29 所示。然后单击工具栏中的 ✔ 按钮完成草绘。

(4) 单击 按钮，将角度改成 180，单击用户界面上的 ✔ 按钮，完成旋转特征的创建，如图 3.3.24 所示。

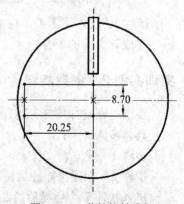

图 3.3.29　草绘旋转线框

(5) 单击【水平】工具栏中的 🖫 按钮，在信息区的【保存文件】对话框中单击 确定 按钮，完成该文件的保存。

实训实例 3　创建扫描特征

要求：创建如图 3.3.30 所示的工字钢轨道，单位为 mm。

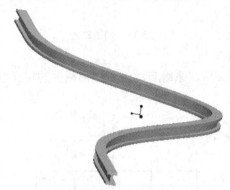

图 3.3.30　扫描模型

具体步骤如下：

步骤 1　建立新文件。

(1) 单击工具栏中的 🗋 按钮，或者从菜单中选择【文件】中的【新建】命令。

(2) 在弹出的【新建】对话框中选择文件类型为【零件】，子类型为【实体】。输入零件名称后，取消【使用缺省模板】复选框的勾选，单击 确定 按钮。

(3) 在弹出的【新文件选项】对话框中选择 "mmns-part-solid"，单击 确定 按钮。

步骤 2　创建扫描轨迹。

(1) 选择菜单【插入】|【扫描】|【伸出项】命令，弹出【伸出项：扫描】对话框和【扫描轨迹】菜单，如图 3.3.31 所示。

(2) 选择草绘轨迹，弹出【设置草绘平面】菜单，如图 3.3.32 所示。在图形区选取基准平面 TOP 作为草绘平面，然后选择【正向】，其他接受系统默认的特征生成方向，进入草绘轨迹界面。

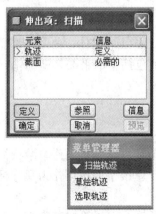

图 3.3.31　【伸出项：扫描】对话框和【扫描轨迹】菜单　　　图 3.3.32　【设置草绘平面】菜单

(3) 草绘扫描轨迹。草绘如图 3.3.33 所示的轨迹，完成后单击 ✔ 按钮。

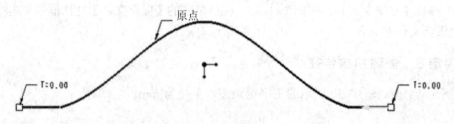

图 3.3.33　扫描轨迹

步骤 3　创建扫描截面。

(1) 在完成扫描轨迹定义后，系统自动进入扫描截面的定义状态，草绘图 3.3.34 所示的扫描截面。

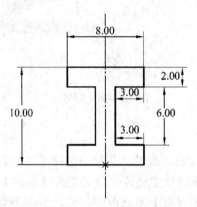

图 3.3.34　扫描截面

(2) 在【草绘】工具栏中单击 ✔ 按钮，完成草绘截面的定义。

(3) 在【扫描】对话框中单击 预览 按钮预览扫描特征。如果符合设计意图，则单击该对话框中的 确定 按钮完成扫描，如图 3.3.30 所示。

步骤 4　保存文件。

3.4　基　准　特　征

基准特征是零件建模的参照特征。在 Pro/E 中，草绘、实体、曲面等都需要一个或多个基准来确定其在空间(平面)的具体位置。基准特征包括基准平面、基准轴、基准点、基准曲线、坐标系等。

3.4.1　基准平面

基准平面是零件建模过程中使用最频繁的基准特征。它既可用作草绘特征的草绘平面和参照平面，也可用作放置特征的放置平面；另外，基准平面也可作为尺寸标注基准、零件装配基准等。

基准平面理论上是一个无限大的面，但为了便于观察可以设定其大小，以适合于建立的参照特征。启动 Pro/E 并进入零件环境，在屏幕上可以看到系统建立的 3 个相互垂直的基准平面，这 3 个默认的基准平面分别被命名为 FRONT、TOP 和 RIGHT，如图 3.4.1 所示。

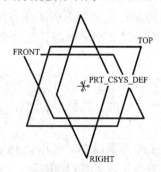

图 3.4.1　系统默认的基准平面

　　在零件的设计过程中系统默认的三个基准平面有时不能满足设计要求。设计零件需要创建一些具有特殊位置的平面，此时就需要建立新的基准平面。

1.【基准平面】对话框

　　单击【特征】工具栏中的图标 **□** 或选择菜单【插入】|【模型基准】|【平面】选项进行基准平面的建立，系统弹出【基准平面】对话框，如图 3.4.2 所示。

图 3.4.2　【基准平面】对话框

　　【基准平面】对话框中包括 **放置**、**显示** 和 **属性** 等 3 个选项卡。根据所选取的参照不同，该对话框各选项显示的内容也不相同。下面对该对话框中的各选项进行简要介绍。

　　(1) **放置** 选项卡。该选项卡用来设置基准平面的位置。可以选择当前存在的平面、曲面、边、点、坐标、轴、顶点等作为参照，选择不同的参照在【基准平面】对话框中的参照栏中会出现不同的约束类型的选项，这些约束类型选项表示将要建立的新的基准平面与参照的关系。可能显示以下 5 种类型的约束：

　　· 穿过：新创建的基准平面穿过所选择的参照。可选择的参照包括点、顶点、轴、曲线、边或平面创建基准平面。

　　· 偏移：新创建的基准平面相对参照有一定的偏移。偏移分为距离偏移和角度偏移。可选择的参照有面和边。

　　· 平行：新创建的基准平面平行于选择的参照平面。可选择的参照只有平面。

　　· 法向：新创建的基准平面垂直于选择的参照。可选择的参照有轴、边和平面。

- 相切：新创建的基准平面相切于所选择的参照。可选择的参照有曲面。

(2) 显示 选项卡。该选项卡用来设定参照面的法线方向和显示范围。

(3) 属性 选项卡。该选项卡用来对基准平面进行重命名，单击 ⓘ 按钮可查看当前基准特征的信息。

2. 创建基准面的步骤

(1) 选择创建基准平面的命令。单击工具栏中的图标 ▱，或在下拉式菜单中选择【插入】|【模型基准】|【平面】选项。

(2) 确定基准平面的位置。在图形窗口中，选取新的基准平面的放置参照。在【基准平面】对话框的【参照】栏中选择合适的约束(如偏移、平行、法向、穿过等)。

(3) 若选择多个对象作为参照，应按下 Ctrl 键。

(4) 重复步骤(2)和(3)，直到建立需要的约束为止。

(5) 完成基准平面的创建。单击【基准轴】对话框中的 确定 按钮。

图 3.4.3 所示为几种基准平面的创建图。

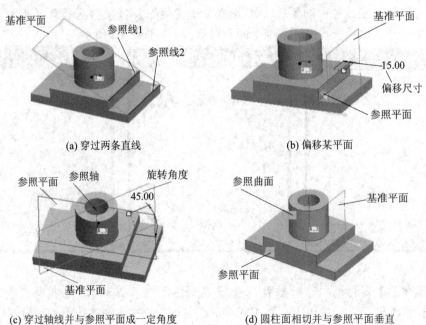

(a) 穿过两条直线　　　　　　　　(b) 偏移某平面

(c) 穿过轴线并与参照平面成一定角度　　　(d) 圆柱面相切并与参照平面垂直

图 3.4.3　几种基准平面的创建

3.4.2　基准轴

同基准面一样，基准轴常用于创建特征的参照。基准轴不仅可以用来辅助建立基准平面与基准点，还可作为尺寸标注参照、孔特征建立参照，以及作为特征旋转阵列与旋转复制的旋转轴参照。

基准轴与中心轴的不同之处在于基准轴是独立的特征，它能被重定义、压缩或删除。

基准轴的产生分为两种情况：一是基准轴作为一个单独的特征来创建；二是在创建带有圆弧的特征期间，系统会自动产生一个基准轴，但这时必须将配置文件选项"show_axes_ for_extr_arcs"设置为"yes"。

创建基准轴后,系统将 A_1、A_2 等名称依次自动分配给各基准轴。和基准平面一样,基准轴的默认名称也可以修改。选取基准轴时,可在绘图区直接选取,也可在模型树中选取名称。

1. 【基准轴】对话框

单击基准工具栏的【基准轴】按钮 /,或在下拉式菜单中选择【插入】|【模型基准】|【轴】命令,系统打开【基准轴】对话框。该对话框也包括 放置 、显示 和 属性 等 3 个选项卡,如图 3.4.4 所示。

图 3.4.4 【基准轴】对话框

【基准轴】对话框的设置和【基准平面】对话框的设置相类似。现只简单介绍基准轴的 放置 选项卡,其他两个选项卡与基准平面相似。

放置 选项卡用来设置基准轴的位置。在 放置 选项卡中有两栏:一栏显示所选参照,另一栏设置偏移参照。

(1) 参照:在该栏中显示基准轴放置参照。选择不同的参照在【基准平面】对话框中的参照栏中会出现不同约束类型的选项,这些约束类型选项表示将要建立的新的基准轴与参照的关系。有以下 3 种类型的约束:

· 穿过:基准轴通过指定的参照。

· 法向:基准轴垂直指定的参照。该类型还需要在偏移参照栏中进一步定义或者添加辅助的点或顶点,以完全约束基准轴。

· 相切:基准轴相切于指定的参照。该类型还需要添加辅助点或顶点来完全约束基准轴。

(2) 偏移参照:在参照栏选用"法向"约束时该栏被激活,以选择偏移参照。

2. 创建基准轴的步骤

(1) 选择创建基准轴的命令。单击工具栏的【基准轴】图标 /,或在下拉式菜单中选择【插入】|【模型基准】|【轴】命令,打开【基准轴】对话框。

(2) 确定基准轴的位置。在图形区选取新基准轴的两个放置参照。从【参照】框内的约束列表中选择所需的约束选项。要将多个参照添加到选取列表中,可在选取时按下 Ctrl 键,选取参照直到建立所要的约束为止。

(3) 完成基准轴创建。单击【基准轴】对话框中的 确定 按钮。

图 3.4.5 所示为几种基准轴的创建图。

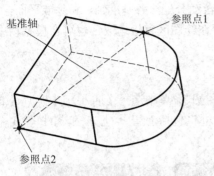

(a) 创建穿过两个顶点的基准轴

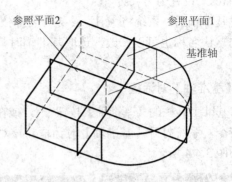

(b) 创建与两个平面相交的基准轴

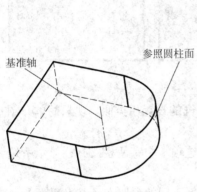

(c) 创建在圆柱中心的基准轴

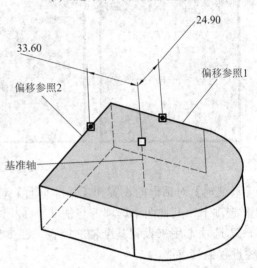

(d) 创建垂直于平面且与两参照固定距离的基准轴

图 3.4.5   几种基准轴的创建

3.4.3   基准点

基准点主要用来进行空间定位。Pro/E 提供了以下 4 种类型的基准点，这些点依据创建方法和作用的不同而各不相同。

- 一般点 ⚹⚹：在图元上、图元相交处或某一图元偏移处所创建的基准点。
- 草绘点 ▦：在草绘平面中创建的基准点。
- 坐标系偏移点 ⚹：通过选定坐标系创建的基准点。
- 域点 ⚹：直接在实体或曲面上单击鼠标左键即可创建基准点，该基准点在行为建模中供分析使用。

1. 创建一般基准点

使用【基准点】工具的 ⚹ 按钮，可创建位于模型实体或偏离模型实体的基准点。单击工具栏中的图标 ⚹，会弹出如图 3.4.6 所示的【基准点】对话框。该对话框中包含 放置 选项卡和 属性 选项卡。

图 3.4.6 【基准点】对话框

(1) 放置 选项卡：用于定义基准点的位置。

(2) 属性 选项卡：用于显示特征信息、修改特征名称。

基准点 放置 选项卡各部分的功能说明如下(属性 选项卡与图 3.4.4 相似)：

(1) 参照：在【基准点】对话框左侧的基准点列表中选择一个基准点，该栏中列出生成该基准点的放置参照。

(2) 偏移：显示并可定义点的偏移尺寸。确定偏移尺寸有两种方法：使用偏移比率或使用实数(实际长度)。

(3) 偏移参照：列出标注点到模型尺寸的参照，有以下两种方式：

· 曲线末端：从选择的曲线或边的端点测量长度，要使用另一个端点作为偏移基点，则单击 下一端点 按钮。

· 参照：从选定的参照测量距离。

单击【基准点】对话框中的"新点"，可继续创建新的基准点。

📖提示：

① 要添加一个新的基准点，应首先单击【基准点】对话框左栏显示的"新点"，然后选择一个参照(要添加多个参照，需按下 Ctrl 键进行选择)。

② 要移走一个参照可使用以下方法之一：

· 选中参照，单击鼠标右键，在弹出的快捷菜单中单击【移除】选项。

· 在图形窗口中选择一个新参照替换原来的参照。

2. 创建一般基准点的操作步骤

(1) 选择创建基准点的命令。单击工具栏中的图标，或选择菜单【插入】|【模型基准】|【点】命令，屏幕弹出【基准点】对话框。

(2) 选择基准点的类型。单击左键，在绘图区选中一条边、曲线、基准轴或面等元素，基准点则显示在相应的位置上。

(3) 确定基准点的位置。通过拖动基准点定位句柄，手动调节基准点位置，或者在【基准点】对话框中设定相应参数定位基准点。

(4) 创建新的基准点或结束创建。单击"新点"添加更多的基准点或单击 确定 按钮，完成基准点的创建。

3.4.4 基准曲线

基准曲线可以用来创建和修改曲面，也可以作为扫描轨迹或创建其他特征。基准曲线通常用于造型设计中复杂曲面的构建。基准曲线允许创建二维截面。这个截面可以用于创建许多其他特征，例如拉伸和旋转。

通过点创建基准曲线的步骤如下：

(1) 选择创建基准曲线命令。单击工具栏中的图标 ∼，或选择菜单命令【插入】|【模型基准】|【曲线】，系统打开【曲线选项】菜单，如图 3.4.7 所示。

创建基准曲线有多种方法，包括：

- 经过点：通过数个参考点创建基准曲线。
- 自文件：使用数据文件绘制基准曲线。
- 使用剖截面：用截面的边界创建基准曲线。
- 从方程：通过输入方程式创建基准曲线。

(2) 完成曲线选项。在【曲线选项】菜单中选择【经过点】，然后单击【完成】，系统弹出【曲线：通过点】对话框(如图 3.4.8 所示)和【连结类型】菜单(如图 3.4.9 所示)。

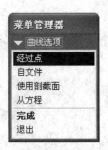

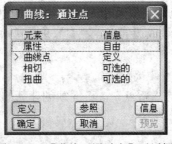

图 3.4.7 【曲线选项】菜单　　图 3.4.8 【曲线：通过点】对话框　　图 3.4.9 【连结类型】菜单

【曲线：通过点】对话框中具有下列内容：

- 属性：指出该曲线是否应位于选定的曲面上。
- 曲线点：为要连接的曲线选取点。
- 相切：(可选)设置曲线的相切条件。
- 扭曲：(可选)使用多面体处理来修改通过两点的曲线形状。

(3) 选择连结类型。使用其中的选项在绘图区选取点，并在【连结类型】菜单中选择【完成】。

(4) 完成创建基准曲线。在【连结类型】菜单中单击【完成】后系统返回【曲线：通过点】对话框，在该对话框中单击 确定 按钮即可完成基准曲线的创建。

📖 提示：选取基准曲线将要通过的点时，一定要按顺序选取。创建的基准曲线是有方向的，系统默认第一个指定点就是该曲线的起点。

3.4.5　坐标系

坐标系是一种重要的参照特征，主要用于在建模、制造及分析过程中作为其他图元生成、零件或组件装配时的基准。Pro/E 提供了 3 种坐标系可供选择，分别是笛卡儿坐标系、圆柱坐标系和球坐标系，如图 3.4.10 所示。虽然存在 3 种坐标系，但系统通常用笛卡儿坐标系，如图 3.4.10(a)所示，坐标系表示为 3 条相互正交的短直线。系统默认以 PRT_CSYS_DEF 来标识笛卡儿坐标系，随后建立的坐标系以 CS0，CS1，CS2，…来标识。

(a) 笛卡儿坐标系　　　　(b) 圆柱坐标系　　　　(c) 球坐标系

图 3.4.10　3 种坐标系

笛卡儿坐标系的创建方法主要有指定 3 个相交平面、指定一个点和两条不相交的轴以及指定两个相交的轴 3 种。

1.【基准坐标系】对话框

单击下拉式菜单中的【插入】|【模型基准】|【坐标系】命令，或者单击工具栏上的 按钮，打开【坐标系】对话框，如图 3.4.11 所示。

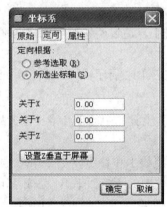

图 3.4.11　【坐标系】对话框

【坐标系】对话框中包括原始 原始 、 定向 和 属性 3 个选项卡。

(1) 原始 选项卡包含以下选项。

· 参照：选取放置参照及约束类型。

· 偏移类型：此项允许按笛卡儿坐标系、圆柱坐标系、球坐标系的方法进行偏移。

(2) 定向 选项卡可设置坐标系轴的位置，它包含以下选项。

· 参考选取：该选项允许通过选取坐标系轴中任意两根轴的方向参照定向坐标系。

· 所选坐标轴：该选项允许定向坐标系，方法是：绕着作为放置参照使用的坐标系的轴旋转该坐标系。

• 设置 Z 垂直于屏幕：此按钮允许快速定向 Z 轴使其垂直于查看的屏幕。

(3) 属性 选项卡可修改坐标系的名称，单击 **i** 按钮可在 Pro/E 浏览器中查看关于当前坐标系的信息。

2. 创建基准坐标系的操作步骤

(1) 单击工具栏中的图标 **米**，打开【坐标系】对话框。

(2) 在图形窗口中选择坐标系的放置参照。

(3) 选定坐标系的偏移类型并设定偏移值。

(4) 单击 确定 按钮，创建默认定位的新坐标系；若需设定新坐标系的坐标方向，则单击 定向 选项卡，在展开的 定向 选项卡中设定新坐标系。

📖 提示：

• 如果选择一个顶点作为原始参照，必须利用 定向 选项卡，通过选择坐标轴的参照确定坐标轴的方位。

• 不管用户是选取坐标系还是选取平面、边或点作为参照，要完全定位一个新的坐标系，至少应选择两个参照对象。

✦✦✦✦✦ 实　　训 ✦✦✦✦✦

实训实例 1　创建基准平面

要求：在已建成的实体基础上，通过两条边创建基准平面。

具体步骤如下：

步骤 1　打开模型文件(如图 3.4.12 所示)。

步骤 2　创建基准平面。

(1) 单击图形区右侧【基准】工具栏中的【基准平面】按钮 ⬜，系统弹出【基准平面】对话框。

(2) 按住 Ctrl 键依次选定参照线 1 和参照线 2，如图 3.4.13 所示。

(3) 单击【基准平面】对话框中的 确定 按钮，完成基准平面的创建。

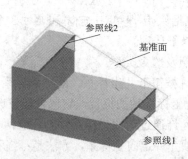

图 3.4.12　零件模型　　　　　　　　　图 3.4.13　创建穿过两条直线的基准平面

实训实例 2　创建基准轴

要求：在已建成的实体基础上，创建基准轴。

具体步骤如下：

步骤 1　打开模型文件(如图 3.4.14 所示)。

步骤 2　创建基准轴。

(1) 单击图形区右侧【基准】工具栏中的【基准轴】按钮 ∕ ，系统弹出【基准轴】对话框。

(2) 在零件模型上选择参照面。

(3) 按住 Ctrl 键依次选定偏移参照面 1 和偏移参照面 2。

(3) 在【基准轴】对话框中输入偏移数值或在绘图区修改数值，如图 3.4.15 所示。

(4) 单击【基准轴】对话框中的 确定 按钮，完成基准轴创建。

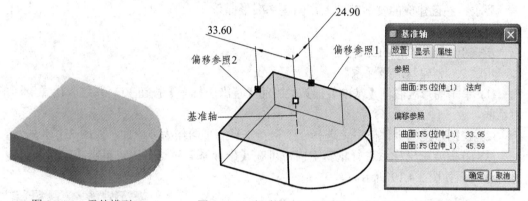

图 3.4.14　零件模型　　　　　图 3.4.15　创建垂直于平面且与两参照固定距离的基准轴

实训实例 3　创建基准点

要求：在已建成的实体基础上，创建基准点。

具体步骤如下：

步骤 1　打开模型的文件。

步骤 2　创建基准点。

(1) 单击图形区右侧【基准】工具栏中的【基准点】按钮 ×× ，系统弹出【基准点】对话框。

(2) 在零件模型上选择参照面。

(3) 在对话框中选中偏移参照后，按住 Ctrl 键在零件模型上依次选定偏移参照面 1 和偏移参照面 2；也可以直接拖动基准点定位句柄到需要定位的两条边，如图 3.4.16 所示。

(4) 在【基准点】对话框中输入偏移数值或在绘图区修改数值，如图 3.4.17 所示。

(5) 单击【基准点】对话框中的 确定 按钮，完成基准点的创建。

注意：创建在面上的基准点与图 3.4.5(d)所示基准轴的创建一样，同样有 3 个参照，唯一的区别就是基准点相对于主参照也能够设定偏距，此时的参照约束条件选偏移。

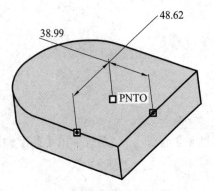

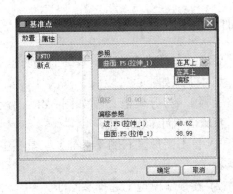

图 3.4.16　创建的基准点在面上　　　　　图 3.4.17　【基准点】对话框

实训实例 4　创建基坐标系

要求：在已建成的实体基础上，创建基准坐标系。

具体步骤如下：

步骤 1　打开模型的文件。

步骤 2　创建基准坐标系。

(1) 单击图形区右侧【基准】工具栏中的【基准坐标系】按钮 ，系统弹出【坐标系】对话框。

(2) 在图形区的零件模型上选择三个相互垂直的平面作为参照面，如图 3.4.18 所示。

(3) 若需要对坐标系进行重新定向，可在【坐标系】对话框中，单击【定向】选项卡进行设置，如图 3.4.19 所示。

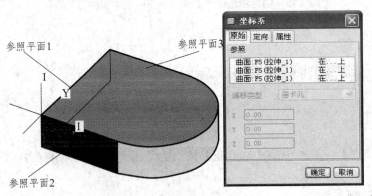

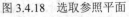

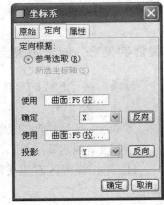

图 3.4.18　选取参照平面　　　　　图 3.4.19　坐标系【定向】对话框

(4) 单击【坐标系】对话框中的 确定 按钮，完成基准坐标系的创建。

3.5　放　置　特　征

放置特征主要包括孔、壳、筋、拔模、倒圆角和倒角。放置特征是在建立基础实体特征后进一步生成几何特征，这类特征的几何形状是确定的，由用户改变其尺寸，即可得到不同尺寸且类似的几何特征。零件在建模过程中使用放置特征，用户一般需要为系统提供放置特征的位置和尺寸。

3.5.1　孔特征

创建孔除可使用前面介绍的拉伸特征使用减材料生成孔外，还可直接用 Pro/E 提供的【孔】命令，从而更方便、快捷地创建孔特征。系统提供了两种孔的类型：直孔和标准孔。

· 直孔：直孔又分为简单孔和草绘孔。

简单孔就是直的圆孔。创建简单孔时，根据孔所在位置的不同，确定孔位置的方式又有四种：线性孔、同轴孔、径向孔和直径孔。

草绘孔是由草绘截面定义的旋转特征。锥形孔可作为草绘孔进行创建。

· 标准孔：具有基本形状的螺纹孔。它是基于相关的工业标准的，可带有不同的末端形状、标准沉孔和埋头孔。对选定的紧固件，既可计算攻螺纹，也可计算间隙直径；用户既可利用系统提供的标准查找表，也可创建自己的查找表来查找这些直径。

1. 【孔特征】操控板

单击绘图区右侧工具栏上的【孔】图标 ，或选择菜单【插入】|【孔】命令，在绘图区下侧出现【孔特征】操控板，如图 3.5.1 所示。

图 3.5.1　【直孔】操控板

单击图 3.5.1 中的【标准孔】图标 ，转换为【标准孔】操控板，如图 3.5.2 所示。【孔特征】操控板中具有【放置】、【形状】、【注释】和【属性】选项的上滑板。

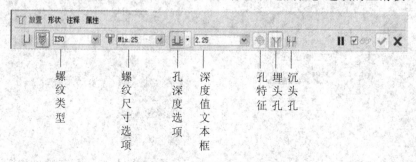

图 3.5.2　【标准孔】操控板

1)【放置】上滑板

单击如图 3.5.1 所示的 **放置** 按钮后，出现【放置】选项上滑板，如图 3.5.3 所示。

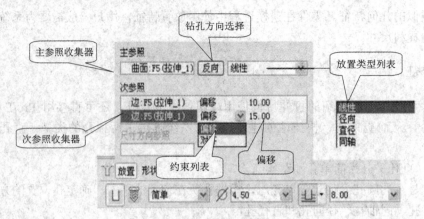

图 3.5.3　【放置】选项上滑板

【放置】选项上滑板的主要内容如下:

(1) 【主参照】: 该栏中显示选定孔放置平面的信息。

(2) 【反向】按钮: 反转孔的放置方向。

· 线性: 使用两个线性尺寸定位孔, 标注孔中心到实体边或基准面的距离, 标注的信息显示在次参照栏目中。

· 径向: 使用一个线性尺寸和一个角度尺寸定位孔。以极坐标的方式标注孔的中心线位置, 此时应指定参考轴和参考平面, 以标注极坐标的半径及角度尺寸。标注的信息显示在次参照栏目中。

· 直径: 与径向相似, 只是在径向将半径表示处改用直径表示。

· 同轴: 使孔的轴线与实体中已有的轴线共线。

(3) 【次参照】列表框: 用于确定孔在放置面上的具体位置。

2) 【形状】上滑板

【形状】选项上滑板用于预览当前孔的 2D 视图并对孔的形状和尺寸进行设置, 内容包括孔的深度选项、直径和全局几何。直孔和标准孔有各自独立的【形状】选项上滑板, 图 3.5.4 为直孔【形状】上滑板, 图 3.5.5 为标准孔【形状】上滑板。

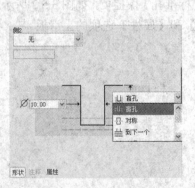

图 3.5.4　直孔【形状】上滑板

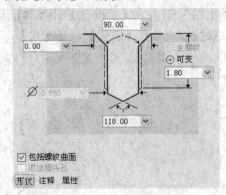

图 3.5.5　标准孔【形状】上滑板

【形状】选项上滑板的主要内容如下:

(1) 直孔【形状】上滑板。【侧 2】深度选项框可控制双侧简单孔的第二方向(侧 2)钻孔深度选项，所有简单孔深度选项均可用，【侧2】深度选项框不可用于草绘孔。

(2) 标准孔【形状】上滑板。【螺纹曲面】复选框可创建螺纹曲面以代表标准孔的内螺纹。

【退出埋头孔】复选框可在标准孔的底部创建埋头孔。

3)【注释】上滑板

【注释】选项上滑板仅用于"标准孔"特征。如图3.5.6所示，该面板显示预览正在创建或重定义的"标准孔"特征的注释。

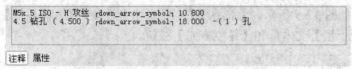

图 3.5.6 标准孔【注释】上滑板

4)【属性】上滑板

【属性】选项上滑板用于获得孔特征的一般信息和参数信息，并可以重命名孔特征，如图3.5.7所示。标准孔的【属性】选项上滑板比直孔的多了一个参数表，如图3.5.8所示。

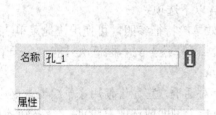

图 3.5.7 直孔【属性】上滑板

图 3.5.8 标准孔【属性】上滑板

2. 创建孔特征的步骤

(1) 选择命令。选择菜单【插入】|【孔】命令，或者单击绘图区右侧工具栏上的【孔】图标，在绘图区下侧会弹出【孔特征】操控板。

(2) 放置孔。在【放置】选项中可以选择孔的放置类型，并设置主参照和次参照。

(3) 选择孔类型。在操控板中可以选择孔类型是直孔或标准孔，直孔又可分为简单孔和草绘孔。

(4) 完成孔特征。预览模型特征，符合设计要求后，单击操控板中的 ✓ 按钮完成孔特征。

3.5.2 筋特征

筋特征是设计中连接到实体曲面的薄翼或腹板伸出项。筋通常用于加固设计中的零件，也常用于防止出现不需要的折弯。

筋特征可分为两类：直筋和旋转筋。直筋连接到直曲面，旋转筋连接到旋转曲面。这两种筋创建的工作流程都是一样的，都需要进行草绘，而且在草绘时需要满足：

· 筋截面一定是开放的，并且开放截面的端点要与父特征对齐。

· 直筋的草绘面可以在任意点上创建，只要其线端点连接到曲面，从而形成一个要填充的区域。

· 旋转筋的草绘面必须通过旋转曲面的中心线，其线端点必须连接到曲面，从而形成一个要填充的区域。

1. 【筋特征】操控板

单击工具栏上的【筋】图标◢，或单击【插入】|【筋】命令，在绘图区的下侧出现【筋特征】操控板，如图 3.5.9 所示。【筋特征】操控板中有【参照】和【属性】选项的上滑板。另外还有【筋板厚度】文本框和【厚度方向】按钮。

图 3.5.9　【筋特征】操控板

【筋板厚度】文本框 ⊏ 5.00 ▾：控制筋特征的材料厚度。

【厚度方向】按钮 ⁄：筋的厚度方向有 3 种，单击该按钮 1 次筋板厚度在草绘平面的正侧，单击 2 次厚度在草绘平面的反侧，单击 3 次厚度对称于草绘平面。

(1) 【参照】上滑板如图 3.5.10 所示，它包含以下选项：

· 【草绘】文本框：包含为筋特征选定的有效草绘特征参照，可使用快捷菜单(指针位于收集器中)中的【移除】来移除草绘参照。注意，【草绘】文本框每次只能包含一个筋特征草绘参照。

· 定义...按钮：单击该按钮可打开【草绘】对话框，它允许使用【草绘器】重定义独立剖面。注意，只有当【草绘】文本框为空(没有定义剖面或选取草绘)时，该按钮才可用。

(2) 【属性】上滑板如图 3.5.11 所示，包含筋特征名称和用于访问筋特征信息的图标。

图 3.5.10　【参照】上滑板　　　　　　　　图 3.5.11　【属性】上滑板

2. 创建筋的步骤

(1) 选择命令。选择菜单【插入】|【筋】命令，或者单击工具栏上的【筋】图标◢，在绘图区下侧会弹出【筋特征】操控板。

(2) 定义筋截面。在操控板中选择【参照】，弹出【参照】上滑板。单击 定义... 按钮，弹出【草绘】对话框，定义草绘平面的放置属性。然后单击 草绘 按钮，进入草绘界面。

(3) 定义筋添加材料的方向。筋添加材料的方向在图形区以黄色箭头显示，箭头必须指向模型内部才能添加筋特征。当箭头指向模型外部时，可以在图形区单击黄色箭头或者【参照】上滑板中的按钮，改变添加材料的方向。

(4) 输入筋的厚度。可在操控板的【筋厚度】文本框中输入厚度值，也可以在图形区双击厚度值，在出现的编辑框中输入厚度数值。

(5) 设置筋厚度方向。筋厚度方向有 3 种：草绘平面的正侧、反侧或者在草绘平面的两侧分别加厚度值的一半，单击操控板的 ![icon] 工具可以切换这 3 种方向。

(6) 完成筋特征。预览模型特征，符合设计要求后，单击操控板的 ✓ 按钮完成筋特征。

3.5.3　抽壳

"壳"特征可将实体内部掏空，只留一个特定壁厚的壳。创建的时候，用户可以在实体上指定一个或多个将被移除的曲面；如果未选取要移除的曲面，则会创建一个"封闭"壳，将零件的整个内部都掏空，且空心部分没有入口。如果将壳的厚度侧反向(例如，通过输入负值或在对话栏中单击 ![icon])，将在零件的外部添加指定厚度的壳。抽壳特征一般放在圆角特征之前进行。

定义壳特征的时候，用户也可选择指定不同厚度的曲面，为每个曲面指定单独的厚度值。但是，此类曲面的厚度值不能为负值，即其加厚的方向不能反向。厚度所在的侧由壳的默认操作确定。

1. 【壳特征】操控板

单击工具栏中的【壳】图标 ![icon]，或选择【插入】|【壳】命令，在绘图区的下侧出现【壳特征】操控板，如图 3.5.12 所示。【壳特征】操控板中有【参照】、【选项】和【属性】选项的上滑板，另外还有【厚度】文本框和抽壳方向按钮 ![icon]。

图 3.5.12　【壳特征】操控板

厚度 1.72 ：用于更改默认壳厚度值，可键入新值。

![icon]：用于反向壳的创建侧。

1) 【参照】上滑板

【参照】上滑板包含壳特征中所使用的参照列表框，如图 3.5.13 所示，它包含下列各项：

· 移除的曲面：可用于选取要移除的曲面。如果未选取任何曲面，则会创建一个【封闭】壳，将零件的整个内部都掏空，且空心部分没有入口。

· 非缺省厚度：可用于选取要在其中指定不同厚度的曲面，可为包括在此列表框中的每个曲面指定单独的厚度值。

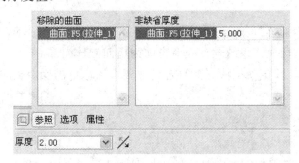

图 3.5.13　壳【参照】上滑板

2) 【选项】上滑板

【选项】上滑板包含用于从【壳】特征中排除曲面的列表框，如图 3.5.14 所示。【选项】上滑板中包含下列各项：

- 排除的曲面：可用于选取一个或多个要从壳中排除的曲面。如果未选取任何要排除的曲面，则将壳化整个零件。
- 细节：打开用于添加或移除曲面的【曲面集】对话框。提示：通过【壳】用户界面访问【曲面集】对话框时不能选取面组曲面。
- 延伸内部曲面：在壳特征的内部曲面上形成一个盖。
- 延伸排除的曲面：在壳特征的排除曲面上形成一个盖。

图 3.5.14　壳【选项】上滑板

2. 创建壳特征的步骤

(1) 选择命令。选择菜单【插入】|【壳】命令，或者单击工具栏中的【壳】图标回，在绘图区下侧会弹出【壳特征】操控板。

(2) 选取移除面。在图形区选择要移除的立体表面，按住 Ctrl 键在图形区可以选取多个需要移除的表面。如果误选不需要移除的面，可以选择操控板【参照】选项，出现【参照】上滑板，在【移除的曲面】列表框中选取误选的表面，单击鼠标右键，在弹出的快捷菜单中选择【移除】命令。

(3) 设置壳厚度。如果壳壁厚均匀，则在操控板的【壳厚度】编辑框中输入厚度值即可；如果壳厚度不均匀，则在操控板中选择【参照】上滑板并用鼠标左键单击【非缺省厚度】曲面列表框，变为淡黄色，表示收集器被激活。在图形区选择壁厚不同的立体表面，在【非缺省厚度】曲面收集器中出现被选中的曲面列表，在其后【壳厚度】编辑框中输入厚度即可。

(4) 设置壳厚方向。壳厚度方向有两侧，即指向立体内部和指向立体外部，可以通过单击操控板的%工具切换，系统默认壳厚方向为指向立体内部。

(5) 完成壳特征。预览模型特征，符合设计要求后，单击操控板的✔按钮，完成壳特征的创建。

3.5.4　倒圆角特征

倒圆角是常用的工程特征，它是一种边处理特征，通过向一条或多条边、边链或在曲面之间添加半径形成。倒圆角的类型主要有以下 4 种，如图 3.5.15 所示。

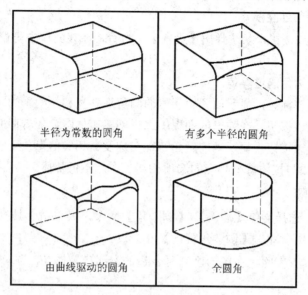

半径为常数的圆角　　　　　　有多个半径的圆角

由曲线驱动的圆角　　　　　　　全圆角

图 3.5.15　4 种圆角类型

- 恒定：倒圆角段具有恒定半径。
- 可变：倒圆角段具有多个半径，需要在【设置】上滑面板中输入多个半径。
- 由曲线驱动的倒圆角：利用曲线来定义圆角半径，需事先存在一条曲线来定义圆角。
- 完全：完全倒圆角会替换选定曲面。

倒圆角一般遵循以下几个原则：

(1) 尽可能最后处理圆角特征。在创建零件模型的过程之中，经常会增加特征或修改特征而改变边、面的形状，从而影响圆角，所以倒圆角特征一般放在最后处理。

(2) 使用插入特征加入新特征。做完圆角特征之后，若发现必须在圆角之前加入其他特征，可使用模型树插入特征实现。

(3) 为避免不必要的父子关系，尽量不使用圆角的边线作为尺寸或者约束参照。

Pro/E 中的圆角特征非常丰富，下面是创建简单圆角的内容。

1. 【倒圆角特征】操控板

单击工具栏中的【倒圆角】图标，或选择【插入】|【倒圆角】命令，系统弹出【倒圆角特征】操控板，如图 3.5.16 所示。

图 3.5.16　【倒圆角特征】操控板

定义倒圆角时有两种模式：设置模式和过渡模式，在操控板中通过图标和进行切换。【倒圆角特征】操控板中有【设置】、【过渡】、【段】、【选项】和【属性】上滑板。另外还有【设置模式】和【过渡模式】按钮及【圆角半径】文本框，它们各自的功能说明如下：

- ：打开圆角设定模式。
- ：打开圆角过渡模式。
- 设置：单击该按钮，系统弹出【设置】上滑板，在该面板中可设定模型中各圆角或圆角集的特征及大小。
- 过渡：设置圆角的过渡值。
- 模糊：单击该标签，显示放置不明确的圆角集列表和不明确的圆角接头列表。
- 选项：单击该按钮，在弹出的面板中选择创建实体圆角或者曲面圆角。
- 属性：单击该按钮，显示当前圆角特征名称及其相关信息。

其他各功能选项与拉伸特征相应的选项相同，在此不再赘述。

2. 倒圆角的步骤

(1) 选择命令。选择菜单【插入】|【倒圆角】命令，或单击工具栏中的【倒圆角】图标。在绘图区下侧会弹出【倒圆角特征】操控板。

(2) 设置圆角放置参照。在图形区选择合适的参照放置圆角。选取圆角放置参照的方法有以下几种：

- 直接选取立体的一条边线或者多条边线，在其上放置圆角。
- 按住 Ctrl 键依次选取两个曲面，在两个曲面上放置圆角，圆角和两曲面保持相切。
- 选取一个曲面，按住 Ctrl 键选取一条边线，在边线和曲面上放置圆角，圆角面保持相切，延伸到指定的边。
- 按住 Ctrl 键选取两条边线，在两条边线上放置圆角，在两边上形成完全倒圆角。

(3) 指定圆角半径。在操控板的【圆角半径】文本框中选取或者输入圆角的值，按回车键，可以在图形区预览圆角的状态。

(4) 完成圆角特征。预览模型特征，符合设计要求后，单击操控板中的按钮完成圆角特征。

3.5.5　倒角特征

倒角是一种很常见的工程设计，因此倒角特征在零件设计中也有大量的应用。倒角分为边倒角和拐角倒角两种类型。

- 边倒角：从选定边移除平整部分的材料，以在共有该选定边的两个原曲面之间创建斜角曲面。边倒角的参照可以是一条边，也可以是多条边(边链)。
- 拐角倒角：从零件的拐角处移除材料，以在共有该拐角的 3 个原曲面间创建斜角曲面。拐角倒角需要指定一个拐角参照和拐角的 3 个边放置尺寸。

下面分别介绍如何创建这两种倒角。

1. 【倒角特征】操控板

单击工具栏中的【倒角】图标，或选择菜单【插入】|【倒角】|【边倒角】命令，系统弹出【倒角特征】操控板，如图 3.5.17 所示。与其他特征的操控板相似，【集】、【过渡】、【段】、【选项】、【属性】都有对应的上滑板，左键单击后可以打开、查看及调整其中的内容。在一般创建倒角的操作中，常用的【集】上滑板如图 3.5.18 所示。

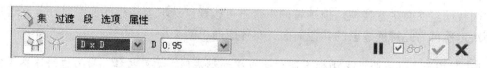

图 3.5.17 【倒角特征】操控板

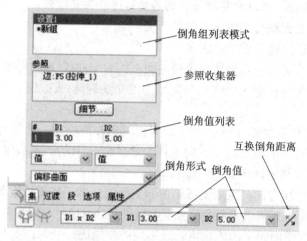

图 3.5.18 边倒角【集】上滑板

要创建边倒角，需要定义一个或多个倒角集。倒角集是一种结构化单位，包含一个或多个倒角段(倒角几何模型)。在指定倒角放置参照后，Pro/E 将使用默认属性、距离值以及最适于被参照几何的默认过渡来创建倒角。Pro/E 在图形窗口中显示倒角的预览几何，允许用户在创建特征前创建和修改倒角段及过渡。请注意，默认设置适于大多数建模情况。但是，用户可定义倒角集或过渡以获得满意的倒角几何模型。

在屏幕左下角操控板的第一个下拉文本框中，选择需要的倒角标注形式。其中各种形式的含义如下：

- D×D：标注倒角到切掉的边的距离，两侧距离相同。
- D1×D2：标注倒角到切掉的边的距离，两侧距离不同。
- 角度×D：标注倒角与相邻表面的夹角及在该表面上与切掉的边之间的距离。
- 45×D：倒角与相邻表面的夹角为 45°，在该表面上与切掉的边之间的距离为 D。

2. 创建边倒角的步骤

(1) 选择命令。单击工具栏中的【倒圆角】图标，或选择【插入】|【倒角】|【边倒角】命令，系统弹出【倒角特征】操控板。

(2) 选择倒角形式。在操控板的【倒角形式】列表中选择适当的倒角形式。

(3) 输入倒角尺寸。在操控板出现的相应组合框中输入确定倒角大小的尺寸，并调整倒角相对于各面距离的顺序。

(4) 完成倒角。预览模型特征，符合设计要求后，单击操控中板的 ✔ 按钮完成倒角特征。

3.5.6 拔模特征

拔模特征将 −30° ～30° 的拔模角度添加到单独的曲面或一系列曲面中。可分别对实体曲面或面组曲面进行拔模，但二者的组合不可拔模。选取要拔模的曲面时，首先选定的曲面决定着可为此特征选取的其他曲面、实体或面组的类型。

📖 **提示**：仅当曲面是由列表圆柱面或平面形成时，才可拔模。曲面边的边界周围有圆角时不能拔模。不过，可以首先拔模，然后对边进行圆角过渡。

对于拔模，Pro/E 系统使用以下术语：

- 拔模曲面：要拔模的模型的曲面。
- 拔模枢轴：曲面围绕其旋转的拔模曲面上的线或曲线(也称为中立曲线)。可通过选取平面(在此情况下拔模曲面围绕它们与此平面的交线旋转)或拔模曲面上的单个曲线链来定义拔模枢轴。
- 拖动方向(也称为拔模方向)：用于测量拔模角度的方向，通常为模具开模的方向。可通过选取平面(在这种情况下拖动方向垂直于此平面)、直边、基准轴、两点(如基准点或模型顶点)或坐标系对其进行定义。
- 拔模角度：拔模方向与生成的拔模曲面之间的角度。如果拔模曲面被分割，则可为拔模曲面的每侧定义两个独立的角度。拔模角度必须在 −30°～30° 范围内。

拔模曲面可按拔模曲面上的拔模枢轴或不同的曲线进行分割，如与面组或草绘曲线的交线。如果使用不在拔模曲面上的草绘分割，则系统会以垂直于草绘平面的方向将其投影到拔模曲面上。如果拔模曲面被分割，可以：

- 为拔模曲面的每一侧指定两个独立的拔模角度。
- 指定一个拔模角度，第二侧以相反方向拔模。
- 仅拔模曲面的一侧(两侧均可)，另一侧仍位于中性位置。

1. 【拔模特征】操控板

单击系统菜单中的【插入】|【拔模】命令，或单击绘图区右侧【图形】工具栏中的图标，系统弹出【拔模特征】操控板，如图 3.5.19 所示。

图 3.5.19 【拔模特征】操控板

【拔模特征】操控板包括【参照】、【分割】、【角度】、【选项】和【属性】上滑板，还由以下列表框及按钮组成：

- 【拔模枢轴】列表框：用来指定拔模曲面上的个性直线或曲线，即曲面绕其旋转的直线或曲线。单击列表框可将其激活，最多可选取两个平面或曲线链。要选取第二枢轴，必须先用分割对象分割拔模曲面。
- 【拖动方向】列表框：用来指定测量拔模角所用的方向，单击列表框可将其激活，可以选取平面、直边或基准轴、两点(如基准点或模型顶点)或坐标系。
- 【角度文本框】：用于更改拔模角度值。
- 【反转拖动方向】按钮：用来反转拖动方向(由黄色箭头指示)。

对于具有独立拔模侧的"分割拔模"，该对话框包含第二"角度"组合框和"反转角度"图标，以控制第二侧的拔模角度。

1)　【参照】上滑板

【参照】上滑板包含拔模特征中所使用的参照列表框，如图 3.5.20 所示。

图 3.5.20　【参照】上滑板

·　拔模曲面：用于选取拔模曲面，产生拔模斜度的曲面。

·　细节：打开可添加或移除拔模曲面的【曲面集】对话框。

·　拔模枢轴：拔模时的轴线，可用于指定拔模曲面上的中性曲线，即曲面绕其旋转的直线或曲线。最多可选取两个拔模枢轴。要选取第二枢轴，必须先用分割对象分割拔模曲面。

·　细节：打开可处理拔模枢轴链的【链】对话框。

·　拖动方向：用于指定测量拔模角所用的方向，可选取下列选项之一：

平面：此时拖动方向与此平面垂直。

直边或基准轴：此时拖动方向与此边或轴平行。

坐标轴：此时拖动方向平行于此轴，选取坐标系的具体轴，而非坐标系名称。

·　反向：用于反转拖动方向(以黄色箭头标明)。

2)　【分割】上滑板

【分割】上滑板包含分割选项，如图 3.5.21 所示。

·　【分割选项】列表框：包括不分割、根据拔模枢轴分割、根据拔模对象分割等 3 个选项。

·　【分割对象】列表框：可使用收集器旁的【定义】按钮草绘分割曲线，或选取曲面面组和外部(现有的)草绘曲线之一作为分割曲线。

图 3.5.21　【分割】上滑板

📖　提示：只有选取【根据拔模对象分割】选项时，Pro/E 才会激活【分割对象】。

· 定义：在拔模曲面或其他平面上草绘分割曲线。如果草绘不在拔模曲面上，则 Pro/E 将以垂直于草绘平面的方向将其投影到拔模曲面上。

· 侧选项：包括独立拔模侧面、从属拔模侧面、仅拔模第一侧面和仅拔模第二侧面 4 项。属拔模侧面指的是指定一个拔模角度，第二侧以相反方向拔模。此选项仅在拔模曲面以拔模枢轴分割或使用两个枢轴分割拔模时可用。

3) 【角度】上滑板

【角度】上滑板包含拔模角度值及其位置的列表，如图 3.5.22 所示。

· 【角度】列表框：对于不同的拔模类型，对应不同的参照。

· 调整角度保持相切：强制生成的拔模曲面相切，不适用于"可变拔模"。"可变拔模"始终保持曲面相切。

4) 【选项】上滑面板

【选项】上滑板包含定义拔模几何的选项，如图 3.5.23 所示。

· 排除环：可用于选取要从拔模曲面排除的轮廓，仅在所选曲面包含多个环时可用。

· 拔模相切曲面：如选中，Pro/E 会自动延伸拔模，以包含与所选拔模曲面相切的曲面。此复选框在默认情况下被选中。如果生成的几何无效，则将其清除。

· 延伸相交曲面：如选中，Pro/E 将试图延伸拔模以与模型的相邻曲面相接触。如果拔模不能延伸到相邻的模型曲面，则模型曲面会延伸到拔模曲面中。如果以上情况均未出现，或如果未选中该复选框，则 Pro/E 将创建悬于模型边上的拔模曲面。

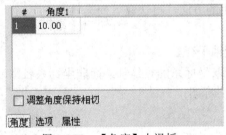

图 3.5.22　【角度】上滑板

图 3.5.23　【选项】上滑板

5) 【属性】上滑板

【属性】上滑板包含特征名称和用于访问特征的信息。

2. 创建拔模特征的步骤

(1) 选择菜单【插入】|【拔模】命令，或者单击工具栏中的【拔模】图标，在消息区出现【拔模特征】操控板。

(2) 在图形区选择拔模曲面，可以是一个面，也可以是多个面。

(3) 在操控板中激活【拔模枢轴】列表框，在图形区选择拔模枢轴，既可以是平面，也可是线。

(4) 在操控板中激活【拖动方向】列表框，在图形区选择施动方向参照，可以是直线，也可以是平面。改变拔模方向，可以单击【拖动方向】列表框后面的工具，拖动方向在图形区显示为黄色箭头，也可在图形区单击箭头改变方向。

(5) 在操控板的【拔模角度】编辑框中输入拔模角度或者在图形区双击角度数字，在出现的编辑框中输入角度值。改变拔模角度方向，可以单击【拔模角度】编辑框后面的工具，后者输入负角度值。

(6) 如果模型有分型面，即拔模方向的角度不同，则可以在【分割】上滑板进行设置。

(7) 单击操控板中的 ✓ 按钮完成拔模特征。

✦✦✦✦ 实　　　　训 ✦✦✦✦

实训实例 1　创建直孔特征

1. 简单孔

要求：在已建成的实体基础上，创建简单孔特征，单位为 mm。

具体步骤如下：

(1) 选择命令。单击图形区右侧工具栏中的【孔】按钮 ，或选择菜单【插入】|【孔】命令，在绘图区下侧弹出【孔特征】操控板。

(2) 放置孔。在【孔特征】操控板中单击 放置 选项卡，并在零件表面选择主参照，如图 3.5.24 所示。

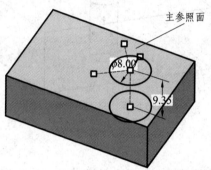

图 3.5.24　孔的放置

(3) 选择孔类型。在操控板中单击 凵 按钮即选择"直孔"。直孔又分为简单孔和草绘孔，选择"简单"，如图 3.5.25 所示。

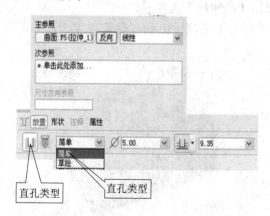

图 3.5.25　孔的类型

(4) 孔的定位。在孔放置的上滑板的放置类型中选择"线性"，然后激活"次参照"，按住 Ctrl 键在零件模型中选取次参照的两条边或两个侧面，距短边 15 mm，距长边 10 mm。

也可以用鼠标左键拉动孔的两个定位句柄到定位面，如图 3.5.26 所示。

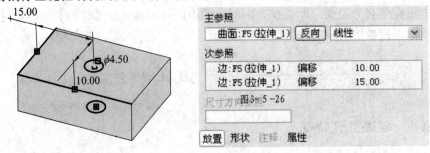

图 3.5.26　孔的定位

(5) 确定孔的大小和深度。在【孔特征】操控板中输入孔的直径"5"或直接在绘图区对孔的直径进行修改。在孔的深度选项中选择通孔。

(6) 完成孔特征。选择操控板的【预览】按钮 ☑☉☉ ，符合设计要求后，单击操控板中的 ✔ 按钮，结果如图 3.5.27 所示。

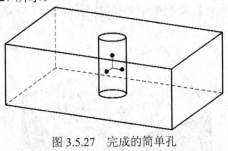

图 3.5.27　完成的简单孔

2. 草绘孔

要求：在已建成的实体基础上，创建草绘孔特征，单位为 mm。

具体步骤如下：

(1) 选择命令。 单击图形区右侧工具栏中的【孔】按钮 ，或选择菜单【插入】|【孔】命令，在绘图区下侧弹出【孔特征】操控板。

(2) 放置孔。在【孔特征】操控板中单击 放置 选项卡，并在零件表面选择主参照，如图 3.5.28 所示。

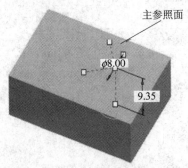

图 3.5.28　孔的放置

(3) 选择孔类型。在操控板中单击 按钮即选择"直孔"。直孔又分为简单孔和草绘孔，选择"草绘"，如图 3.5.29 所示。

图 3.5.29　孔的类型

(4) 孔的定位。在上滑板中孔的放置类型中选择"线性"，然后激活"次参照"，按住 Ctrl 键在零件模型中选取次参照的两条边或两个侧面，距短边 15 mm，距长边 10 mm。也可以用鼠标左键拖动孔的两个定位句柄到定位面，如图 3.5.30 所示。

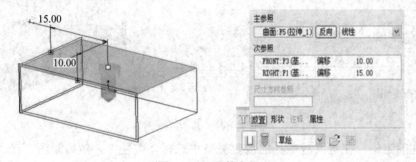

图 3.5.30　孔的定位

(5) 在【孔特征】操控板中单击 ▦ 按钮激活草绘器，系统进入草绘模式。绘制出如图 3.5.31 所示孔的草图，单击 ✔ 按钮，完成草绘。

(6) 单击【预览】按钮 ☑∞，观察完成的孔特征，满足要求后单击 ✔ 按钮，结果如图 3.5.32 所示。

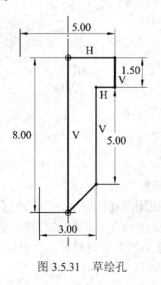

图 3.5.31　草绘孔

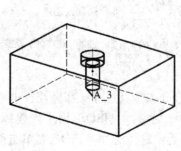

图 3.5.32　草绘孔特征

实训实例 2　创建标准孔特征

要求：在已建成的实体基础上，创建标准孔特征，单位为 mm。

具体步骤如下：

(1) 选择命令。单击图形区右侧工具栏中的【孔】按钮，或选择菜单【插入】|【孔】命令，在绘图区下侧弹出【孔特征】操控板。

(2) 放置孔。在【孔特征】操控板中单击放置选项卡，弹出【放置】上滑板，并在零件表面选择主参照，如图 3.5.33 所示。

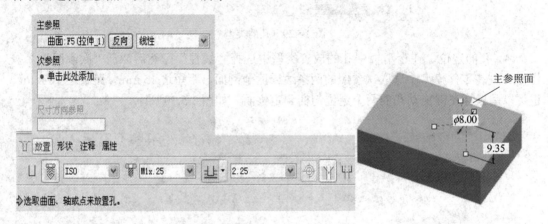

图 3.5.33　孔的放置

(3) 孔的定位。在上滑板中孔的放置类型中选择"线性"，然后激活"次参照"，按住 Ctrl 键在零件模型中选取次参照的两条边或两个侧面，距短边 15 mm，距长边 10 mm。也可以用鼠标左键拖动孔的两个定位句柄到定位面，如图 3.5.34 所示。

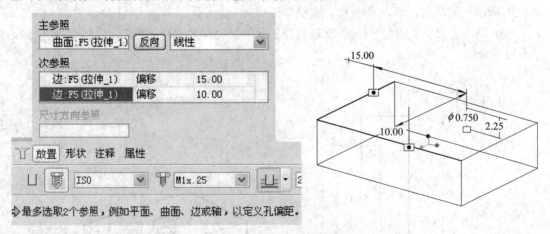

图 3.5.34　标准孔的定位

(4) 选择孔类型及尺寸。在操控板中单击按钮即选择"标准孔"，在【螺纹类型】选项中有两个选项，"ISO"用于创建标准螺纹类型的圆孔，"UNC"用于创建粗牙螺纹类型的圆孔，这里选用"ISO"。单击形状打开【形状】上滑板，其他设定如图 3.5.35 所示。

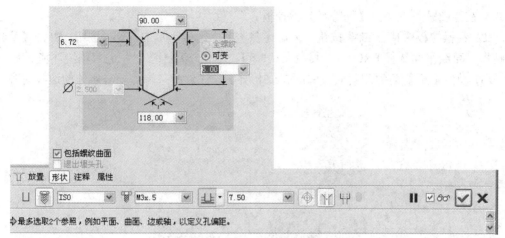

图 3.5.35　标准孔【形状】上滑板

(5) 单击【预览】按钮 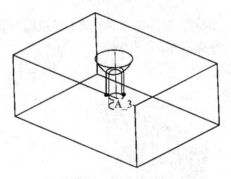，观察完成的孔特征，满足要求后单击 ✔ 按钮，结果如图 3.5.36 所示。

图 3.5.36　完成的标准孔

实训实例 3　创建筋特征

要求：在如图 3.5.37 所示的实体上，创建直筋特征。

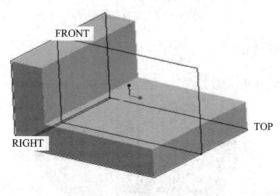

图 3.5.37　模型实体

具体步骤如下：

(1) 选择命令。单击图形区右侧工具栏中的【筋】按钮，或选择菜单【插入】|【筋】

命令,在绘图区下侧弹出【筋特征】操控板。

(2) 在操控板中单击 参照 按钮,弹出【参照】上滑板,单击 定义... 按钮,打开【草绘】对话框,草绘平面选择 FRONT,其余默认即可。单击 草绘 按钮,进入草绘环境。

(3) 草绘筋板所需的侧剖面,如图 3.5.38 所示,注意线条端点要与实体的边线对齐。

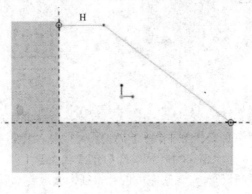

图 3.5.38 绘制筋剖面

(4) 在右侧工具栏中单击 ✔ 按钮,在【筋特征】操控板中输入筋的厚度值"20.0"。默认情况下,厚度相对草绘平面对称。如果想改变加厚的方向,可在操控板中单击 ╱ 按钮。

(5) 单击【预览】按钮 ☑∞,观察完成的筋特征,满足要求后单击 ✔ 按钮,结果如图 3.5.39 所示。

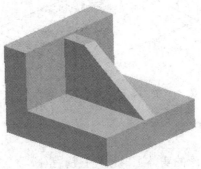

图 3.5.39 完成的筋特征

实训实例 4 创建壳特征

要求:在如图 3.5.40 所示的实体上,创建壳特征。

图 3.5.40 模型实体

具体步骤如下：

(1) 选择命令。 单击图形区右侧工具栏中的【壳】按钮回，或选择菜单【插入】|【壳】命令，在绘图区下侧弹出【壳特征】操控板。

(2) 在操控板中单击 参照 按钮，弹出【参照】上滑板，在信息区提示中选择将要移除的曲面，单击模型上表面，选中的上表面变色，如图 3.5.41 所示。

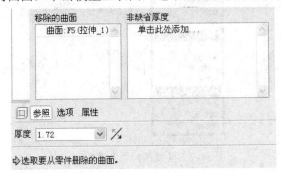

图 3.5.41　选取移除表面

(3) 在【厚度】文本框中输入壁厚数值"5"。

(4) 单击【预览】按钮☑∞，观察完成的壳特征，满足要求后单击✔按钮，结果如图 3.5.42 所示。

图 3.5.42　完成的壳特征

3.6　特征操作

零件中有许多形状、结构相同或相似的特征，每次都重新创建每个特征势必会影响建模速度。Pro/E 提供了许多特征操作的工具，可以直接对特征进行复制、镜像、阵列等操作，大大提高了建模速度，减少了重复劳动。

3.6.1　复制

复制是建模过程中经常使用的一个工具。在【编辑】菜单的【特征操作】菜单内选择菜单【编辑】|【特征操作】命令，可打开【特征】菜单，如图 3.6.1 所示。选取【复制】命令可打开【复制特征】菜单，如图 3.6.2 所示。该菜单可分为特征复制、特征选择以及特

征关系 3 类，以下将介绍各选项的意义以及它们的用法。

图 3.6.1　【特征】菜单　　　　　　　　图 3.6.2　【复制特征】菜单

Pro/E 提供了以下 4 种特征复制方法：

· 新参考：使用新的放置面与参考面来复制特征。

· 相同参考：使用与原模型相同的放置面与参考面来复制特征，但可以改变复制特征中的尺寸。

· 镜像：通过对一平面曲面或一基准进行镜像来复制特征。

· 移动：以"平移"或"旋转"这两种方式复制特征。平移或旋转的方向可由平面的法线方向或由实体的边、轴的方向来定义。

确定特征放置的方式后，就要选择复制的对象。Pro/E 提供了以下选择方式：

· 选取：从当前模型中选取要复制的特征。

· 所有特征：复制当前模型中的所有特征。

· 不同模型：从不同模型中选取要复制的特征。只有使用【新参照】时，该选项才有效。

· 不同版本：复制当前模型不同版本中的模型特征。该选项对【新参照】或【相同参照】有效。

在进行特征复制时，Pro/E 允许定义原始特征与复制特征之间的附属关系，包括以下选项：

· 独立：复制后的特征尺寸与原始的特征尺寸互相独立，彼此无关。完成复制后，修改原始特征的尺寸不会影响复制特征的尺寸。

· 从属：复制后的特征尺寸与原先的特征尺寸相关。完成复制后，如果修改或重新定义原始特征或复制特征的尺寸，另一个特征的尺寸也会相应随之改变。

1. 新参考方式复制

使用【复制特征】菜单中的【新参考】命令，可以复制不同零件模型的特征，或是同一零件模型的不同版本的模型特征。使用"新参考"方式进行特征复制时，需重新选择特征的放置面与参考面，以确定复制特征的放置平面。

在选择复制特征的参考面时，要使用如图 3.6.3 所示的【参考】菜单。

- 替换：选择新的对象作为复制特征的参考。
- 相同：使用与原始特征相同的参考。
- 跳过：略过此参考特征的选择而定义其他参考特征。
- 参照信息：显示参考平面的相关信息。

图 3.6.3 【参考】菜单

新参考复制特征的操作步骤如下：

(1) 单击菜单【编辑】|【特征操作】选项，打开【特征】菜单。

(2) 单击【特征】菜单中的【复制】选项，打开【复制特征】菜单，单击【新参考】选项。

(3) 选择特征的方式是【选取】|【所有特征】|【不同模型】还是【不同版本】。

(4) 若在步骤(3)中选择【选取】作为特征的选取方式，则需定义复制后特征与原始特征间的关系是【独立】还是【从属】。

(5) 若在步骤(3)中选择【不同模型】或【不同版本】，则应选定一个模型，然后在该模型中选择要复制的特征。

(6) 若在步骤(3)中选择【选取】选项，则直接在图形窗口的模型中选择要复制的特征即可。

(7) 定义复制后特征的尺寸。若在步骤(3)中选择【选取】作为特征的选取方式，则系统将显示如图 3.6.4 所示的【组可变尺寸】菜单，从中选择要改变的尺寸。

(8) 若在步骤(3)中选择【不同模型】或【不同版本】进行特征的复制，则会出现如图 3.6.5 所示的【比例】菜单，以定义复制特征的缩放比例大小。

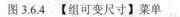

图 3.6.4 【组可变尺寸】菜单   图 3.6.5 【比例】菜单

(9) 使用【参考】菜单，根据系统的提示依次选择相对于原始特征的参考面或参考边，以确定复制特征的放置位置。

(10) 完成上述操作后，单击鼠标中键即可完成特征的复制。

2. 相同参考方式复制

使用【复制特征】菜单中的【相同参考】命令，复制的特征与原始特征位于同一个平面。使用该复制方式仅能改变复制特征的尺寸。

用相同参考方式复制特征的操作步骤如下：

(1) 单击菜单【编辑】|【特征操作】选项，打开【特征】菜单。

(2) 单击【特征】菜单中的【复制】选项，打开【复制特征】菜单，单击【相同参考】选项。

(3) 确定复制特征的选择方式：【选取】或者【不同版本】。

(4) 定义复制特征与原始特征的从属关系。

(5) 选择要复制的特征。

(6) 使用【组可变尺寸】菜单或【比例】菜单，定义复制特征的尺寸或缩放比例。

(7) 完成上述操作后，单击鼠标中键完成特征的复制。

3. 镜像方式复制

使用镜像方式，可对模型的若干特征进行镜像复制。该命令常用于建立对称特征的模型。

用镜像方式复制特征的操作步骤如下：

(1) 单击菜单【编辑】|【特征操作】选项，打开【特征】菜单。

(2) 单击【特征】菜单中的【复制】选项，打开【复制特征】菜单，单击【镜像】选项。

(3) 确定特征的选择方式：【选取】或者【所有特征】。

(4) 明确特征与原始特征之间的从属关系：【独立】或者【从属】。

(5) 选择镜像的对象。若步骤(3)中选择【所有特征】，则被隐含或隐藏的特征也会被镜像复制。

(6) 选择或建立一个平面作为镜像参照面，完成特征的镜像。

4. 移动方式复制

使用【复制特征】菜单中的【移动】命令，可以以【平移】或【旋转】两种方式复制特征。在使用"移动"方式复制特征时，会使用如图 3.6.6 所示的菜单，以定义平移或旋转的参照。

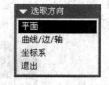

图 3.6.6　【选取方向】菜单

• 平面：根据右手定则，将平面的法线方向作为平移或旋转的方向。此平面可以是基准面、零件的平面，也可以建立一个新平面。

• 曲线/边/轴：使用曲线、边或轴，作为平移或旋转的方向参照。

• 坐标系：选择坐标系中的某一轴，作为平移或旋转的方向参照。

用移动方式复制特征的操作步骤如下：

(1) 单击菜单【编辑】|【特征操作】选项，打开【特征】菜单。

(2) 单击【特征】菜单中的【复制】选项，打开【复制特征】菜单，单击【移动】选项。

(3) 确定特征的选择方式：【选取】或者【所有特征】。

(4) 明确特征与原始特征之间的从属关系：【独立】或者【从属】。

(5) 选择要复制的特征。

(6) 在【移动特征】菜单中选择复制特征的方式：【平移】或者【旋转】。

(7) 选择平移或旋转的方向参照，输入平移尺寸或旋转角度。

(8) 完成平移或旋转的定义后，若要改变复制特征的几何尺寸或位置尺寸，可选择【组可变尺寸】菜单中的相应【Dim】选项，输入新的尺寸。

(9) 单击鼠标中键完成特征的复制。

📖 提示：在选择平面作为平移的方向参照时，其平移方向为该平面的法线方向，选中该平面后会显示一方向箭头，指示平移的方向。若单击菜单中的【反向】选项，则更改为反向平移。

3.6.2　镜像

在复制功能中有镜像复制，但操作麻烦。新版本的 Pro/E 将镜像特征分离出来作为独立的工具使用，在【特征】工具栏中有镜像工具的图标 〗l。所以使用镜像有两个方法。

方法一：单击【特征】工具栏中的图标 〗l，或选择菜单【编辑】|【镜像】命令。

方法二：选择菜单【特征操作】，在弹出的【特征】菜单中选择【复制】，在【复制】的下拉菜单中选择【镜像】。

在选择【镜像】命令后，在绘图区下侧弹出【镜像特征】操控板，如图 3.6.7 所示。

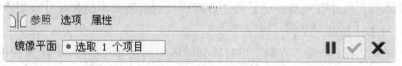

图 3.6.7　【镜像特征】操控板

接下来在图形区选择镜像平面，单击操控板的 ✔ 按钮即可完成镜像操作。操控板的【选项】上滑板可以控制镜像特征和源特征的尺寸关系是独立的还是从属的。

3.6.3　阵列

通过阵列选项可以创建单一特征的多个实体，这个单一特征称为父特征。为了定义阵列中的实体，可以利用父特征的尺寸增量来参考现有的阵列。如果没有设定尺寸增量值，系统会指定父特征的尺寸值到阵列里的所有实体上。创建的阵列会以一个单一的特征来运作，Pro/E 以参数化的方式来控制阵列。用户可以通过修改父特征的参数来修改整个阵列的尺寸，因此阵列有更高的效率。

1.【阵列特征】操控板

在零件模型中选中要阵列的一个特征，图形窗口右侧的【阵列工具】按钮 ▦ 被激活，单击该按钮，或选择菜单【编辑】|【阵列】命令，就可打开如图 3.6.8 所示的【阵列特征】操控板。

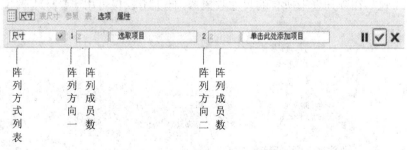

图 3.6.8　【阵列特征】操控板

下面分别对【阵列特征】操控板中的各个选项进行说明。

阵列方式的下拉列表框中包括尺寸、方向、轴、表、参照、填充和曲线阵列。

· 尺寸：通过使用驱动尺寸并指定阵列的增量变化来创建阵列，尺寸阵列可以为单向或双向。

· 方向：通过指定方向并拖动控制滑块来设置阵列增长的方向和增量以创建阵列，方向阵列可以为单向或双向。

· 轴：通过拖动控制滑块来设置阵列的角增量和径向增量以创建径向阵列，也可将阵列拖动成为螺旋形。

· 表：通过使用阵列表并为每一阵列实例指定尺寸值来创建阵列。

· 参照：通过参照另一阵列来创建阵列。

· 填充：通过选定栅格用实例填充区域来创建阵列。

· 曲线阵列：通过指定阵列成员的数目或阵列成员间的距离来沿着草绘曲线创建阵列。

对话栏的其他内容取决于所选的阵列方式。例如，尺寸阵列对应的是阵列第 1 方向成员数量的文本框和尺寸收集器，还是第 2 方向成员数量的文本框和尺寸收集器。

1) 【尺寸】上滑板

尺寸：包含在第 1 和第 2 方向上进行阵列时所用的尺寸收集器，此上滑板仅可用于【尺寸】阵列，如图 3.6.9 所示。

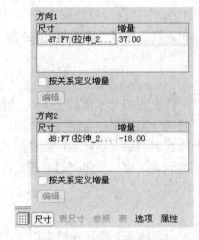

图 3.6.9　【尺寸】上滑板

2) 【表尺寸】上滑板

表尺寸：包括在阵列表中所含的尺寸收集器，此上滑板仅可用于【表】阵列，如图 3.6.10 所示。

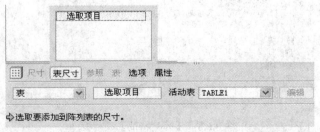

图 3.6.10　【表尺寸】上滑板

3) 【参照】上滑板

参照：包含阵列中使用的草绘名称和 定义... 按钮，此按钮允许草绘要用阵列进行填充的区域。此上滑板仅可用于【填充】和【曲线】阵列，如图 3.6.11 所示。

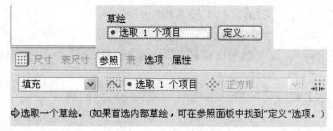

图 3.6.11　【参照】上滑板

4) 【表】上滑板

表：包含用于阵列的表收集器，此上滑板仅可用于【表】阵列，如图 3.6.12 所示。

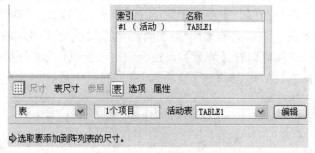

图 3.6.12　【表】上滑板

5) 【选项】上滑板

选项：包含阵列再生选项，如图 3.6.13 所示。

6) 【属性】上滑板

属性：包含特征名称和用于访问特征信息的图标，如图 3.6.14 所示。

图 3.6.13　【选项】上滑板　　　　　图 3.6.14　【属性】上滑板

2. 尺寸阵列

创建尺寸阵列时，需要选择特征尺寸，并指定这些尺寸的增量变化，以及阵列中的特征成员数。根据选择尺寸的类型可分为线性阵列和角度阵列

尺寸阵列可以是单向线性阵列(如将孔排列成一条直线的阵列)，也可以是双向线性阵列(如将孔排成矩形的阵列)。

创建尺寸阵列的步骤如下：

(1) 选择要阵列的特征，然后单击【阵列特征】按钮 ，系统弹出【阵列特征】操控板，系统默认的阵列类型是"尺寸"阵列，如图 3.6.8 所示。

(2) 选定一个尺寸作为第 1 方向阵列的尺寸参考,在【尺寸】上滑板相应的"增量"栏中输入该方向的尺寸增量。

(3) 在第一个阵列方向要选择多个尺寸,应按下 Ctrl 键,然后在模型中选择尺寸,并在【尺寸】上滑板相应的"增量"栏中输入相应的尺寸增量。

(4) 在操控板中输入第一个方向的阵列成员数目(包括原始特征)。

(5) 要建立双向阵列,应在模型中选择阵列特征的第 2 方向的尺寸,其他步骤同步骤(3)、(4)。

(6) 单击【阵列】操控板中的 ✔ 按钮,完成特征阵列的建立。

📖 **提示**:输入的尺寸增量在模型中不显示,要修改该尺寸增量只需单击【阵列】上滑板中的【尺寸】按钮,在上滑板的"增量"栏中进行相应修改即可。

3. 方向阵列

方向阵列与尺寸阵列类似,主要用于完成矩形阵列。只是它不需要选择具体尺寸,而是选择需要阵列的方向。可以选取平面(指法向)、直边、坐标系或轴以定义方向,阵列成员个数和它们之间的距离可以在【阵列】操控板的文本框中直接输入数值。

【方向阵列】操控板如图 3.6.15 所示。

图 3.6.15 【方向阵列】操控板

通过操控板可以设定两个方向的参照、阵列成员的间距和阵列的方向。方向参照可以选择平面、基准面或者立体的边线。当参照选择平面或者基准面时,阵列方向指向平面或基准面的正法线方向,选择操控板【反向】工具 ⊠ 则可以改变阵列的方向。阵列的第 1 方向显示为紫色箭头,第 2 方向显示为黄色箭头,并且在阵列的具体位置显示出黑色实心圆,出现阵列间距尺寸,如 3.6.16 所示。

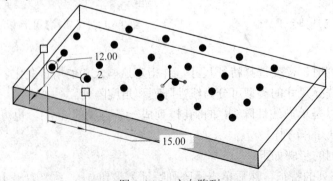

图 3.6.16 方向阵列

单击【方向参照】收集器可以激活收集器，在模型中选择方向参照，在【阵列成员数】编辑框中输入成员个数，在【阵列成员间距】编辑框中输入成员间距。设置完成后，单击操控板的✔按钮可以完成阵列特征。

4. 轴阵列

轴阵列主要用于环形阵列，在【阵列】操控板的"阵列方式"列表中选择【轴】选项即可，操控板如图 3.6.17 所示。

图 3.6.17　【轴阵列】操控板

轴阵列有两个方向，第 1 方向为圆周方向，第 2 方向为半径方向。第 1 方向的阵列有两种方式，即阵列成员数量加元素夹角方式和阵列成员数量加元素总包角方式，两种方式可通过选择操控板的 工具切换。

第 1 方向是切线方向，表示旋转方向，显示为紫色箭头，可以选择操控板的 工具使其反向。第 2 方向为径向，显示为黄色箭头，指向远离轴心方向。要想用半径缩小方向阵列，在【阵列成员间距】编辑框中输入负值即可，这时黄色箭头指向轴心。

5. 填充阵列

填充阵列将源特征在指定范围内按照一定规则进行阵列，可以选取已经草绘好的闭合平面曲线或者直接草绘闭合曲线作为阵列的填充范围。在操控板的【阵列方式】列表中选择【填充】选项，操控板如图 3.6.18 所示。

图 3.6.18　【填充阵列】操控板

填充阵列需要创建一个闭合平面图形作为填充范围，该平面可以在阵列的过程中草绘。单击操控板的 参照 按钮，打开上滑板，单击其中的 定义... 按钮，按照草绘截面的方法草绘填充范围。

填充阵列有四种填充方式，即正方形、菱形、三角形和圆。使用不同的填充方式，实例之间组成的图形不同，如图 3.6.19 所示。填充方式可以在操控板的【填充方式】列表中选取。

· 正方形：阵列元素之间以正方形方式填充范围，各正方形边长为元素间距，在操控板【阵列间距】文本框中输入。

· 菱形：阵列元素之间以菱形方式填充范围，各菱形边长为元素间距，在操控板【阵列间距】文本框中输入。正方形方式填充的旋转角度设为 45°即可变为菱形方式填充。

· 三角形：阵列元素之间以正三角形方式填充范围，三角形边长为元素间距，在操控板【阵列间距】文本框中输入。

· 圆：阵列元素之间以圆弧方式填充范围，圆弧的圆心为源特征的中心，在【阵列间距】文本框输入圆周距离，在【径向间距】文本框中输入阵列径向间距。

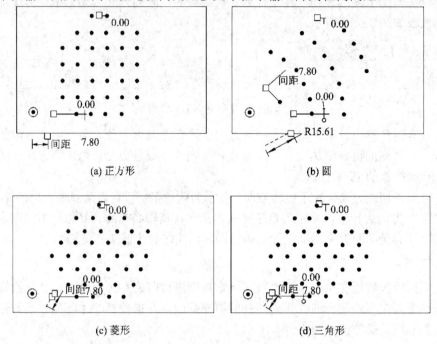

图 3.6.19　不同填充方式对照

【填充】操控板的文本框说明如下：

内部S2D0015：草绘截面列表框，指示将由阵列填充的区域，只能包含一个草绘。

菱形：用于阵列选取栅格模板，栅格模板有正方形、菱形、三角形和圆。

7.80：设置阵列成员中心间的距离。

0.00：设置阵列成员中心和草绘边界之间的最小距离，负值允许中心位于草绘之外。

0.00：设置栅格绕原点的旋转。输入正值则以源特征中心为轴心向逆时针方向整体旋转，输入负值则以源特征中心为轴心向顺时针方向整体旋转。

15.00：设置圆形的径向间距。

✦✦✦✦✦ 实　　　训 ✦✦✦✦✦

实训实例 1　创建特征复制

1) 新参考特征复制

要求：在如图 3.6.20 所示的原始特征模型上，使用"新参考"特征复制方式，对拉伸特征 2 进行复制。

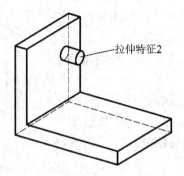

图 3.6.20　原始特征模型

具体步骤如下：

(1) 选择命令。选择菜单【编辑】|【特征操作】命令，系统弹出【特征】菜单，如图 3.6.21 所示。选择"复制"，系统将弹出【复制特征】菜单，如图 3.6.22 所示。依次选择【新参考】、【选取】、【独立】、【完成】选项。

图 3.6.21　【特征】菜单　　　　　　　　图 3.6.22　【复制特征】菜单

(2) 选取特征。系统提示选择要复制的特征，在模型树中选择拉伸特征 2，或在图形区直接选取要复制的特征，单击 确定 按钮，系统弹出【组元素】对话框和【组可变尺寸】菜单，分别如图 3.6.23 和图 3.6.24 所示。

图 3.6.23　【组元素】对话框　　　　　　图 3.6.24　【组可变尺寸】菜单

(3) 修改复制特征的尺寸。在【组可变尺寸】菜单复选框中选中要改变的特征尺寸，如改变拉伸特征 2 的两个定位尺寸和直径则选中第 2、3、4 项，如图 3.6.24 所示，单击【完成】选项，分别在信息提示框中输入 50、50、20。

(4) 根据系统的提示依次选择相对于原始特征的参考面或参考边，以确定复制特征的放置位置。单击【完成】选项后即可完成特征的复制，如图 3.6.25 所示。

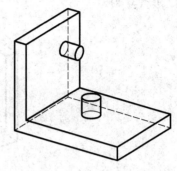

图 3.6.25　新参考复制特征

2) 镜像特征复制

要求：在如图 3.6.26 所示的零件原始特征模型上，使用"镜像"特征复制方式，对所有特征进行复制。

具体步骤如下：

(1) 选择命令。选择菜单【编辑】|【特征操作】命令，系统将弹出【特征】菜单，选择"复制"，系统将弹出【特征复制】菜单，依次选择【镜像】、【所有特征】、【独立】、【完成】选项。

(2) 选择镜像平面并完成特征的镜像，如图 3.6.27 所示。

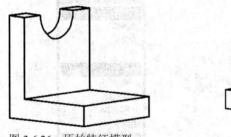　　　　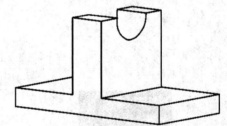

图 3.6.26　原始特征模型　　　　　　　图 3.6.27　镜像复制特征

3) 移动特征复制

要求：在如图 3.6.28 所示的原始特征模型上，使用"移动"特征复制方式，对拉伸特征 2 进行复制。

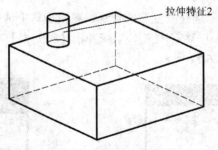

图 3.6.28　原始特征模型

具体步骤如下：

(1) 选择命令。选择菜单【编辑】|【特征操作】命令，系统将弹出【特征】菜单，选择"复制"，系统将弹出【特征复制】菜单，依次选取【移动】、【选取】、【独立】、

【完成】选项。

(2) 选取特征。系统提示选择要复制的特征，在模型树中选择拉伸特征 2，或在图形区直接选取要复制的特征，单击【完成】选项。

(3) 选取移动类型。在弹出的【移动特征】菜单(如图 3.6.29 所示)中选择【平移】，弹出【选取方向】菜单，如图 3.6.30 所示。

图 3.6.29　【移动特征】菜单　　　　图 3.6.30　【选取方向】菜单

(4) 选择平移方向参照。在【选取方向】菜单中选择【平面】，在图形窗口中选取拉伸特征 1 的一个端面后出现移动方向的箭头，如图 3.6.31 所示。

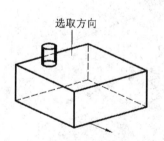

选取方向

图 3.6.31　选择平移方向

(5) 在【方向】菜单中选取【正向】并在信息窗口中输入平移距离 30，单击 ✔ 按钮或回车。

(6) 在【移动特征】菜单中选取【完成移动】，弹出【组元素】对话框和【组可变尺寸】菜单，在【组可变尺寸】菜单中选取【完成】，如图 3.6.32 所示。

📖 提示：在这一步骤中，可以改变复

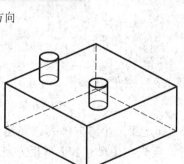

图 3.6.32　移动复制特征

制特征的尺寸，通过从【组可变尺寸】菜单中选取需要改变的复选框，然后单击【完成】选项，在系统提示的文本框中输入新的尺寸值后单击 ✔ 按钮。

实训实例 2　阵列

要求：在如图 3.6.33 所示的原始特征模型上，完成尺寸双向阵列。

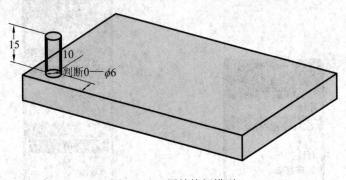

图 3.6.33　原始特征模型

具体步骤如下：

(1) 选择阵列特征。在模型树或图形窗口选取阵列特征，然后单击【阵列特征工具】按钮 ▦ ，系统弹出【阵列特征】操控板，单击 尺寸 按钮，打开【尺寸】上滑板。

(2) 确定第一个方向阵列。选定一个尺寸作为第一个方向阵列的尺寸参考，在【尺寸】上滑板相应的"增量"栏中输入该方向的尺寸增量，然后在操控板中输入第一个方向的阵列数目(包括原始特征)，如图 3.6.34 所示。

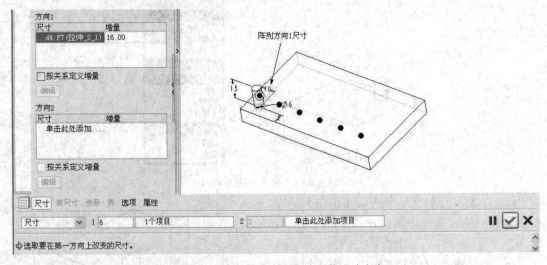

图 3.6.34　选取第一个方向阵列的尺寸参考

(3) 确定第二个方向阵列。要建立双向阵列，应在模型中选择阵列特征的第二个方向的尺寸。要先在【尺寸】上滑板方向 2 列表框内单击【激活】，再在图形区选取阵列方向 2 的尺寸，在"增量"栏中输入该方向的尺寸增量，然后在操控板中输入第二个方向的阵列数目(包括原始特征)，如图 3.6.35 所示。

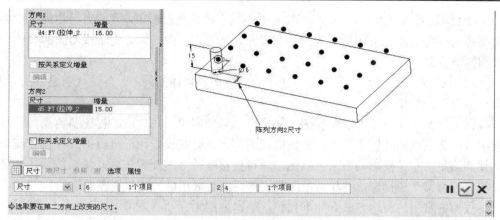

图 3.6.35　选取第二个方向阵列的尺寸参考

(4) 完成尺寸阵列。单击 ✔ 按钮，完成尺寸阵列，如图 3.6.36 所示。

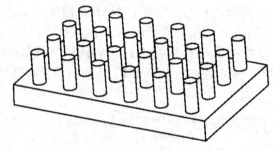

图 3.6.36　尺寸阵列

3.7　工　程　图

工程图是指导生产的重要依据，Pro/E 系统可以利用三维实体模型直接创建各种投影图，且视图与实体模型之间具有相关性。本节介绍 Pro/E 系统创建工程图的基本方法，并且通过实例详细介绍零件视图的生成与操作。

1. 规划和设置视图

在创建工程图前，应根据零件的三维模型考虑和规划零件视图，如工程图由几个视图组成，是否需要剖视图等。考虑清楚后，再创建零件视图，否则如同用手工绘图一样，可能创建的视图不能很好地表达零件的空间关系，给其他用户的识图、看图造成困难。

另外，确定零件的视图组成后，可在零件设计模式中做一些辅助工作，如创建零件的放置视图，这样在创建工程图时可直接调用。创建零件的剖切平面，这样在创建工程图时可利用该平面直接生成剖视图。

由于 Pro/E 是美国公司开发的软件，其投影视角与我国不同，我国采用第一角投影，而美国采用第三角投影，因此如果不改变系统默认的视图投影视角，则用户就应注意对投影视图做适当的调整，以便使生成的工程图符合中国的制图标准。第一角和第三角投影都是正投影，因而各视图之间满足"长对正，宽相等，高平齐"的原则，这是它们的共性，两者的差别主要有两点：

(1) 视图之间的位置关系(包括名称)有所不同。第一角投影中,观测者、物体与投影面的关系是人—物—面;而在第三角投影中三者关系为人—面—物。由于投影面的翻转,所展开的视图位置不同。

(2) 用第三角投影时,顶视图与右视图的内边代表物体的前面,外边代表物体的后面,与第一角投影恰恰相反。

根据上述两点差异,可以在视图之间调整。当使用第三角生成的视图要转换为第一角的视图时,除主视图位置不变外,其他视图的位置正好相反,因而可根据此种规律拖动视图,使其满足第一角投影的要求。当然,也可直接修改系统配置选项,将系统默认的第三角投影修改为第一角投影,这样可按照我们的习惯生成正确的工程视图。

工程图中常用的表达方式有如下几种:基本视图(主要为三视图)、向视图、局部视图、斜视图和剖视图,另外还有断面图和断裂视图等,这些视图皆可利用 Pro/E 系统生成。Pro/E 系统提供的主要视图选项有 Projection(投影图)、Auxiliary(辅助视图,主要是生成向视图)、General(一般视图,包括轴测图等非正投影图)、Detailed(局部放大图)和 Revolved(旋转剖面视图),而 Projection、Auxiliary 和 General 选项下又分别包括四个选项,进一步确定视图的表达方式,这 4 个选项为 Full View(全视图)、Half View(半视图),Broken View(断裂视图)和 Partial View(局部视图),另外由选项 Section 和 NoXsec 决定视图是否剖切。

2. 工程图实例

下面以具体实例对工程图的创建过程进行描述。

1) 新建工程图文件

依次选取【文件】|【新建】选项,打开【新建】对话框,如图 3.7.1 所示。在该对话框中选取【绘图】类型,在【名称】文本框中输入文件名"zhou"后,取消勾选【使用默认模板】,单击【确定】按钮,打开【新建绘图】对话框,如图 3.7.2 所示。单击【浏览】按钮,在打开的【打开】对话框中选择"zhou.prat"并打开;在【指定模板】选项中选择【空】,在【大小】选项中选择【C】,然后单击【确定】按钮,进入工程图环境。

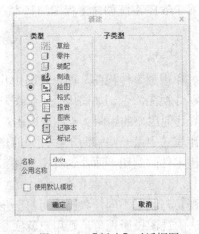

图 3.7.1　【新建】对话框图　　　　　　　　图 3.7.2　【新建绘图】对话框

2) 修改绘图环境配置

(1) 依次选取【工具】|【选项】选项,打开【选项】对话框,如图 3.7.3 所示。取消【仅

显示从文件加载的选项】，单击 📁 按钮，选择[config. pro](完全符合国标的 config[1].pro 和工程图配置文件)，然后单击【应用】按钮，再单击【关闭】按钮。

(2) 在绘图空白区单击右键，选择【属性】，打开【菜单管理器】，选择【文件绘图】选项，打开【选项】对话框。单击 📁 按钮，选择【detail.dtl】(完全符合国标的 config[1].pro 和工程图配置文件)，然后单击【应用】按钮，再单击【关闭】按钮，最后在【菜单管理器】中选择【完成／返回】。

图 3.7.3　【选项】对话框

3) 创建主视图

在如图 3.7.4 所示的上工具箱中单击 📐 按钮，再在绘图空白区单击左键，打开【绘图视图】对话框，如图 3.7.5 所示。在该对话框的【模型视图名】中选择【RIGHT】，如图 3.7.5 所示。再在【选择定向方法】中选择【角度】选项，在角度值中输入"90"，如图 3.7.6 所示。单击【确定】按钮，完成如图 3.7.7 所示的主视图。

图 3.7.4　上工具箱

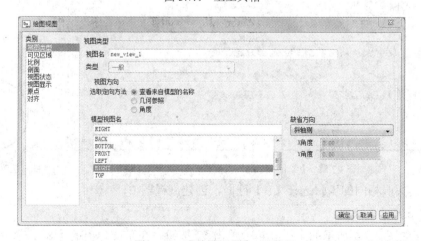

图 3.7.5　【绘图视图】对话框

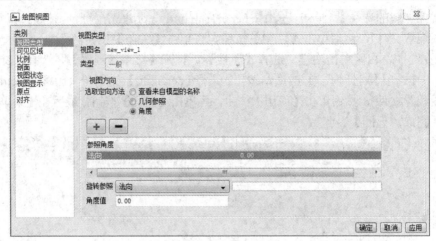

图 3.7.6 【绘图视图】-【角度】对话框

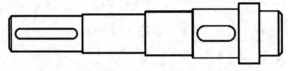

图 3.7.7　主视图

4) 创建剖视图

　　选择主视图后，单击右键选择【插入投影视图】，再在绘图区单击鼠标，创建投影视图，单击右键选择【属性】选项，再在系统弹出的【绘图视图】对话框类别选择框中选取【截面】选项，如图 3.7.8 所示。再在【截面选项】中选择【2D 截面】，再单击➕按钮；【模型边可见性】选择【区域】，然后选择【A】，单击【应用】按钮；接着选择【对齐】选项，取消【此视图与其他视图对齐】选项；最后单击【确定】按钮，完成如图 3.7.9 所示的剖视图 A。

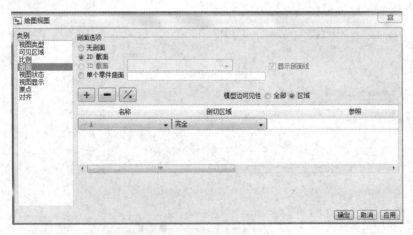

图 3.7.8　【绘图视图】对话框

图 3.7.9　剖视图 A

同理，按照相同的步骤选择【B】截面，创建剖视图 B。

5) 标注尺寸和公差

(1) 在如图 3.7.4 所示的上工具箱中单击按钮，在系统弹出的【显示/拭除】对话框中选择类型，再在显示方式中选取【零件】，然后选择一个视图，单击【确定】按钮和【关闭】按钮，如图 3.7.10 所示。

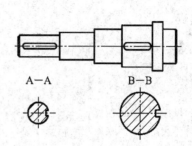

图 3.7.10　添加中心线

(2) 在图 3.7.4 所示的上工具箱中单击 按钮，打开【菜单管理器】对话框，如图 3.7.11 所示。选择两轴端面边(图中粗实线表示见图 3.7.12(a))，再单击鼠标中键选择尺寸位置，完成后如图 3.7.12(b)所示。

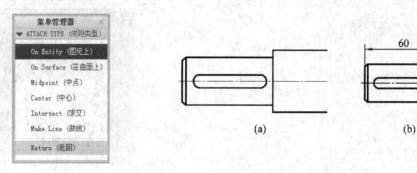

图 3.7.11　【菜单管理器】对话框　　　　　　图 3.7.12　标注尺寸视图

(3) 单击 按钮，打开【菜单管理器】对话框，选择如图 3.7.13(a)所示轴左端上下两边，再单击鼠标中键选择尺寸位置；然后选择该尺寸，单击鼠标右键选择【属性】命令，打开如图 3.7.14 所示的【尺寸属性】对话框，在【属性】选项卡的【公差模式】中选择【加-减】；设置上下公差值分别为"0.041"和"0.028"；再选择【尺寸文本】选项卡，在【文本符号】中选择"Ø"后，单击【关闭】按钮和【确定】按钮，如图 3.7.15 所示。标注好的尺寸如图 3.7.16 所示。

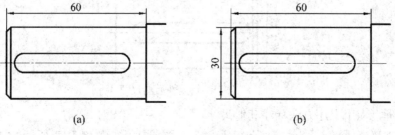

图 3.7.13　标注尺寸

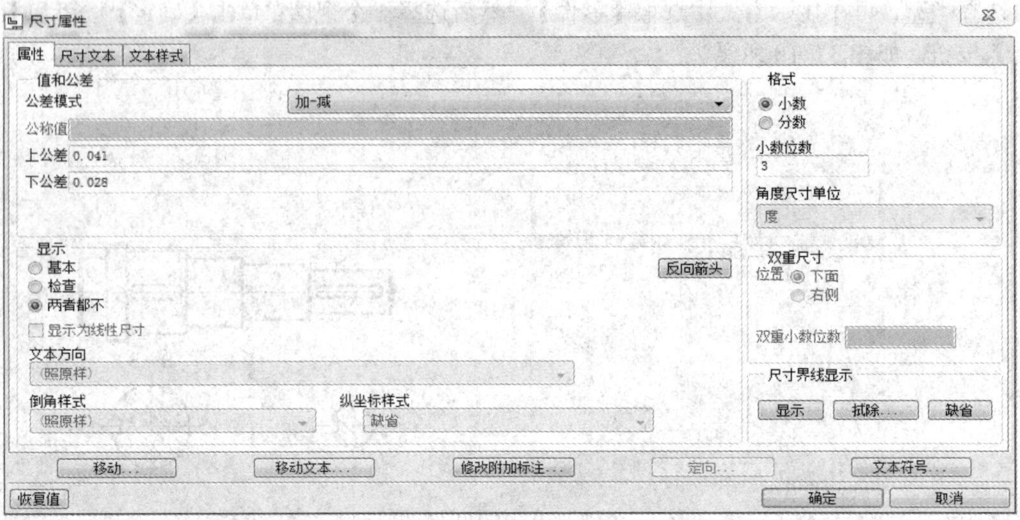

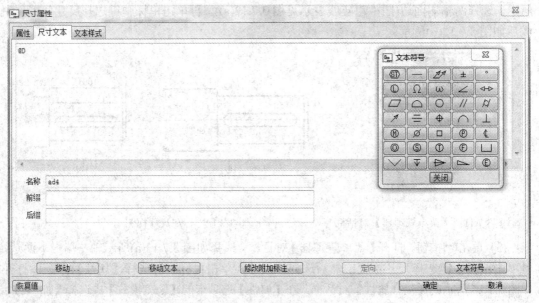

图 3.7.14　【尺寸属性】对话框

图 3.7.15　【尺寸属性】-【尺寸文本】对话框

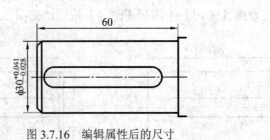

图 3.7.16　编辑属性后的尺寸

(4) 同理，应用上述方法标注其他尺寸。

(5) 依次选择【插入】|【几何公差】命令，系统打开如图 3.7.17 所示的【几何公差】

对话框。在该对话框的左边选择几何公差符号，再在【模型参考】选项卡中单击【选择图元】按钮，选择标注公差的图元；接着单击【放置几何公差】按钮，选择公差摆放的位置；然后再打开【公差值】选项卡(见图 3.7.18(a))，输入总公差值"0.015"。最后的设计结果如图 3.7.18(b)所示。

(6) 同理，应用上述方法标注其他公差。

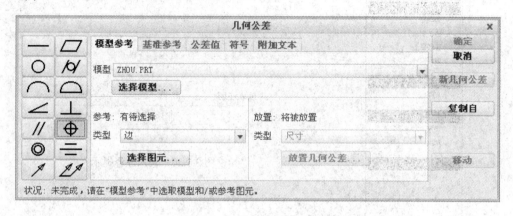

图 3.7.17 【几何公差】对话框

(a)

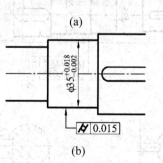

(b)

图 3.7.18 标注几何公差示例

6) 添加注释

依次选择【插入】|【注释】命令，系统打开【菜单管理器】对话框，如图 3.7.19 所示。依次选择注释的类型为【无引线】、【输入】、【水平】、【标准】、【缺省】，然后单击【制作注释】按钮，在绘图区选择放置注释的位置，系统下方信息区出现如图 3.7.20 所

示的输入注释提示。输入如图 3.7.21 所示的技术要求，按 Enter 键完成，在如图 3.7.19 所示的菜单管理器中单击【完成/返回】按钮。至此完成工程图的创建，最终的设计结果如图 3.7.22 所示。

图 3.7.19 【菜单管理器】对话框

输入注解：

图 3.7.20 输入注释提示

技术要求：
1. 未标注公差尺寸的公差等级为GB/T 1804—m。
2. 未注圆角半径为R1.6。
3. 调质处理220～250HBW。

图 3.7.21 技术要求

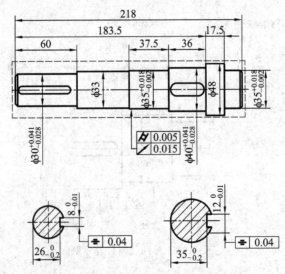

技术要求：
1. 未标注公差尺寸的公差等级为GB/T 1804—m。
2. 未注圆角半径为R=1.6。
3. 调质处理220～250HBW。

图 3.7.22 最终的设计结果

7) 保存工程图

单击保存文件按钮 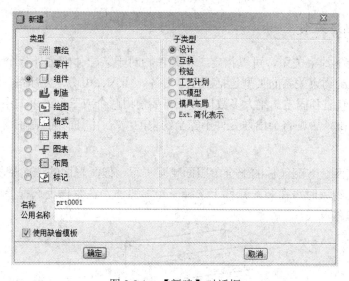（此处为按钮图标），完成工程图的保存。

3.8　装　　　配

完成零件设计后，将设计的零件按设计要求的约束条件或连接方式装配在一起才能形成一个完整的产品或机构装置。利用 Pro/E 提供的"组件"模块可实现模型的组装。Pro/E 系统中，模型装配的过程就是按照一定的约束条件或连接方式，将各零件组织成一个整体并能满足设计功能的过程。

3.8.1　创建装配文件

完成零部件的装配需要在装配环境下进行，这就要求首先创建装配文件，进入装配环境。在装配环境中插入已经创建的零件，按照一定的装配关系和约束类型可创建装配体。

创建装配文件的步骤如下：

(1) 选择命令。

新建装配文件的方式有以下 3 种：

· 选择菜单【文件】|【新建】命令。

· 选择工具栏的【新建】工具 □。

· 直接按键盘上的 Ctrl+N 键。

使用上述方法之一打开的【新建】对话框如图 3.8.1 所示。

图 3.8.1　【新建】对话框

(2) 选择文件类型。

在【新建】对话框中设置文件的类型。

① 在【类型】选项组中选择 ⊙ □ 组件 项。

② 在【子类型】选项组中选择 ⊙ 设计 单选项。

③ 在【名称】编辑框内输入文件名。

④ 取消 ☐ **使用缺省模板** 多选项的勾选，不使用缺省模板。

　　装配体的文件名和普通零件的命名规则相同，一般使用具有实际意义的英文单词表示，也可以使用相应的汉语拼音。因为装配体的缺省模板使用的是英制，所以一般不使用缺省模板。完成【新建】对话框的设置后，单击 确定 按钮，进入【新文件选项】对话框，如图 3.8.2 所示。

图 3.8.2　　【新文件选项】对话框

(3) 选择装配模板。

　　在【新文件选项】对话框的【模板】列表中选取合适的模板文件。也可以单击 浏览... 按钮，搜索可用的模板文件。一般国内进行装配设计时选用 "mmns-asm-design" 模板。单击 确定 按钮，进入装配设计环境，开始装配体的设计。

3.8.2　装配约束关系

　　通过设置装配约束关系，可以指定一个元件相对于装配体中另外一个元件的放置方式和位置关系。装配约束关系的类型包括匹配、对齐、插入、相切、坐标系、线上点、曲面上点、曲面上边、缺省和固定。绝大多数情况下需要使用两个或三个约束关系才能完全确定装配关系并完成装配，否则将会出现元件不完全约束的情况。下面结合图例来介绍约束类型。

1. 匹配

　　匹配约束使两个装配元件的配合参照面相互平行，但两平面的法向量相反，如图 3.8.3 所示。建立匹配约束时需在装配元件上选择一个参照面，在组件上选择参照面，并定义两参照面之间的偏移方式。

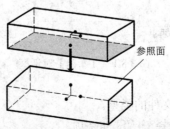

图 3.8.3　匹配的参照面

偏移方式有重合、偏距和定向 3 种，如图 3.8.4 所示，含义如下：

· 重合：两平面重合，法向相反。

· 偏距：两平面平行，法向相反，通过输入的距离值确定两匹配平面的距离，紫色箭头方向为偏移的正方向，可以输入负值使偏移方向相反。

· 定向：只确定两平面法向相反，两平面平行，忽略平面间的距离关系。

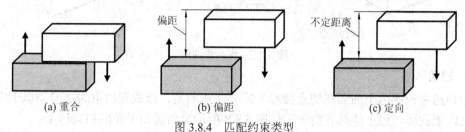

(a) 重合　　　　　　　　(b) 偏距　　　　　　　　(c) 定向

图 3.8.4　匹配约束类型

2. 对齐

对齐约束与匹配约束类似，它使两个装配元件的对应平面相互平行，但两平面法向量相同，偏移方式也有重合、偏距和定向 3 种，如图 3.8.5 所示。

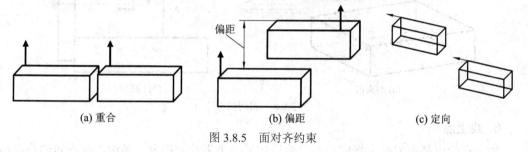

(a) 重合　　　　　　　　(b) 偏距　　　　　　　　(c) 定向

图 3.8.5　面对齐约束

3. 插入

插入约束用于轴与孔之间的配合，使之共轴线，定义该约束时可选择轴、孔的旋转曲面为参照，如图 3.8.6 所示。

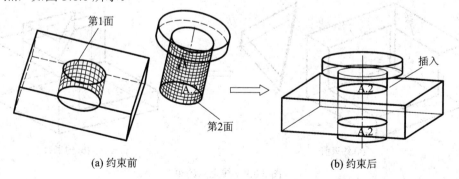

(a) 约束前　　　　　　　　　　　(b) 约束后

图 3.8.6　插入约束

4. 坐标系

坐标系约束通过坐标系进行零件装配，将零件的坐标系与组件的坐标系对齐(X、Y、Z 轴分别对应重合)，将该零件放置在组件中。坐标系可以从名称列表菜单中选取，也可以即时创建。坐标系约束如图 3.8.7 所示。

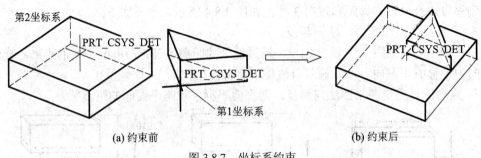

图 3.8.7　坐标系约束

5. 相切

相切约束控制两个曲面在切点接触。需要注意的是，该放置约束的功能类似于匹配，因为它匹配曲面，但不能对齐曲面。如图 3.8.8 所示为曲面和平面的相切约束。

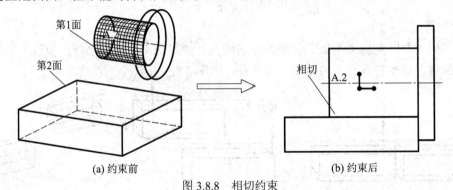

图 3.8.8　相切约束

6. 线上点

线上点约束是在零件上指定一点，然后在另一个零件上指定一条边，使指定的点在指定的边线上，如图 3.8.9 所示。点可以是零件或组件上的基准点或顶点，线可以是零件或组件的边、轴或基准曲线。

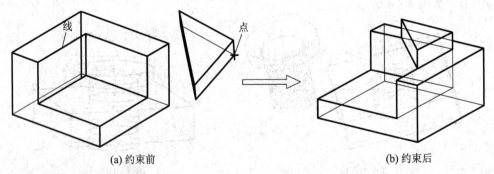

图 3.8.9　线上点约束

7. 曲面上点

曲面上点约束是在零件上指定一点，然后在另一个零件上指定一个面，使指定的点和指定的面相接触，如图 3.8.10 所示。点可以是零件或组件上的基准点或者顶点，面可以是零件或组件上的曲面、基准平面或零件的表面。该选项常配合"对齐""匹配"等选项一起使用。

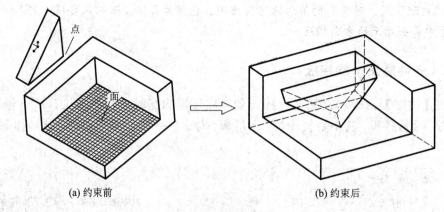

(a) 约束前　　　　　　　　　　　　(b) 约束后

图 3.8.10　曲面上点约束

8. 曲面上边

曲面上边约束是在零件上指定一条边，然后在另一个零件上指定一个面，使指定的边和指定的面相接触，如图 3.8.11 所示。点可以是零件或组件上的基准点或者顶点，面可以是零件或组件上的曲面、基准平面或零件的表面。该选项常配合"对齐""匹配"等选项一起使用。

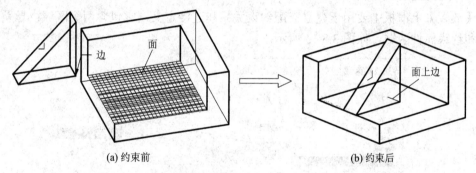

(a) 约束前　　　　　　　　　　　　(b) 约束后

图 3.8.11　曲面上边约束

9. 缺省

缺省约束是将元件的缺省坐标系与组件的缺省坐标系对齐，当向装配体中添加第 1 个零件时使用这种约束。

10. 固定

固定约束是将被移动或封装的元件固定到当前位置，当向装配体添加第 1 个元件时也可使用这种约束形式。

11. 自动

自动约束关系在装配时用户直接选取待装配元件和组件上的装配几何参考，Pro/E 系统根据选择的参照判断装配约束的类型，自动为装配元件添加装配约束类型。

📖 提示：

• 在进行"匹配"或"对齐"操作时，对于要配合的两个零件，必须选择相同的几何特征，如点对点、线对线、面对面、曲面对曲面。

• "匹配"或"对齐"的偏移值可为正值，也可为负值。若输入负值，则表示偏移方向与模型中箭头指示的方向相反。

3.8.3 【元件放置】操控板

利用【装配】命令将装配元件插入到装配环境的同时，在图形工作区下侧即弹出【元件放置】操控板，其由特征图标、上滑板、对话栏和快捷菜单组成，结构如图 3.8.12 所示。

图 3.8.12　【元件放置】操控板

单击 放置、移动、属性 等按钮，【元件放置】操控板上侧即可打开各相应的上滑板，包括【放置】上滑板、【移动】上滑板、【挠性】上滑板和【属性】上滑板。【挠性】按钮一般呈灰色，当有挠性元件时才呈现可用状态。下面对常用的上滑板进行说明。

1) 【放置】上滑板

【放置】上滑板主要用于建立装配约束关系和连接定义，它包含两个区域：导航收集区域和约束属性区域，如图 3.8.13 所示。

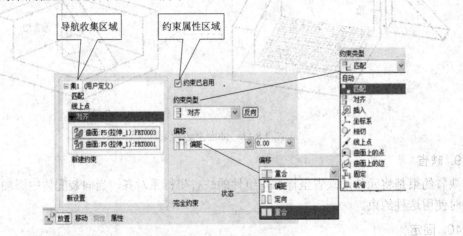

图 3.8.13　【放置】上滑板

• 导航收集区域：如同模型树一样，该区用于记录显示用户定义的约束集、定义的约束类型和约束的创建顺序。

• 约束属性区域：用于显示约束类型和偏移设置。

2) 【移动】上滑板

系统调入装配元件后，会将【移动】上滑板放置在一个默认位置来显示，可通过该面板调节待装配元件的位置以方便添加装配约束，如图 3.8.14 所示，其包括运动类型、运动参照、运动增量和相对位置等 4 个选项。调整零件位置的过程是，先选择运动类型，然后选取参照，最后到图形工作区选择和移动装配元件。

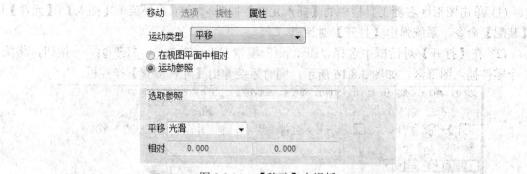

图 3.8.14 【移动】上滑板

· 运动类型：调整零件的移动方式一共有 4 种运动类型，分别是定向模式、平移、旋转和调整，默认值是【平移】。

· 在视图平面中相对：(默认)相对于视图平面移动元件。

· 运动参照：相对于选择的参照移动元件。

当移动面板处于活动状态时，将暂停所有其他元件的放置操作。要移动元件，必须在装配元件或编辑元件装配约束时使用。

✦✦✦✦✦ 实　　训 ✦✦✦✦✦

实训实例　装配建模

要求：完成如图 3.8.15 所示的组件装配模型。该组件由传动轴、键和齿轮组成。

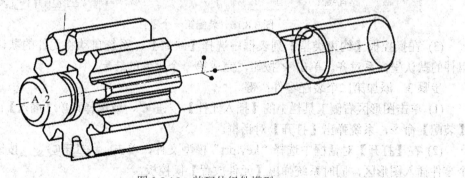

图 3.8.15 装配体组件模型

具体装配步骤如下：

步骤 1　建立新文件。

(1) 单击【文件】工具栏上的【新建】按钮 □ ，打开【新建】对话框，如图 3.8.1 所示。

(2) 在【类型】选项中选择【组件】，子类型选中【设计】复选框，在【名称】编辑框输入文件名 "shaft_gear"，单击取消【使用缺省模板】复选框。

(3) 单击 确定 按钮，打开【新文件选项】对话框，从模板中选择 "mmns_asm_design"。

(4) 单击 确定 按钮，进入装配环境。

步骤 2　添加第一个装配零件：轴。

(1) 单击图形区右侧工具栏中的【插入元件】按钮，或选择菜单【插入】|【元件】|【装配】命令，系统弹出【打开】对话框。

(2) 在【打开】对话框中选择 "shaft.prt" 模型文件，单击　　打开(O)　　按钮，将第一个零件插入图形区，如图 3.8.16 所示，同时系统弹出【元件放置】操控板。

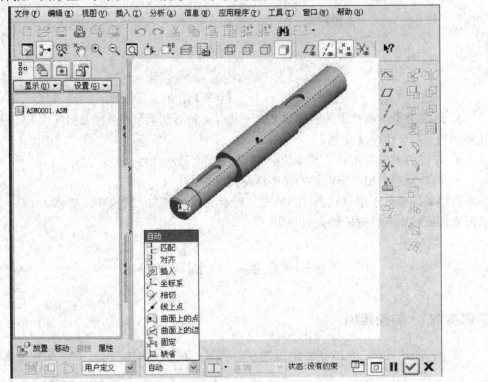

图 3.8.16　装配第一个零件

(3) 在操控板【约束类型】列表框中选择【缺省】，系统自动将元件的默认坐标系与组件的默认坐标系对齐。单击 ✔ 按钮，完成第一个零件的装配。

步骤 3　添加第二个装配零件：键。

(1) 单击图形区右侧工具栏中的【插入元件】按钮，或选择菜单【插入】|【元件】|【装配】命令，系统弹出【打开】对话框。

(2) 在【打开】对话框中选择 "key.prt" 模型文件，单击　　打开(O)　　按钮，将第二个零件插入图形区，同时系统弹出【元件放置】操控板。

(3) 添加轴和键的约束关系，如图 3.8.17 所示。

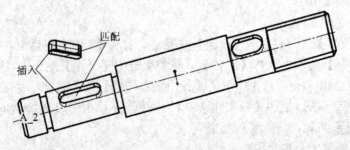

图 3.8.17　约束类型

(4) 装配结果如图 3.8.18 所示。

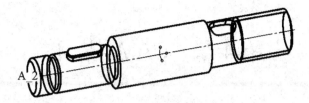

图 3.8.18　键装配约束

步骤 4　添加第三个装配零件：齿轮。

(1) 单击图形区右侧工具栏中的【插入元件】按钮，或选择菜单【插入】|【元件】|【装配】命令，系统弹出【打开】对话框。

(2) 在【打开】对话框中选择 "gear.prt" 模型文件，单击　打开(0)　按钮，将第三个零件插入图形区。

(3) 添加齿轮与轴和键的约束关系，如图 3.8.19 所示。

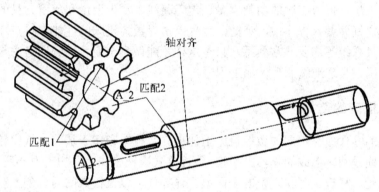

图 3.8.19　齿轮装配约束

(4) 装配结果如图 3.8.15 所示。

第 4 章　CAM 技 术

4.1　数控加工工艺基础

在数控机床上加工零件，编程之前首先要考虑的是工艺问题。在普通机床上零件加工的工艺规程实际上只是一个工艺过程卡，机床加工的切削用量、走刀路线、工序内的工步安排等，往往都由操作工人自行决定。而数控机床是按照程序进行加工的，因此，加工中的所有工序、工步，每道工序的切削用量、走刀路线、加工余量和所用刀具的尺寸、类型等都要预先确定好并编入程序中。为此，编程人员对数控机床的性能、特点和应用、切削规范和标准刀具系统等均要非常熟悉，只有这样才能做到全面、周到地考虑零件加工的全过程，从而正确、合理地编制零件加工程序。

4.1.1　数控机床的选择

不同类型的零件应在不同的数控机床上加工。数控车床适于加工形状比较复杂的轴类零件和由复杂曲线回转形成的模具内型腔。数控立式镗铣床和立式加工中心适于加工箱体、箱盖、平面凸轮、样板、形状复杂的平面或立体零件，以及模具的内、外型腔等。卧式镗铣床和卧式加工中心适于加工复杂的箱体类零件、泵体、阀体、壳体等。多坐标联动的卧式加工中心还可以用于加工各种复杂的曲线、曲面、叶轮、模具等。不同类型的零件要选用相应的数控机床加工，以发挥数控机床的效率和特点。

4.1.2　加工工序的划分

在数控机床上，特别是在加工中心加工零件，工序十分集中。许多零件只需在一次装夹中就能完成全部工序。但是零件的粗加工，特别是铸、锻毛坯零件的基准平面、定位面等的加工应在普通机床上完成之后，再装夹到数控机床上进行加工。这样可以发挥数控机床的特点，保持数控机床的精度，延长数控机床的使用寿命，降低数控机床的使用成本。经过粗加工或半精加工的零件装夹到数控机床上之后，数控机床按规定的工序一步一步地进行半精加工和精加工。

数控加工工序的划分方法有下列 3 种。

1. 刀具集中分序法

刀具集中分序法是按所用刀具划分工序，用同一把刀加工完零件上所有可以完成的部位，再用第二把、第三把刀完成它们各自可以完成的其他部位。这样可以减少换刀次数，压缩空程时间，减少不必要的定位误差。

2. 粗、精加工分序法

对单个零件要先粗加工、半精加工，然后精加工。或者一批零件，先全部进行粗加工、半精加工，最后进行精加工。粗精加工之间最好隔一段时间，以使粗加工后零件的变形得到充分恢复，再进行精加工，以提高零件的加工精度。

3. 按加工部位分序法

一般先加工平面、定位面，后加工孔；先加工简单的几何形状，再加工复杂的几何形状；先加工精度较低的部位，再加工精度较高的部位。

在数控机床上加工零件，加工工序的划分要视加工零件的具体情况具体分析，许多工序的安排综合使用了上述分序法。

4.1.3　工件的装夹方式

在数控机床上加工零件，由于工序集中，往往在一次装夹中就能完成全部工序。因此，零件的定位、夹紧方式要注意以下 4 个方面：

(1) 应尽量采用组合夹具；当工件批量较大、精度要求较高时，可以设计专用夹具。

(2) 零件定位、夹紧的部位应不妨碍各部位的加工、刀具的更换以及重要部位的测量，尤其应避免刀具与工件、刀具与夹具相撞的现象。

(3) 夹紧力应力求靠近主要支承点或在支承点所组成的三角形内；应力求靠近切削部位，并在刚性较好的地方；尽量不要在被加工孔径的上方，以减少零件变形。

(4) 零件的装夹、定位要考虑重复安装的一致性，以减少对刀时间，提高同一批零件加工的一致性；一般同一批零件采用同一定位基准和同一装夹方式。

4.1.4　对刀点与换刀点的确定

对刀点是数控加工中刀具相对于工件运动的起点，是刀具起始点在工件坐标系中的位置。

确定对刀点的原则是：方便数学处理和简化程序编制；在机床上容易找正；加工过程中便于检查；引起的加工误差小。对刀点可以设置在零件上、夹具上或机床上，但必须与零件的定位基准有一定的坐标尺寸关系，这样才能确定机床坐标系与工件坐标系之间的关系。当对刀精度要求较高时，对刀点应尽量选在零件的设计基准或工艺基准上。对于以孔定位的零件，选孔的中心作为对刀点。

对刀时应使对刀点与刀位点重合。刀位点对立铣刀、端铣刀为刀头底面的中心，对球头铣刀为球头中心，对车刀、镗刀为刀尖，对钻头为钻尖。

换刀点应根据工序内容确定。为了防止换刀时刀具碰伤工件，换刀点应设在零件或夹具的外部。

4.1.5　选择走刀路线

走刀路线是数控加工过程中刀具相对于被加工工件的运动轨迹和方向。每道工序加工路线的确定是非常重要的，因为它与零件的加工精度和表面质量密切相关。

确定走刀路线的一般原则是：保证零件的加工精度和表面粗糙度；缩短走刀路线，减少进退刀时间和其他辅助时间。

在选择走刀路线时，下述情况应充分注意。

1. 铣切外圆与内圆

铣切外圆时要安排刀具从切向进入圆周铣削加工。当外圆加工完毕之后，不要在切点处退刀，要安排一段沿切线方向继续运动的距离，这样可以减少接刀处的接刀痕。当铣切内圆时也应该遵循从切向切入的方法，最好安排从圆弧过渡到圆弧的加工路线；切出时也应多安排一段过渡圆弧再退刀，以减少接刀处的接刀痕，从而提高孔的加工精度。

2. 铣削轮廓

在铣削加工零件轮廓时，要考虑尽量采用顺铣加工方式，这样可以提高零件的表面粗糙度和加工精度，减少机床"颤振"。要选择合理的进、退刀位置，尽量避免沿零件轮廓法向切入和进给中途停顿；进、退刀位置应选在不太重要的位置；当工件的边界开敞时，为了保证加工的表面质量，应从工件的边界外进刀和退刀。

3. 内槽加工

内槽指以封闭曲线为边界的平底凹坑。加工内槽一律使用平底铣刀，刀具边缘部分的圆角半径应符合内槽的图纸要求。内槽的切削分两步，第一步切内腔，第二步切轮廓。切轮廓通常又分为粗加工和精加工两步。

4.1.6　刀具选择

数控机床，特别是加工中心，其主轴转速较普通机床的主轴转速高 1～2 倍，某些特殊用途的数控机床、加工中心的主轴转速高达数万转每分钟，因此数控机床用刀具的强度和耐用度至关重要。目前涂镀、立方氮化硼等刀具已广泛用于加工中心，陶瓷刀具与金刚石刀具也开始在加工中心上运用。一般来说，数控机床用刀具应具有较高的耐用度和刚度，刀具材料抗脆性好，有良好的断屑性能和可调、易更换等特点。

在数控机床上进行铣削加工，选择刀具时要注意以下两点：

(1) 平面铣削应选用不重磨硬质合金端铣刀或立铣刀。一般采用两次走刀，第一次走刀最好用端铣刀粗铣，沿工件表面连续走刀；选好每次走刀宽度和铣刀直径，使接刀痕不影响精切走刀精度。因此，加工余量大而又不均匀时，铣刀直径要选小些；精加工时铣刀直径要选大些，最好能包容加工面的整个宽度。

(2) 立铣刀和镶硬质合金刀片的端铣刀主要用于加工凸台、凹槽和箱口面。为了提高槽宽的加工精度，减少铣刀的种类，加工时可采用直径比槽宽小的铣刀，先铣槽的中间部分，然后铣槽的两边。

铣削平面零件的周边轮廓，一般采用立铣刀。刀具的结构参数：刀具半径 R 应小于零件内轮廓的最小曲率半径 ρ，一般取 $R=(0.8～0.9)\rho$；零件的加工高度 $H \leqslant (1/6～1/4)R$，以保证刀具有足够的刚度。

4.1.7　切削用量的确定

数控编程人员必须确定每道工序的切削用量，包括主轴转速、进给速度、切削深度和切削宽度等。在确定切削用量时要根据机床说明书的规定和要求，以及刀具的耐用度去选择和计算，也可以结合实践经验，采用类比法确定。

在选择切削用量时要保证刀具能加工完一个零件，或者能保证刀具耐用度不低于一个班，最少也不能低于半个班的作业时间。切削深度主要受机床、工件和刀具的刚度限制，在刚度允许的情况下，尽可能使切削深度等于零件的加工余量，这样可以减少走刀次数，提高加工效率。

对于精度和表面粗糙度有较高要求的零件，应留有足够的加工余量。一般数控机床的精加工余量较普通机床的精加工余量小。

主轴转速 n 要根据允许的切削速度 v 来选择：

$$n = \frac{1000v}{\pi D}$$

式中：n —— 主轴转速(r/min)；

　　　D —— 刀具直径(mm)；

　　　v —— 切削速度(m/min)，受刀具耐用度的限制。

进给速度(mm/min)或进给量(mm/r)是切削用量的主要参数，一定要根据零件加工精度和表面粗糙度的要求，以及刀具和工件材料选取。

此外，在轮廓加工中当零件有突然的拐角时，刀具容易产生"超程"，应在接近拐角前适当降低进给速度，过拐角后再逐渐增速。

4.2　图形交互自动编程技术概述

数控零件加工程序的编制是数控加工的基础。国内外数控加工统计表明，编程不及时会造成数控加工设备大约 20%～30%的空闲。可见数控编程直接影响着数控设备的加工效率。

4.2.1　数控自动编程的一般过程、类型及特点

数控自动编程就是利用计算机编制数控加工程序，所以又称为计算机辅助编程或计算机零件程序编制。

数控自动编程的一般步骤如图 4.2.1 所示。编程人员首先将加工零件的几何图形及有关工艺过程用计算机能够识别的形式输入计算机，利用计算机内的数控系统程序对输入信息进行翻译，形成机内零件拓扑数据；然后进行工艺处理(如刀具选择、走刀分配、工艺参数选择等)与刀具运动轨迹的计算，生成一系列的刀具位置数据(包括每次走刀运动的坐标数据和工艺参数)，这一过程称为主信息处理(或前置处理)；最后经过后置处理便能输出适应某一具体数控机床要求的零件数控加工程序(又称 NC 加工程序)，该加工程序可以通过控制介质(如磁盘等)送入机床的控制系统。在现代的数控机床上，可经通信接口直接将计算机内的加工程序传输给机床的数控系统，免去了制备控制介质的工作，提高了程序信息传递的速度及可靠性。

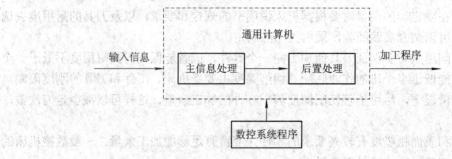

图 4.2.1　数控自动编程的一般步骤

　　整个系统处理过程是在数控系统程序(又称系统软件或编译程序)的控制下进行的。数控系统程序包括前置处理程序和后置处理程序两大模块。每个模块又由多个子模块及子处理程序组成。这些程序是系统设计人员根据系统输入信息、输出信息及系统的处理过程,事先用计算机高级语言(如 FORTRAN 语言)开发的一种系统软件。计算机有了这套处理程序,才能识别、转换和处理全过程,它是系统的核心部分。

　　根据编程信息的输入与计算机对信息的处理方式,数控自动编程方法分为两种:以编程语言为基础的语言自动编程方法和以计算机绘图为基础的图形交互自动编程方法。

　　以编程语言为基础进行自动编程时,编程人员依据所用编程语言的编程手册以及零件图样,编写零件源程序,以表达加工的全部内容,再把这些内容全部输入到计算机中进行处理,制作出可以直接用于数控加工设备的 NC 加工程序。

　　以计算机绘图为基础进行自动编程时,编程人员首先对零件图样进行工艺分析,在确定构图方案后,利用软件的 CAD 功能,在屏幕上构建出零件几何图形,再利用软件的 CAM 功能,以人机对话的方式制作出 NC 加工程序。

　　在语言自动编程方法中,计算机对信息的处理采用的是批处理方式,编程人员必须一次性将编程的全部信息向计算机交代清楚,计算机一次就把这些信息处理完毕。如果信息输入正确就可马上得到结果。编程人员用规定的编程语言编写好源程序,将源程序输入计算机处理,如果源程序编写正确,就可以通过语言自动编程系统直接获得所需的机床 NC 加工程序。

　　图形交互自动编程方法是一种人机对话的编程方法,编程人员根据屏幕菜单提示的内容,反复与计算机对话,选择菜单指令或回答计算机提问,直到把该答的问题全部答完。这种编程方法对零件图形的定义、刀具的选择、起刀点的确定、走刀路线的安排以及加工参数的选择等过程都在对话方式下完成,不存在编程语言的问题。最后得到的也是所需的 NC 加工程序。

4.2.2　图形交互自动编程系统的组成

　　当计算机的图形处理能力发展到一定水平时,出现了一种可以直接将零件的几何图形信息自动转化为数控加工程序的全新的计算机辅助编程技术——图形交互自动编程技术,并在 20 世纪 70 年代以后得到迅速的发展和推广应用。

　　图形交互自动编程是通过专用的计算机软件(如 CAD/CAM 软件)实现的。利用 CAD/CAM 软件的图形编辑功能,通过使用鼠标、键盘等将零件的几何图形绘制到计算机上,形成零件的图形文件，然后调用数控编程(CAM)模块，采用人机交互的实时对话方式，在计算机屏幕上指定被加工的部位，再输入相应的加工参数，计算机便可自动进行必要的数学处理并编制出数控加工程序，同时在计算机屏幕上动态地显示出刀具的加工轨迹。

图形交互自动编程与语言自动编程相比，具有速度快、精度高、直观性好、使用简便、便于检查的优点。因此，图形交互自动编程已经成为国内外先进 CAD/CAM 软件所普遍采用的数控编程方法。

在人机交互过程中，可根据所设置的"菜单"命令和屏幕上的"提示"，引导编程人员有条不紊地工作。菜单一般包括主菜单和各级分菜单，它们相当于语言系统中几何、运动、后置等处理阶段及其所包含的语句等内容，只是表现形式和处理方式不同。

图形交互自动编程系统的硬件配置与语言系统相比，增加了图形输入器件，如鼠标、键盘、功能键等输入设备。这些设备与计算机辅助设计系统是一致的，因此图形交互自动编程系统更适用于 CAD/CAM 系统中零件的自动设计和数控程序编制。因为 CAD/CAM 系统中的 CAD 模块已将零件的设计数据予以存储，所以可以直接调用这些设计数据进行数控程序的编制。

图形交互自动编程系统一般由几何造型、刀具轨迹生成、刀具轨迹编辑、刀位验证、后置处理(相对独立)、图形显示、数据库、运行控制及用户界面等功能部分组成，如图 4.2.2 所示。

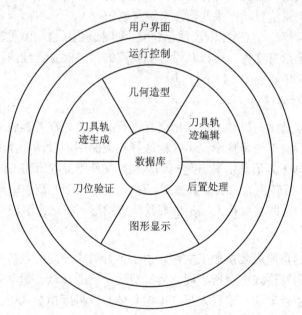

图 4.2.2　图形交互自动编程系统的组成

在图形交互自动编程系统中，数据库部分是整个系统的基础；几何造型部分完成零件几何图形构建，并在计算机内自动形成零件图形的数据文件；刀具轨迹生成部分根据所选用的刀具及加工方式进行刀位计算，生成数控加工刀具轨迹；刀具轨迹编辑部分根据加工单元的约束条件，对刀具轨迹进行剪裁、编辑和修改；刀位验证部分用于检验刀具轨迹的正确性，也用于检验刀具是否与加工单元的约束面发生干涉和碰撞，以及刀具是否啃切加工表面；图形显示部分贯穿整个编程过程的始终；用户界面部分给用户提供一个良好的运行环境；运行控制部分支持用户界面所有的输入方式到各功能部分之间的接口。

4.2.3　图形交互自动编程的基本步骤

目前，国内外图形交互自动编程软件的种类很多，流行的 CAD/CAM 系统也大都具有图形交互自动编程功能。这些软件的功能、面向用户的接口方式有所不同，所以编程的具体过程及编程过程中所使用的指令也不尽相同，但从总体上讲，其编程的基本原理及基本步骤大体上是一致的，可分为 5 个步骤：零件图样及加工工艺分析，几何造型，刀具轨迹计算及生成，后置处理，程序输出。

1. 零件图样及加工工艺分析

零件图样及加工工艺分析包括分析零件的加工部位，确定工件的装夹位置、工件坐标系、刀具尺寸、加工路线及加工工艺参数等，是数控编程的基础。

2. 几何造型

图形交互自动编程软件利用图形构建、编辑修改、曲线曲面造型等有关指令，将零件被加工部位的几何图形准确地绘制在计算机屏幕上，与此同时，在计算机内自动形成零件图形的数据文件，这些图形数据是下一步刀具轨迹计算的依据。在自动编程过程中，软件将根据加工要求提取这些数据，进行分析判断和必要的数学处理，以形成加工的刀具位置数据。经过这个阶段系统自动产生几何图形定义语句。

如果零件的几何信息在 CAD 阶段就已建立，则图形交互自动编程软件可直接从图形库中读取该零件的图形信息文件，所以从设计到编程的信息流是连续的，有利于计算机辅助设计和制造的集成。

3. 刀具轨迹计算及生成

刀具轨迹的生成是面向屏幕上的图形交互进行的。首先在刀具轨迹生成的菜单中选择所需的菜单项，然后根据屏幕提示，用光标选择相应的图形目标，点取相应的坐标点，输入所需的各种参数(如工艺信息)。软件将自动从图形文件中提取所需的信息，进行分析判断，计算节点数据，并将其转换为刀具位置数据，存入指定的刀位文件中或直接进行后置处理，生成数控加工程序，同时在屏幕上显示出刀具轨迹图形。在这个阶段生成刀具运动语句。

4. 后置处理

后置处理的目的是形成数控加工文件。由于各种机床使用的数控系统不同，因此数控加工程序的指令代码及格式也有所不同。为解决这个问题，软件通常设置一个后置处理惯用文件，在进行后置处理前，编程人员应根据具体数控机床指令代码及程序的格式，事先编辑好这个文件，这样才能输出符合数控加工格式要求的数控加工文件。

5. 程序输出

由于图形交互自动编程软件在编程过程中，可在计算机内自动生成刀具轨迹文件和数控指令文件，因此程序的输出可通过计算机将加工程序直接传送给机床控制系统，当然机床控制系统的标准通用接口应与计算机直接联机。

图 4.2.3 为一图形交互式自动编程系统流程图。该例中，零件几何信息是从 CAD 阶段的图形数据文件中读取的，对此文件进行一定的转换产生所要加工零件的图形，并在屏幕

上显示；工艺信息是由编程人员以交互方式通过用户界面输入的。

图 4.2.3　图形交互式自动编程系统流程图

图形交互自动编程的用户不需要编写任何源程序，当然也就省去了调试源程序的繁琐工作。如果零件图形设计是用 CAD 方式完成的，这种编程方法就更有利于计算机辅助设计和制造的集成。由于刀具轨迹可立即显示，直观、形象地模拟了刀具轨迹与被加工零件之间的关系，易发现错误并改正，因而可靠性大为提高，试切次数减少，对于不太复杂的零件，往往一次加工合格。据统计，其编程时间平均比语言自动编程节省 2/3 左右。图形交互自动编程的优点促使 20 世纪 80 年代的 CAD/CAM 集成系统纷纷采用这种技术。

4.2.4　图形交互自动编程的特点

图形交互自动编程是一种全新的编程方法，与语言自动编程比较，主要有以下几个特点：

(1) 图形交互自动编程将加工零件的几何造型、刀位计算、图形显示和后置处理等结合在一起，有效地解决了编程数据来源、几何显示、走刀模拟、交互修改等问题，弥补了单一利用数控语言进行编程的不足。

(2) 不需要编制零件加工源程序，用户界面友好，使用简便、直观、准确，便于检查。编程过程是在计算机上直接面向零件的几何图形以光标指点、菜单选择及交互对话的方式进行的，其编程的结果也以图形的方式显示在计算机上。

(3) 编程方法简单易学，使用方便。整个编程过程是交互进行的，有多级功能"菜单"引导用户进行交互操作。

(4) 有利于实现与其他功能的结合。可以把产品设计与零件编程结合起来，也可以与工艺过程设计、刀具设计等过程结合起来。

4.3　数控加工工艺分析

Pro/E Wildfire 4.0 是目前最为常用的一款 CAD/CAM/CAE 一体的大型实用软件。本章以 Pro/E Wildfire 4.0 软件为背景，学习图形交互自动编程技术的应用方法和技巧。Pro/E Wildfire 4.0 的 NC 模块主要用于生成数控加工的相关文件。Pro/E 的相关性可以将设计模型变化体现到加工信息中。NC 组建模块生成的文件主要包括刀位数据文件、刀具清单、操作报告、中间模型和机床控制文件等，可提供完整的机加工环境，可对三维实体、曲面和曲线进行数控编程，刀具轨迹可根据仿真情况进行修改，后置处理可生成适应具体数控机床的数控加工程序，具有很好的代表性。

工位、工序及工步是数控工艺规程的 3 个主要组成部分。工位是工艺规程的最高层次，它代表特定的安装组态，即工件在机床上被定位和夹紧的一个位置，工位的信息产生刀位文件。工序为相关加工工步的组合，通常包括加工一个特征需要的所有工步，可以创建分别代表工件各个特征的多道工序，也可以仅创建一道工序代表工位中的所有工步，工序的信息产生规程文件。工步代表使用刀具的一个切削步骤。

4.3.1 确定工件坐标系

在确定工件坐标系之前首先要了解机床坐标系。

1. 机床坐标系

数控机床一般都有一个基准位置，称为机床原点或机床绝对原点，是机床制造商设置在机床上的一个物理位置。以这个原点建立的坐标系为机床坐标系(也称绝对坐标系)，是机床固有的坐标系，一般情况下不允许用户改动。机床坐标系的原点一般位于机床坐标轴的最大极限处。机床坐标系是用来确定工件坐标系的基本坐标系，其坐标和运动方向视机床的种类和结构而定，如数控铣床、数控车床都有自己的坐标系。机床坐标系的原点也称机床原点或机床零点，这个原点在机床设计、制造、调整后，便被确定下来，它是固定的点。

为了正确地在机床工作时建立机床坐标系，通常还要设置一个机床参考点。机床参考点可以与机床零点重合，也可以不重合，而通过机床参数指定该参考点与机床零点的距离。机床工作时，先进行回参考点动作，就可在机床的控制系统中建立机床坐标系。数控机床的参考点有两个主要作用：一是建立机床坐标系，如前所述；另一个作用是消除由于漂移、变形等造成的误差。机床使用一段时间后，工作台会产生一些漂移，使加工有误差。回一次机床参考点就可以使机床的工作台回到准确位置，消除误差。所以在机床加工前，经常要进行回机床参考点的操作。

标准的机床坐标系是右手笛卡尔坐标系，用右手螺旋法则确定，如图 4.3.1 所示。右手的拇指、食指、中指互相垂直，分别代表 +X、+Y、+Z 轴。围绕 +X、+Y、+Z 轴旋转的圆周进给坐标轴分别用 +A、+B、+C 表示，其正向符合右手螺旋定则。

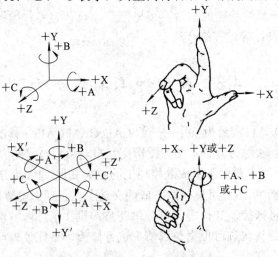

图 4.3.1 右手笛卡尔坐标系

2. 工件坐标系

工件坐标系是用来确定工件几何形体上各要素的位置而设置的坐标系，其原点即为工件零点。工件零点的位置是任意的，它是由编程人员在编制程序时根据零件的特点选定的。工件坐标系是以编程原点为原点且平行于机床各个移动坐标轴 X、Y、Z 所建立的坐标系。

　　为保证编程和机床加工的一致性，工件坐标系定义为右手笛卡尔坐标系。工件装夹在机床上时，应保证工件坐标系和机床坐标系的坐标轴方向一致。工件坐标系是任意的，可以由用户根据需要自行设定。工件坐标系和机床坐标系的关系如图 4.3.2 所示。

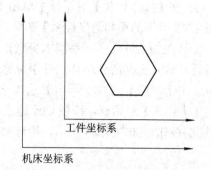

图 4.3.2　工件坐标系和机床坐标系的关系

　　在选择工件零点的位置时应注意下列 4 点：

　　(1) 工件零点应选在零件图的尺寸基础上，这样便于坐标值的计算，并减少错误；

　　(2) 工件零点尽量选在尺寸精度较高、表面粗糙度小的工件表面，以提高被加工零件的加工精度；

　　(3) 对于对称的零件，工件零点应设在对称中心上；

　　(4) 零点选在容易找正、在加工中便于测量的位置，即对于一般零件，工件零点设在零件外轮廓的某一角上。

　　Z 轴方向上的工件零点一般设在零件表面，如数控车削的加工坐标原点，通常选在零件轮廓右端面或左端面的主轴线上；数控铣削的加工坐标系原点一般选在工件外形轮廓的一个顶角或工件中心上。工件原点一旦确立，工件坐标系也就确定了。

3. Pro/E 中工件坐标系的设置

　　在 Pro/E 4.0 中，设置工件坐标系的一般步骤如下：

　　(1) 启动 Pro/E Wildlife 4.0 后，新建 NC 组建模块。

　　(2) 在如图 4.3.3 所示的【菜单管理器】中单击【制造】|【制造设置】命令，弹出如图 4.3.4 所示的【操作设置】对话框。

图 4.3.3　菜单管理器

图 4.3.4　【操作设置】对话框

(3) 在【操作设置】对话框中单击【参照】|【加工零点】选项下的 按钮，系统弹出如图 4.3.5 所示的【制造坐标系】菜单，用户可单击选取现有坐标系，也可以重新定义坐标系。实际在加工过程中，系统本身默认的坐标系往往不符合编程的要求，因此建议用户根据需要并结合上文所述选择工件坐标系的要点自己创建。具体步骤是在【操作设置】对话框中单击【参照】|【加工零点】选项下的 按钮，然后单击 按钮后弹出如图 4.3.6 所示的【坐标系】对话框，按住 Ctrl 键选出三个面，如图 4.3.7 所示，选中坐标系。选定后单击 确定 按钮，如图 4.3.8 所示，所选坐标系便显示在【加工零点】对话框中。

图 4.3.5　【制造坐标系】菜单

图 4.3.6　【坐标系】对话框

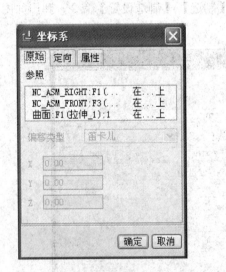

图 4.3.7　选定坐标系

图 4.3.8　确定建立的加工零点

(4) 单击【操作设置】对话框中的 确定 按钮，完成工件坐标系的设置。

　　Pro/E Wildlife 4.0 中可以确定多工件坐标系，但每个工步只能确定一个工件坐标系，该坐标系就称为工步坐标系。

4.3.2　确定刀具尺寸

确定刀具尺寸即定义刀具并设置刀具参数。

1. 铣削刀具的选择

在数控铣削加工中，刀具的选择直接影响着零件的加工质量、加工效率和加工成本，因此正确选择刀具有着十分重要的意义。刀具的选择通常要考虑机床的加工能力、工件的材料、加工表面类型、机床的切削用量、刀具寿命和刚度等。此外，由于数控铣刀的种类和规格很多，因此选择时还要考虑不同种类和规格刀具的不同加工特点。其一般原则是：

(1) 根据被加工型面的形状选择刀具类型。对于凹表面，在半精加工和精加工时，应选择球头铣刀，以得到好的表面质量，但在粗加工时宜选择平底立铣刀或圆角立铣刀，这是因为球头铣刀切削条件较差；对凸表面，粗加工时一般选择平底立铣刀或圆角立铣刀，但在精加工时宜选择圆角立铣刀，这是因为圆角立铣刀的几何条件比平底立铣刀好；对带脱模结构斜度的侧面，宜选用锥度铣刀，虽然采用平底立铣刀通过插值也可以，但会使加工路径变长而影响加工效率，同时会加大刀具磨损而影响加工精度。

(2) 根据从大到小的原则选择刀具。零件一般包含多个类型的曲面，因此在加工时一般不能选择一把刀具完成整个零件的加工。无论是粗加工还是精加工，都应尽可能选择大直径的刀具，因为刀具直径越小，加工路径越长，造成加工效率降低，同时刀具的磨损会造成加工质量的明显差异。

(3) 根据加工型面的曲率大小选择刀具。在精加工时，所用最小刀具的半径应小于或等于被加工零件上内轮廓圆角半径，尤其是在拐角加工时，应选用半径小于拐角处圆角半径的刀具并以圆弧插补的方式进行加工，这样可以避免采用直线插补而出现过切的现象；在粗加工时考虑到尽可能使用大直径刀具的原则，一般选择刀具半径较大，这时需要考虑的是粗加工后所留余量是否会给半精加工或精加工刀具造成过大的切削负荷。因为较大直径的刀具在零件轮廓拐角处会留下更多的余量，这往往是精加工过程中出现切削力的急剧变化而使刀具损坏或裁刀的直接原因。

(4) 粗加工时尽可能选择圆角立铣刀。一方面圆角立铣刀在切削时可以在刀刃与工件接触的范围内给出比较连续的切削力变化，这不仅对加工质量有利，而且会使刀具寿命大大延长；另一方面在粗加工时选用圆角立铣刀，与球头铣刀相比具有更好的切削条件，与平底铣刀相比可以留下较为均匀的精加工余量，对后续加工是十分有利的。

2. 车削刀具的选择

(1) 车削刀具的种类。数控车削一般使用标准的机夹可转位刀具。其类型有外圆刀具、外螺纹刀具、内圆刀具、内螺纹刀具、切断刀具、孔加工刀具(包括中心钻头、镗刀、丝锥等)。

(2) 数控车刀的选择原则：一次连续加工的表面尽可能多；在切削过程中刀具不能和工件发生干涉；有利于提高加工效率和加工表面质量；有合理的刀具强度和寿命。

3. 定义刀具

要定义刀库中的各种类型刀具必须先创建各种类型的工步。例如，创建粗铣削工步来定义所有类型的铣刀，创建钻孔工步来定义钻头，创建攻丝工步来定义丝锥，创建粗车工步来定义车刀。在 Pro/E NC 加工中，刀具的设置主要集中在【刀具设定】对话框中。打开方法如下：

(1) 如图 4.3.9 所示，在【菜单管理器】中选择【制造设置】|【操作】，在弹出的【操作设置】对话框中单击 按钮，自动弹出【机床设置】对话框，如图 4.3.10 所示。

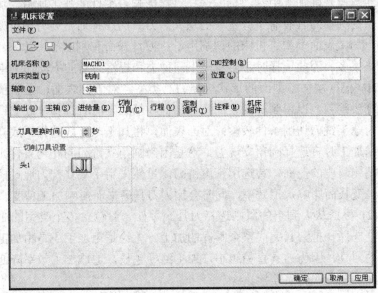

图 4.3.9　【操作】命令　　　　　　　　图 4.3.10　【机床设置】对话框

(2) 单击【机床设置】对话框中【切削工具】下的 按钮，弹出【刀具设定】对话框。

对于已经定义的机床，用户可以在【菜单管理器】中选择【制造设置】|【刀具】，如图 4.3.11 所示。在弹出的【选取】菜单中选择已经定义的机床，系统会自动打开【刀具设定】对话框。

图 4.3.11　【刀具】命令

对于已经设定过的刀具，则可以在 Pro/E NC 的主界面中单击 按钮，再次进入道具设定界面来进行刀具的添加和修改。

在 NC 序列设置过程中，当选中【序列设置】菜单中的【刀具】复选框(如图 4.3.12 所示)时，系统将弹出【刀具设定】对话框，如图 4.3.13 所示。

图 4.3.12　【刀具】
　　　　　复选框

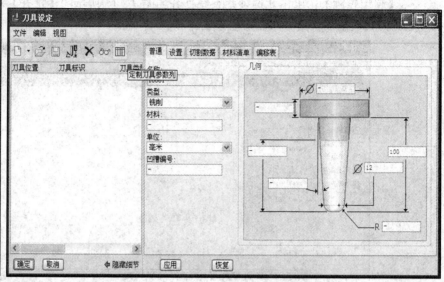

图 4.3.13　【刀具设定】对话框

【刀具设定】对话框由菜单栏、工具栏、【刀具】列表框、选项卡等组成，它集中了刀具设置的各个操作，下面分别介绍各部分的功能。

4. 刀具设定的菜单栏

菜单栏由【文件】、【编辑】和【视图】3 个菜单组成。

1) 【文件】菜单

如图 4.3.14 所示，【文件】菜单用于对刀具文件进行管理。

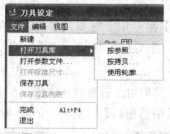

图 4.3.14　【文件】菜单

(1) 【新建】：新建一个刀具。

(2) 【打开刀具库】：主要有【按参照】、【按拷贝】和【使用轮廓】三个选项。各选项含义如下：

· 【按参照】：导入刀具的各个几何外形参数与原模型的相关联。若选择此选项，则导入的刀具参数不能在【刀具设定】对话框中做改变。但是，若刀具原模型的参数或相应组件参数改变，则相应的刀具也会发生改变。

· 【按拷贝】：只把刀具实体模型和组建的参数复制到制造模型中。若选择此选项，则导入的刀具参数可以在【刀具设定】对话框中做改变。但是，当刀具原模型的参数或相应组件参数改变时，相应刀具不会发生改变。

· 【使用轮廓】：单击此选项，系统打开如图 4.3.15 所示的【打开】对话框，从中选择合适的刀具模型后将其导入制造模型中。

图 4.3.15　【打开】对话框

(3) 【打开参数文件】：打开已经保存过的刀具参数文件。

(4) 【保存刀具】：保存新定义的刀具文件。

(5) 【完成】：选择该命令，系统弹出【刀具对话框确认】对话框，单击"是"应用新定义的刀具。

(6) 【退出】：关闭【刀具设定】对话框。

2) 【编辑】菜单

如图 4.3.16 所示，【编辑】菜单用于对刀具参数进行修改、删除。其中的【草绘】命令是定义刀具的一种重要方法，主要用于绘制一些特殊的刀具。

3) 【视图】菜单

如图 4.3.17 所示，【视图】菜单用于查看刀具信息。在【视图】菜单中选择【所有刀具】命令，弹出如图 4.3.18 所示的【信息窗口】对话框，该对话框显示了每个刀具的基本参数。

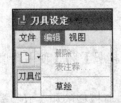

图 4.3.16　【编辑】菜单

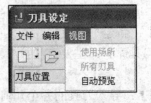

图 4.3.17　【视图】菜单

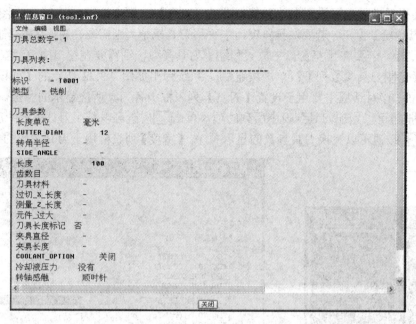

图 4.3.18　【信息窗口】对话框

5. 刀具设定的工具栏

刀具设定的工具栏如图 4.3.19 所示，除与菜单栏中对应命令功能一致的按钮外，还有几个按钮有独特的功能。

图 4.3.19　刀具设定的工具栏

(1)【显示刀具信息】：单击按钮 ，在绘图区显示如图 4.3.20 所示的设置刀具的具体信息，信息涉及刀具的各个参数名称及具体数值。

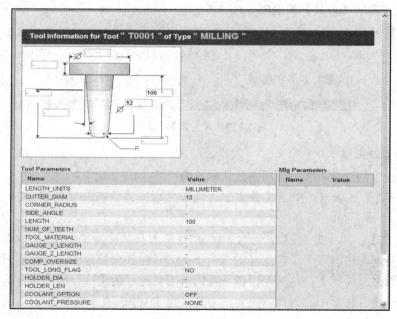

图 4.3.20　刀具具体信息

(2) 【根据当前数据设置在单独窗口中显示刀具】：单击按钮 ∞，弹出如图 4.3.21 所示的【刀具预览】窗口。若要在预览窗口中平移刀具模型，则需要在窗口中按下鼠标中键，同时拖动鼠标。若要在预览窗口中放大和缩小刀具模型，则需要在窗口中滚动鼠标滚轮。

(3) 【定制刀具参数列】：单击按钮 ▥，系统弹出如图 4.3.22 所示的【列设置创建程序】对话框。该对话框主要用于设置【刀具】列表框中各刀具所应显示的参数。单击对话框中的 ▨ 按钮可以增加刀具列表中所列的项，单击 ▨ 按钮可以减少刀具列表中所列的项，单击 ▼ 或 ▲ 按钮可以更换刀具参数的显示顺序。【宽度】列表框用于刀具参数的字符跨度。

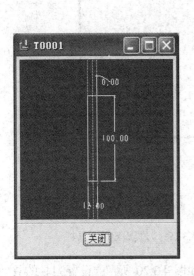

图 4.3.21　【刀具预览】窗口

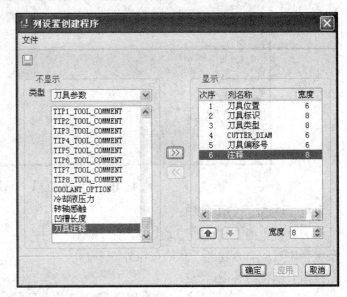

图 4.3.22　【列设置创建程序】对话框

6. 刀具设定的【刀具】列表框

【刀具】列表框如图 4.3.23 所示，它用于显示在机床上已经定义的刀具信息，包括刀具位置、刀具标识、刀具类型、CUTTER_DIAM、刀具偏移和注释。

刀具位置 ▽	刀具标识	刀具类型	CUTTER_DIAM
2	T0002	端铣削	20.000000
1	T0001	铣削	12.000000

图 4.3.23　【刀具】列表框

7. 刀具设定的选项卡

在刀具设定的选项卡中，选项的默认参数为"-"的表示可以不选。

(1) 【普通】选项卡。单击【普通】选项卡之后，系统打开如图 4.3.24 所示的设置选项。

· 【名称】：用于定义刀具名称。系统默认的刀具名称为 T0001、T0002 等。建议用户自己给刀具起名字时取一个有意义的。由于在刀具的各个参数中，以切割刀具直径和角半径这两个参数最为重要，这两个参数直接影响刀具路径的生成，因此通过这两个参数的设置，可以确定各种常用的刀具。例如，刀具名为 D16R0 表示直径为 16、拐角半径为 0 的刀。

- 【类型】：用于选择刀具类型。单击向下箭头，在下拉列表中选择所需刀具。
- 【材料】：用于设置刀具材料。
- 【单位】：用于设置刀具的几何参数的单位，系统提供了毫米、厘米、英尺、英寸等四个选项。系统的默认单位为共建的几何参数单位。
- 【凹槽编号】：用于设置刀具齿数。
- 【几何】：显示选定刀具的几何外形及相关的参数设置选项。

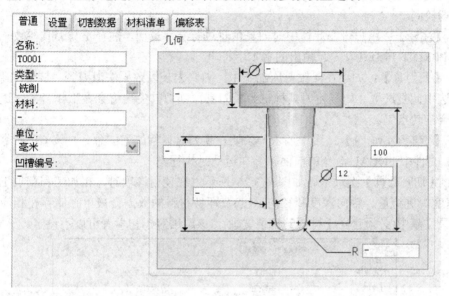

图 4.3.24　【普通】选项卡

(2) 【设置】选项卡。单击【设置】选项卡后，系统打开如图 4.3.25 所示的设置选项。

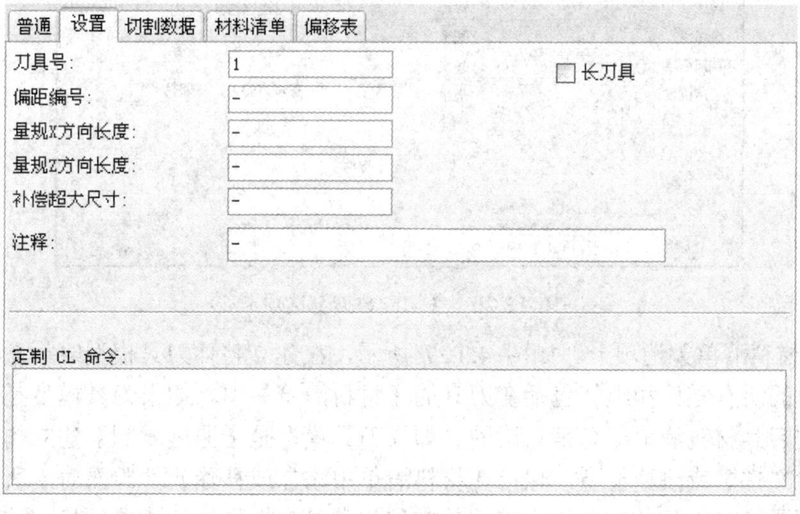

图 4.3.25　【设置】选项卡

- 【刀具号】：用于设置刀具在刀库中存放的位置编号。由于在数控加工中可能会用到很多把刀具，因此有必要根据刀具在机床刀库中存放的位置来编号，这样机床在自动换刀时能按指定的刀具编号正确地转换刀具。系统以当前刀具表中的最后一项为基数，以 1

为增量递增，也可以自己设定刀具编号。

· 【偏距编号】：用于指定当前刀具的偏距数值。

· 【量规 X 方向长度】：用于指定刀具径向切入深度。

· 【量规 Z 方向长度】：用于指定刀具轴向切入深度。

· 【补偿超大尺寸】：表示切削刀具的最大测量直径与切削刀具的公称直径之差。如果切削刀具的实际直径大于切削刀具的编程直径，则需要设置该参数值。系统将使用该值进行过切检测。

· 【注释】：用户可在此栏中对刀具信息进行文字说明。注释是与刀具参数一起存储并使用 PPRINT 与刀具表一起输出的文本字符串。

· 【长刀具】：如果在 4 轴机床加工中，刀具太长以致无法退刀到"旋转间隙"级，则需要选中此复选框。如果将刀具标记为长刀具，则刀具尖端将会在工作台旋转过程中移到"安全旋转点"。

· 【定制 CL 命令】：用于插入一条要在换刀时运行的 CL 命令。该 CL 命令将被插入到 CL 文件中 LOCAL 命令的前面，并在运动时执行。

(3) 【切割数据】选项卡。如图 4.3.26 所示，在使用该项时，粗加工和精加工的切削数据(速度、进给量、轴向深度和径向深度)及坯件材料的数据会被单独储存在相应的【材料】目录文献中(必须建立【材料】目录文献)。该选项对于初学者可以不设定。

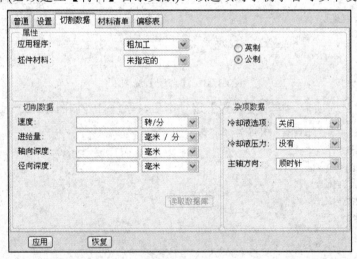

图 4.3.26　【切割数据】选项卡

(4) 【材料清单】选项卡。如图 4.3.27 所示，在建立整体刀具模型时，系统自动将刀具模型使用的所有零件和组件包括在刀具的【材料清单】中。如果刀具模型是【按参照】建立的，则刀具材料清单信息是只读的。如果刀具模型是【通过复制】建立的，则可以根据需要编辑文件名或改变类型，也可在材料清单中添加或移除元件。而对于所有其他类型的刀具，可通过输入元件名并指定它们的类型和数量来提供材料清单信息。该选项对于初学者可以不设定。

(5) 【偏移表】选项卡。如图 4.3.28 所示，该选项卡用于设置具有多刀尖的铣削刀具。该选项对于初学者可以不设定。

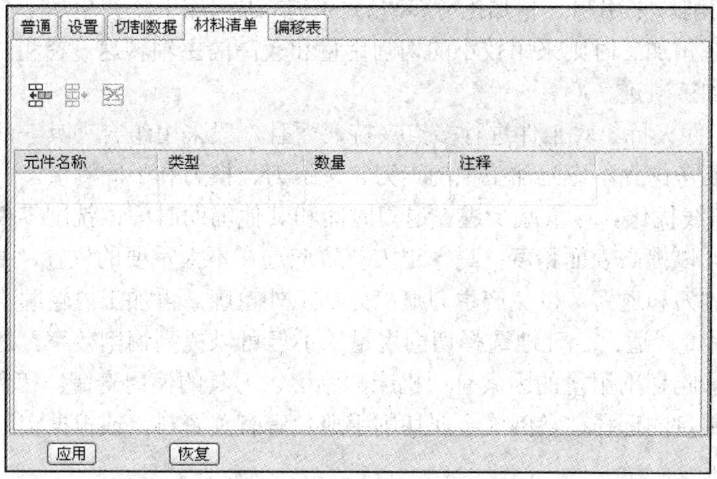

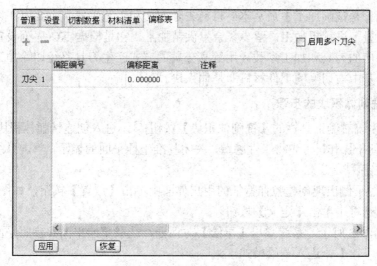

图 4.3.27　【材料清单】选项卡

图 4.3.28　【偏移表】选项卡

4.4　铣削加工的刀具轨迹生成

铣削加工是机械加工中最常用的加工方法之一，它主要用于加工平面、孔、盘、套和板类等基本零件、真题叶轮类和模具零件，因此广泛应用于实际加工中。Pro/NC 中提供了诸如体积块铣削、局部铣削、曲面铣削、表面铣削、轮廓铣削、腔槽加工铣削、轨迹铣削、刻模铣削和陷入铣削等多种加工方法。

4.4.1　数控铣削工艺特点

数控铣削工艺的主要特点如下：

(1) 工序集中法加工。为了减少重复定位误差，数控铣削经常采用工序集中加工方式。

(2) 分层切削。采用粗、精加工分步进行的方式进行加工。在粗加工时可以采用较大的切削用量,在精加工时则采用较小的切削用量和较高的主轴转速。在粗、精加工阶段可以采用不同的加工轨迹。

(3) 多点工件夹持。对工件进行多点夹持,而且一般采用组合夹具。注意既要保持夹持的稳定,又要考虑到不影响加工中的走刀、进退刀、换刀和中间测量。

(4) 加工路线优化。尽量减少进、退刀时间和其他辅助时间;铣削零件轮廓时,尽量采用顺铣方式,以提高表面精度;进、退刀位置应选在不太重要的位置,并且使刀具沿零件的切线方向进刀和退刀,以免产生刀痕;先加工外轮廓,再加工内轮廓。

(5) 切削用量合适。合理地选择切削用量,不但可以提高切削效率,还可以提高零件的表面精度。影响切削用量的因素有:机床的刚度,刀具的使用寿命,工件的材料,切削液。具体切削用量的选择请参阅《金属切削手册》等有关资料,或根据实际经验确定。

4.4.2　体积块铣削数控加工

体积块加工是铣削加工中最基本的材料去除方法和工艺手段,主要用在切削坯件上大体积的加工余量,进行粗加工,留少量余量供精加工。它是根据 NC 序列设置的加工几何形状,配合相应的刀具和加工参数,用等高分层的方式产生刀具路径切除加工几何范围内的工件材料,其中被切除的工件材料即是体积块。

1. 创建铣削体积块的步骤

(1) 单击系统右侧工具栏的【铣削体积块】按钮,进入创建铣削体积块界面。

(2) 为了便于操作,可先将工件隐藏,关闭基准坐标平面的显示,单击系统右侧工具栏的【拉伸】按钮。

(3) 在视窗下侧出现创建拉伸特征的用户界面中单击【放置】按钮,如图 4.4.1 所示,再在弹出的对话框中单击【定义】按钮。

(4) 如图 4.4.2 所示,系统弹出【草绘】对话框,选取草绘平面和参照平面,完成相应设置后单击【草绘】,进入草绘模式。

图 4.4.1　创建拉伸特征的用户界面

图 4.4.2　【草绘】对话框

(5) 完成草绘后回到拉伸特征的用户界面选择适当的深度,单击✓按钮。

(6) 单击系统右侧工具栏上的【修剪】按钮,系统弹出【选取】对话框,选取参照模型。

(7) 选取主菜单上的【视图】|【可见性】|【着色】命令，系统便会显示所创建的铣削体积块，确定无误后单击系统右侧工具栏上的 ✓ 按钮，完成体积块的创建。

2. 体积块铣削 NC 序列定义

如图 4.4.3 所示，体积块 NC 序列的定义是通过选择菜单【辅助加工】|【加工】|【体积块】|【3 轴】|【完成】命令，打开【NC 序列】菜单下的【序列设置】实现的，【序列设置】菜单如图 4.4.4 所示。

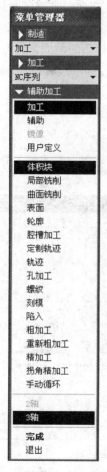

图 4.4.3　【辅助加工】菜单　　　　　　图 4.4.4　【序列设置】菜单

【序列设置】菜单各选项的含义介绍如下：

· 【名称】：设置所创建 NC 序列的名称，是可选项。

· 【注释】：对所要创建的 NC 序列进行注释，是可选项。

· 【刀具】：创建或选择 NC 序列所使用的刀具，是系统默认选项。

· 【附件】：添加刀具附件，是可选项。

· 【参数】：为创建的 NC 序列设置制造参数，是系统默认选项。

· 【坐标系】：为创建的 NC 序列设置坐标系，是系统默认选项。

· 【退刀曲面】：设置 NC 序列的退刀曲面，是系统默认选项。

- 【体积】：创建或选取铣削体积块，是系统默认选项。
- 【窗口】：创建或选取体积窗口，即使用平面轮廓作为加工对象。
- 【封闭环】：为【窗口】指定要封闭的环。
- 【扇形凹口曲面】：如果指定了参数【侧壁扇形高度】或【底部扇形高度】，则此项用于选取从扇形计算中排除的曲面。
- 【除去曲面】：指定要从轮廓加工中排除的体积块曲面，从而不在此曲面产生刀具路径。
- 【顶部曲面】：显式定义"顶部"曲面，即可在创建刀具路径时被刀具穿透铣削体积块的曲面。此选项只允许在体积块的某些顶部曲面与退刀平面不平行时使用。
- 【逼近薄壁】：选取"铣削体积块"或"铣削窗口"的侧面，让刀具在侧面外下刀。此选项有时可以减少不必要的抬刀，此外在毛坯以外下刀，可以优化刀具受力。
- 【构建切削】：访问构建切削功能。
- 【起始】和【终止】：指定起始点和终止点，是可选项。

3. 制造参数

如图 4.4.5 所示，【编辑序列参数】对话框中列举了各种制造参数，分为【基础】和【全部】模式。下面分别介绍体积块铣削的制造参数。

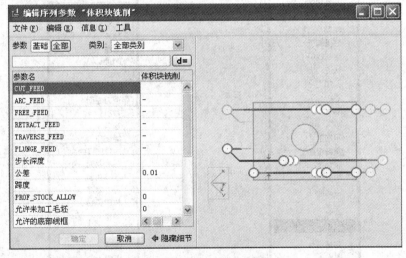

图 4.4.5　【编辑序列参数】对话框

(1) CUT_FEED(切割速度)：机床切削加工时所使用的进给速度，单位通常为 mm/min。

(2) 步长深度：分层铣削时每一层在 Z 方向的铣削深度，也称背吃刀量，是影响加工效率最主要的因素之一，单位通常为 mm。在确定步长深度时，需要考虑切削所使用的刀具、被切削的工件材料、切削余量、切削负荷、残余高度、进给速度等因素。

(3) 跨度：用于设定横向步距，即相邻两条刀具轨迹之间的距离。该值一般应与刀具的有效直径成正比，一般情况下取(0.5~0.8)D(D 为刀具的有效直径)。粗加工时可以取 0.9D 以上。

(4) PROF_STOCK_ALLOW：设定侧面加工余量。该值要小于等于粗加工余量。

(5) 允许未加工毛坯：设定粗加工时的精铣余量。该值必须大于等于 PROF_STOCK_ALLOW。

(6) 切割角：用于设定刀具路径和坐标系 X 轴之间的夹角。

(7) ROUGH_OPTION(粗糙选项)：使用体积块铣削方式进行加工时，设置此选项可以生成粗加工刀具路径或精加工刀具路径。系统提供了以下预设值：

·【ROUGH_ONLY】：生成不带轮廓加工的体积块粗加工刀具路径。此选项适合粗加工。

·【粗糙轮廓】：生成带轮廓加工的体积块粗加工刀具路径，此刀路先粗切削体积块轮廓，再粗切削体积块。此选项适合粗加工。

·【配置_&_粗糙】：生成带轮廓加工的体积块粗加工刀具路径，此刀路先粗切削体积块轮廓，再粗切削体积块。此选项适合粗加工。

·【ROUGH_&_CLEAN_UP】：生成不带轮廓加工的体积块粗加工刀具路径。如果扫描类型设置为类型 3，那么每个层切面内的水平连接移动将沿体积块的壁进行。如果扫描类型设置为类型 1 方向，那么在切入和退刀时，刀具将沿着体积块的壁垂直移动。此选项适合粗加工。

·【配置_只】：生成精加工的刀具路径仅在加工轮廓上。此选项适合精加工。

·【口袋】：生成精加工的刀具路径，在体积块轮廓和体积块内平行于退刀平面的所有平面上。此选项适合精加工。

·【仅_表面】：生成精加工刀具路径，只在体积块内平行于退刀平面的平面。此选项适合精加工。

(8)【间隙—距离】：用于设置刀具以快速下刀至要切削材料时变成以进给速度下刀之间的缓冲距离。通常取 3～5 mm。

(9) SPINDLE_SPEED(转轴速度)：用于设定主轴转速。

(10) COOLANT_OPTION(冷却选项)：用于设置冷却方式。该选项中，系统提供了以下几个预设值：

·【充溢】：切削液淹没工件。

·【喷淋雾】：产生喷淋水雾。

·【关闭】：关闭切削液。

·【开】：开启切削液。

·【攻丝】：将切削液设置为攻螺纹设定。

·【穿过】：切削液通过转轴。

体积块铣削方式的制造参数，可以使用【扫描类型】和【粗糙选项】两个参数进行组合，产生不同的粗加工和精加工方式。

(1) 体积块-粗加工-螺旋铣削方式：用于粗加工，【扫描类型】选择【类型螺旋】，【粗糙选项】可以选【ROUGH_ONLY】、【粗糙轮廓】或【配置_&_粗糙】。

(2) 体积块-粗加工-平行铣削方式：用于粗加工。【扫描类型】可以选【类型 1】、【类型 2】、【类型 3】、【类型 1 方向】、【类型 1 连接】，【粗糙选项】可以选【ROUGH_ONLY】、【粗糙轮廓】或【配置_&_粗糙】。

(3) 体积块-粗加工-跟随硬壁铣削方式：用于粗加工，【扫描类型】选择【跟随硬壁】，【粗糙选项】可以选【ROUGH_ONLY】、【粗糙轮廓】或【配置_&_粗糙】。

(4) 体积块-精加工-等高轮廓铣削方式：用于模型的侧面半精加工和精加工，【扫描类型】的设置不影响轮廓上的刀具路径。

(5) 体积块-精加工-等高口袋铣削方式：用于模型的精加工，【粗糙选项】选择【口袋】。【扫描类型】的设置不影响轮廓上的刀具路径，但不同的【扫描类型】会在平行于退刀平面的平面上产生不同形式的刀具路径。

(6) 体积块-精加工-仅平面铣削方式：用于模型的精加工，【粗糙选项】选择【仅_表面】。此种加工方式不在轮廓上产生刀具路径，但不同的【扫描类型】会在平行于退刀平面的平面上产生不同形式的刀具路径。

4.4.3　局部铣削数控加工

局部铣削数控加工是通过改用直径较小的刀具对【体积块】铣削加工中的序列或其他铣削加工序列之后的残留材料进行进一步加工，起到清理工件拐角处以及工件底部多余材料的作用。局部铣削经常用于二次粗加工和清角加工。

1. 局部铣削的定义

在创建局部铣削数控加工序列之前，应该首先创建铣削体积块、轮廓或铣削曲面 NC 序列，然后如图 4.4.6 所示，选择【辅助加工】|【加工】|【局部铣削】|【3 轴】|【完成】命令，在弹出的【局部选项】菜单中选择加工方式。

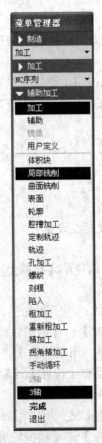

图 4.4.6　【辅助加工】菜单

2. 序列设置

局部铣削有 4 种加工方法，分别为 NC 序列、顶角边、根据先前刀具和铅笔描绘踪迹，如图 4.4.7 所示。下面分别介绍这 4 种加工方法。

1) NC 序列方法

NC 序列方法创建局部铣削是指以 NC 序列中无法完全加工的部分作为加工目标，以较小的加工刀具进行残料清除的加工序列。该方法主要用于去除【体积块】、【轮廓】、【曲面】等 NC 序列之后剩下的材料，通常使用较小的刀具。

创建步骤如下：

(1) 如图 4.4.7 所示，在【加工】菜单栏中选择【NC 序列】，在【NC 序列列表】菜单栏中选择【新序列】，在弹出的【辅助加工】菜单中选择【局部铣削】|【3 轴】|【完成】命令。

(2) 如图 4.4.8 所示，在弹出的【选取特征】下拉菜单中选择【NC 序列】命令，单击【完成】。如图 4.4.9 所示，在弹出的【NC 序列列表】中选择要加工的选项。

图 4.4.7 【局部选项】菜单

图 4.4.8 【选取特征】菜单

图 4.4.9 NC 序列列表

(3) 如图 4.4.10 所示，在系统弹出的【选取特征】菜单栏中选择【切削运动#1】。

(4) 在弹出的【序列设置】菜单中选中需要的复选框，如图 4.4.11 所示，单击【完成】后按系统提示完成序列设置。

NC 序列方法创建局部铣削【序列设置】的菜单中除公共选项外，还包括下列特有选项：

· 【参考序列】：选取一个参照 NC 序列，对其残余材料进行清除。可选取【体积块】NC 序列、【轮廓】NC 序列等。若选中此选项，系统会提示用户选取已有的 NC 序列进行局部铣削；若没有选中，那么系统会默认上一个 NC 序列进行局部铣削。

· 【生成切割】：访问【生成切割】功能。

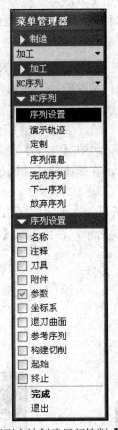

图 4.4.10　选取菜单　　　　图 4.4.11　NC 序列方法创建局部铣削【序列设置】菜单

2) 顶角边方法

顶角边方法是针对制造模型中的内凹角几何特征部分，一般加工刀具是无法完全清除该部分的工件材料的，它以较小直径的刀具对内凹角几何特征和两侧曲面进行顶角边加工规划，以清除角落内的工件残料。

创建步骤如下：

(1) 在菜单管理器中选择【加工】|【NC 序列】|【新序列】|【局部铣削】|【3 轴】|【完成】命令。

(2) 如图 4.4.12 所示，在弹出的【局部选项】下拉菜单中选择【顶角边】命令，单击【完成】。在弹出的【NC 序列】|【NC 序列设置】中选择需要设置的复选框，如图 4.4.13 所示。

(3) 局部铣削顶角边方法制造参数在图 4.4.14 所示的【编辑序列参数】对话框中设置，设置完参数后，系统弹出如图 4.4.15 所示【曲面拾取】菜单，隐藏工件并选择【模型】选项，单击【完成】。

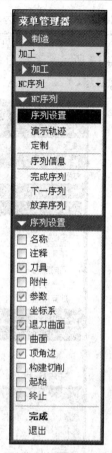

图 4.4.13　局部铣削顶角边方法【序列设置】菜单

图 4.4.12　【局部选项】菜单

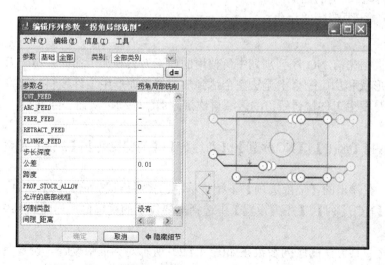

图 4.4.14　局部铣削顶角边方法【编辑序列参数】对话框

图 4.4.15　【曲面拾取】菜单

(4) 系统弹出如图 4.4.16 所示【选取曲面】菜单栏，单击【添加】并在工件中选择要加工体积块的两项角边垂直的平面，单击 确定 按钮，完成后返回。

(5) 如图 4.4.17 所示，系统自动跳出 CRNA 区域，选择【建议】激活并选取【选取全部】命令，完成创建。

图 4.4.16 【选取曲面】菜单栏　　　图 4.4.17 【CRNR 区域】菜单

顶角边序列方法创建局部铣削序列设置菜单的特有选项介绍如下：

· 【曲面】：用于选择要铣削的曲面。

· 【顶角边】：用于制定要清除的拐角。

3) 根据先前刀具方法

根据先前刀具方法是根据先前 NC 序列规划中所使用的加工刀具和加工曲面，由于刀具与加工目标曲面在几何形状和加工配合上无法完全达到加工需求而产生工件残料，该方法使用较小直径的刀具针对发生工件材料残留的区域再次规划 NC 序列，从而去除残料。

创建步骤如下：

(1) 在菜单管理器中选择【加工】|【NC 序列】|【新序列】|【局部铣削】|【3 轴】|【完成】命令。

(2) 如图 4.4.18 所示，在弹出的【局部选项】下拉菜单中选择【根据先前刀具】命令，单击【完成】。在弹出的【NC 序列】|【序列设置】中选择需要设置的复选框，如图 4.4.19 所示。

(3) 局部铣削根据先前刀具方法的序列参数在如图 4.4.20 所示对话框中设置。设置完参数后，系统弹出【NC 序列曲面】和【曲面拾取】菜单，选定需要的选项，完成创建。

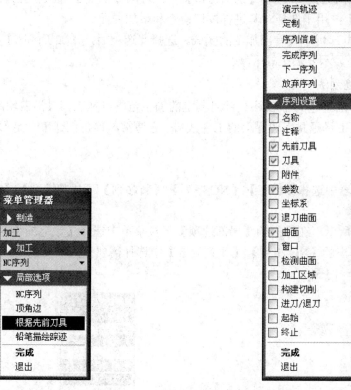

图 4.4.18　【局部选项】下拉菜单　　　图 4.4.19　局部铣削根据先前刀具方法【序列设置】菜单

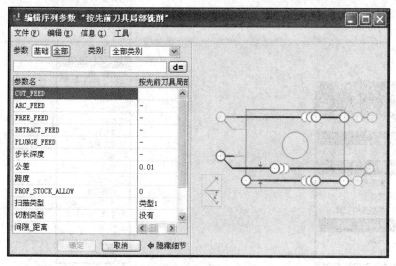

图 4.4.20　局部铣削根据先前刀具方法【编辑序列参数】对话框

根据先前刀具序列方法创建局部铣削序列设置菜单的特有选项介绍如下：

· 【先前刀具】：指定先前刀具，它将用于计算剩余材料。若选中此项，系统会提示用户选取先前刀具；若没有选中，系统会默认一序列的刀具为先前刀具。建议用户每次都选取【先前刀具】，以免系统默认上一序列的刀具，带来引发错误操作的可能性。

· 【曲面】：用于选取要在此 NC 序列中铣削的曲面。

· 【窗口】：用于创建或选取【铣削窗口】，此项与【曲面】选项相互排斥。

· 【检测曲面】：用于选择对其进行过切检查和附加曲面。

· 【加工区域】：用于查看要加工的区域。选择此选项后，【加工区域】菜单打开，单击【预览】按钮，显示要加工的区域。

4) 铅笔描绘踪迹方法

铅笔描绘踪迹方法创建的 NC 序列针对制定的加工范围以加工刀具沿着轮廓曲线进行清角加工，清除在加工目标几何边界上的工件残料。它通常沿顶角创建单一走刀刀具路径，清除所选曲面的边。

创建步骤如下：

(1) 在菜单管理器中选择【加工】|【NC 序列】|【新序列】|【局部铣削】|【3 轴】|【完成】命令。

(2) 如图 4.4.21 所示，在弹出的【局部选项】下拉菜单中选择【铅笔描绘踪迹】命令，单击【完成】。在弹出的【NC 序列】|【序列设置】中选择需要设置的复选框，如图 4.4.22 所示。

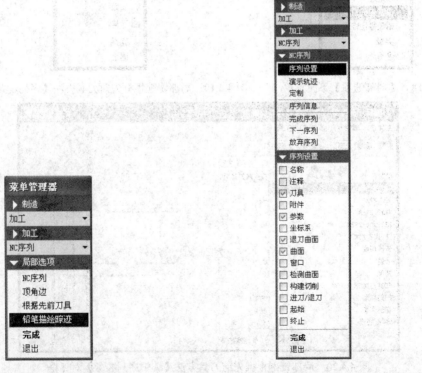

图 4.4.21 【局部选项】下拉菜单 　　图 4.4.22 局部铣削铅笔描绘踪迹方法【序列设置】菜单

(3) 局部铣削根据先前刀具方法序列参数在如图 4.4.22 所示的对话框中设置,设置完参数后, 系统弹出【NC 序列曲面】和【曲面拾取】菜单,选定需要的选项,完成创建。

铅笔描绘踪迹序列方法创建局部铣削序列设置菜单的特有选项介绍如下:

- 【曲面】:用于选取要铣削的曲面。
- 【窗口】:用于创建或选取【铣削窗口】,此选项与【曲面】选项相互排斥。
- 【检测曲面】:用于选择对其进行过切检查的附加曲面。

3. 制造参数设置

局部铣削常用的制造参数因铣削方式的不同而不同,下面将分别介绍。

1) NC 序列

【NC 序列】的主要参数有切割进给、步长深度、跨度、PROF_STOCK_ALLOW、允许的底部线框、切割角、扫描类型、间隙_距离、冷却选项、转轴速度等,其含义与体积块加工的参数基本一样。

下面补充【允许底部线框】和【扫描类型】的含义:

(1) 【允许底部线框】:用于设定底部的加工余量。

(2) 【扫描类型】:用于设定刀具的拓扑结构。在该选项中系统提供了以下几个预设值:

- 【类型 1】:刀具在铣削体积块或窗口内连续加工体积块,遇到凸起部分时自动退刀。
- 【类型 2】:刀具连续加工体积块,遇到凸起部分时,刀具绕过凸起而不退刀。
- 【类型 3】:刀具连续加工体积块,遇到凸起部分时,刀具分区进行加工。系统默认该预设值。
- 【类型螺旋】:刀具螺旋走刀。
- 【类型 1 方向】:刀具只进行单向切削。在每个切削的走刀终止位置退刀并返回到工作件的另一侧。以相同方向开始下一切削。
- 【TYPE_1_CONNECT】:刀具只进行单向切削。在每个走刀终止位置退刀并迅速返回到当前走刀的起始点。
- 【常数_载入】:用大约恒定的刀具载入扫描薄片。
- 【螺旋保持切割方向】:采用螺旋扫描方式并保持切割方向。
- 【螺旋保持切割类型】:采用螺旋扫描方式并保持切割类型。
- 【跟随硬壁】:每一个切口都将沿特征的硬壁方向,在两次连续切削的响应点之间保持固定偏移;如果闭合切削区域,则在切削之间存在 S 形连接。

2) 顶角边

【顶角边】的主要参数有切割进给、步长深度、跨度、PROF_STOCK_ALLOW、允许的底部线框、转角偏距、间隙_距离、冷却选项、转轴速度等。其中转角偏距是必须设置的。

下面补充【转角偏距】的含义。

【转角偏距】:用于计算要去除的材料数量,可以指定其值为先前刀具半径。

(1) 根据先前刀具,主要参数有切割进给、步长深度、跨度、PROF_STOCK_ALLOW、扫描类型、间隙_距离、冷却选项、转轴速度等。

(2) 铅笔描绘踪迹，主要参数有切割进给、PROF_STOCK_ALLOW、扫描类型、间隙_距离、冷却选项、转轴速度等。

4.4.4 曲面铣削数控加工

曲面铣削主要是针对零件上的曲面特征(包括简单曲面和复杂曲面)进行加工。它是根据 NC 序列设置的加工区域与切削类型，配合刀具几何参数及制造参数来加工所选曲面的几何造型。通过设置适当的加工参数，曲面铣削还可以用来完成体积块铣削、轮廓铣削等。曲面铣削一般使用球头铣刀进行加工，且要求所选曲面必须有连续的刀具路径。

1. 曲面铣削加工序列的定义

(1) 如图 4.4.23 所示，进行曲面铣削加工序列的定义时，选择【辅助加工】|【加工】|【曲面铣削】|【3轴】|【完成】命令。打开曲面铣削序列设置的菜单栏，选择需要的复选框，如图 4.4.24 所示。

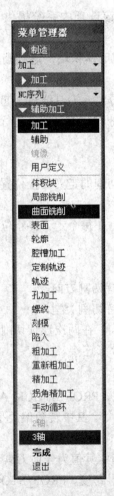

图 4.4.23　【辅助加工】菜单　　　图 4.4.24　曲面铣削【序列设置】菜单

(2) 完成参数设置后系统弹出如图 4.4.25 所示的【曲面拾取】菜单栏，选择【模型】|
【完成】命令，系统弹出的【选取曲面】菜单如图 4.4.26 所示，默认选取【添加】命令。
选择要铣削的曲面，单击【完成】。

(3) 系统弹出如图 4.4.27 所示的【切削定义】对话框，选取相应的【切削类型】完成
序列的创建。

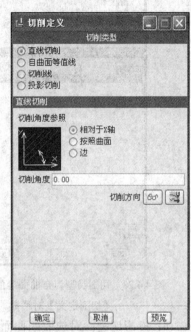

图 4.4.25　【曲面拾取】菜单　图 4.4.26　【选取曲面】菜单　图 4.4.27　切削类型为直线切削的【切削
定义】对话框

下面介绍曲面铣削 NC 序列中几个特有选项的含义：

· 【曲面】：用于选取要铣削的曲面。

· 【窗口】：用于创建或选取【铣削窗口】，此选项与【曲面】选项相互排斥。

· 【封闭环】：为【窗口】加工指定要封闭的环。

· 【扇形凹口曲面】：如果指定了【扇形高度】，则此项用于选取从扇形计算中排除
的曲面。

· 【检测曲面】：用于选择对其进行过切检查的附加曲面。

· 【定义切割】：定义曲面切削方式，并指定适当的参数。

2. 曲面数控加工序列的四种走刀类型

(1) 直线切削：直线切削是指根据被加工曲面的特点，通过直线切削生成一系列相互
平行的刀具路径铣削加工曲面，主要用于铣削具有相对简单形状的曲面。刀具路径的方向
可通过指定与坐标系 X 轴的夹角来确定，也可通过指定曲面或边来确定，其【切削定义】
对话框如图 4.4.27 所示。

(2) 自曲面等值线：用于通过铣削曲面的等高线来生成刀具路径，一般在【直线切削】
效果不理想时才使用该方法定义刀具路径，其【切削定义】对话框如图 4.4.28 所示。

(3) 切削线：通过定义第一条直线、最后一条线和中间的一些线来生成形状与铣削所选曲面相对应的刀具路径，其【切削定义】对话框如图 4.4.29 所示。

图 4.4.28　切削类型为自曲面等值线的
　　　　　【切削定义】对话框

图 4.4.29　切削类型为切削线的
　　　　　【切削定义】对话框

(4) 投影切削：对选取的曲面进行切削时，首先将曲面轮廓投影到退刀平面上，再在退刀平面上创建一个平坦的"刀具路径"，最后将这个平坦的"刀具路径"投影到被加工曲面上。此方式只可用于 3 轴曲面铣削，其【切削定义】对话框如图 4.4.30 所示。

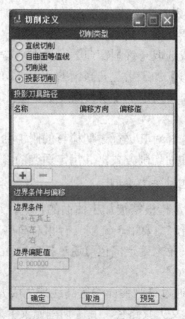

图 4.4.30　切削类型为投影切削的【切削定义】对话框

3. 制造参数设置

曲面铣削的制造参数主要有 CUT_FEED(切割进给)、粗加工步距深度、跨度、PROF_STOCK_ALLOW、检测允许的曲面毛坯、扇形高度、切割角、扫面类型、带选项、间隙_距离、冷却选项、转轴速度等。下面介绍曲面铣削的特有选项。

- 【粗加工步距深度】：设置此项后，系统将以水平层切的方式进行曲面切削，跟体积块加工一样，可以用于粗加工。
- 【检测允许的曲面毛坯】：允许指定要与检测曲面一起使用的机械加工余量。
- 【扇形高度】：在加工过程中，刀具在加工曲面上留下的残料形状高度。设置【扇形高度】选型后，系统会根据扇形高度值进行刀具路径的计算，使得加工出来的工作表面相对比较均匀。

4.4.5　表面铣削数控加工

表面铣削数控加工序列主要用于加工大面积或平面度要求较高的平面特征，以大直径的端铣刀进行平面加工，可用于粗加工取出材料，也可用于精加工。

1. 表面铣削数控加工的序列定义

(1) 如图 4.4.31 所示，进行表面铣削加工序列的定义时，选择【辅助加工】|【加工】|【表面铣削】|【3 轴】|【完成】命令。打开表面铣削【序列设置】菜单栏，选择需要的复选框，如图 4.4.32 所示。

图 4.4.31　【辅助加工】菜单　　　　图 4.4.32　表面铣削【序列设置】菜单

(2) 完成参数设置后系统弹出【曲面拾取】菜单栏，选择【模型】|【完成】命令，系统弹出【选取曲面】菜单。

(3) 默认选取【添加】命令。选择要铣削的曲面，单击【完成】，完成创建。

下面介绍表面铣削 NC 序列中几个特有选项的含义。

- 【曲面】：选取平行于退刀曲面的一个平面或多个公共表面。如果选取曲面面组，则用户需指定要加工的曲面侧。

- 【起始点】：允许从选取表面的指定拐角开始加工。

2. 制造参数设置

表面加工常用的制造参数主要有 CUT_FEED(切割进给)、步长深度、PROF_STOCK_ALLOW、检测允许的曲面毛坯、侧壁扇形高度、转轴速度、冷却选项、间隙_距离等。

下面介绍表面铣削的特有参数选项。

- 【APPROACH_DISTANCE】(进刀_距离)：每一层第一个进刀时，刀具到曲面轮廓的附加距离。

- 【退刀_距离】：每一层最后退刀时，刀具到曲面轮廓的附加距离。

- 【初始化边偏距】：平面铣削曲面的边界与起始刀具路径的偏距。

- 【终边偏距】：平面铣削曲面的边界与最后刀具路径的偏距。

- 【序号切割】：主要用于确定分层铣削的层数，铣削深度 = (序号切割 − 1) × 步长深度。

4.4.6　轮廓铣削数控加工

轮廓铣削数控加工序列主要针对垂直和倾斜度不大的几何曲面，配合加工刀具和制造参数设置，以等高的方式沿着加工几何曲面分层加工，可用于外围轮廓的半精加工和精加工。

1. 轮廓铣削数控加工的序列定义

(1) 如图 4.4.33 所示，进行轮廓铣削加工序列的定义时，选择【辅助加工】|【加工】|【轮廓铣削】|【3 轴】|【完成】命令。打开轮廓铣削序列设置的菜单栏，选择需要的复选框，如图 4.4.34 所示。

(2) 完成参数设置后系统弹出【曲面拾取】菜单栏，选择【模型】|【完成】命令，系统弹出【选取曲面】菜单，如图 4.4.35 所示。

(3) 默认【添加】命令，在【曲面/环】命令中选择相应命令，单击【完成】，完成创建。

下面介绍轮廓铣削 NC 序列中几个特有选项的含义。

- 【曲面】：选取平行于退刀曲面的一个平面或多个公共表面。如果选取面组曲面，用户需指定要加工的曲面侧。

- 【扇形凹口面】：如果指定了【扇形高度】，则此项用于选取从扇形计算中排除的曲面。

图 4.4.33　【辅助加工】菜单　　图 4.4.34　轮廓铣削【序列设置】菜单　　图 4.4.35　【选取曲面】菜单

2. 制造参数设置

轮廓加工常用的制造参数主要有 CUT_FEED(切割进给)、步长深度、PROF_STOCK_ALLOW、检测允许的曲面毛坯、侧壁扇形高度、转轴速度、冷却选项、间隙_距离等。

下面介绍轮廓铣削的特有参数选项。

- 【数量_配置_通过】：设置轮廓铣削层数。
- 【配置_增量】：设置轮廓铣削的层间距，与【数量_配置_通过】同时使用。
- 【侧壁扇形高度】：在加工过程中，刀具在侧壁加工曲面上留下的残料形状的高度。
- 【过调量】：设置刀具在切削方向超过曲面轮廓的距离。

4.4.7　腔槽铣削数控加工

腔槽铣削数控加工序列针对具有凹槽特征的几何零件，它在凹槽垂直或倾斜曲面部分的加工方式类似于轮廓铣削加工，在底部平面的加工方式类似于体积块铣削中的底面铣削。腔槽加工可用于体积块加工后的精加工，也可直接用于精加工。

1. 腔槽铣削数控加工的序列定义

(1) 如图 4.4.36 所示，进行腔槽铣削加工序列的定义时，选择【辅助加工】|【加工】|

【腔槽铣削】|【3 轴】|【完成】命令，打开腔槽铣削序列设置的菜单栏，选择需要的复选框，如图 4.4.37 所示。

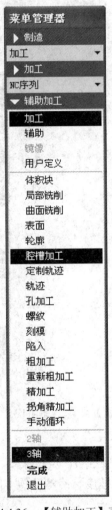

图 4.4.36　【辅助加工】菜单　　　　图 4.4.37　腔槽铣削【序列设置】菜单

(2) 完成参数设置后系统弹出【曲面拾取】菜单栏，选择【模型】|【完成】命令，系统弹出【选取曲面】菜单。

(3) 默认【添加】命令，选择要铣削的腔槽，单击【完成】，完成创建。

2. 制造参数设置

腔槽加工常用的制造参数主要有 CUT_FEED(切割进给)、步长深度、跨度、PROF_STOCK_ALLOW、侧壁扇形高度、底部扇区高度、切割角、扫描类型、间隙_距离、转轴速度、冷却选项等。

4.4.8　粗加工及精加工数控加工

1. 粗加工铣削

定义粗加工铣削的步骤如下：

(1) 进行粗加工铣削序列的定义时，选择【辅助加工】|【加工】|【粗加工】|【3 轴】| 【完成】命令(如图 4.4.38 所示)，打开如图 4.4.39 所示的铣削粗加工序列设置的菜单栏，选择需要的复选框。

(2) 完成参数设置后系统弹出如图 4.4.40 所示的【定义窗口】菜单栏，选择【选取窗口】，选取铣削窗口，单击【选取】对话框中的 确定 按钮，完成创建。

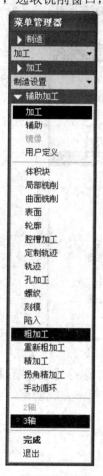 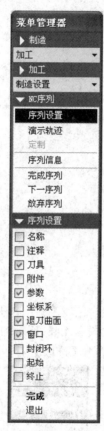 

图 4.4.38　【辅助加工】菜单　　图 4.4.39　粗加工铣削【序列设置】菜单　　图 4.4.40　【定义窗口】菜单栏

下面介绍粗加工 NC 序列中几个特有选项的含义。

· 【窗口】：创建或选取铣削窗口，使用平面轮廓作为加工对象。该选项主要用于在需要大量清除加工材料的 NC 序列设置中，通过草绘或选取退刀面中的轮廓线来定义加工几何范围。

· 【封闭环】：为【窗口】指定封闭环。

2. 精加工铣削

定义精加工铣削的步骤如下：

(1) 进行精加工铣削序列的定义时，选择【辅助加工】|【加工】|【精加工】|【3 轴】| 【完成】命令(如图 4.4.41 所示)，打开如图 4.4.42 所示的精加工铣削序列设置的菜单栏，选择需要的复选框。

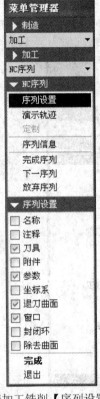

　　图 4.4.41　【辅助加工】菜单　　　　　　图 4.4.42　精加工铣削【序列设置】菜单

　　(2) 完成参数设置后系统弹出如图 4.4.43 所示的定义窗口菜单，选择【选取窗口】，选取绘图区中已定义的铣削窗口，单击【选取】对话框中的 确定 按钮，完成创建。

图 4.4.43　定义窗口菜单

✦✦✦✦✦ 实　　　训 ✦✦✦✦✦

实训实例 1　体积块铣削

(1) 创建 NC 加工文件。

如图 4.4.44 所示, 新建【制造】|【NC 组件】文件, 定义文件名称为"shixun 1_tijikuai", 在如图 4.4.45 所示的【模板】选项框中选择【mmns_mfg_nc】选项, 单击 确定 按钮进入加工制造模块。

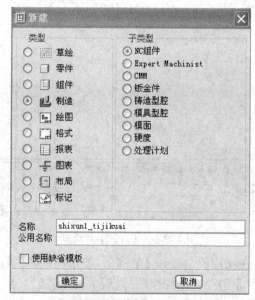

图 4.4.44　新建文件

图 4.4.45　选择模板

(2) 创建制造模型。

① 装配参照模型。在系统弹出的【制造】菜单中依次选择【制造模型】|【装配】|【参照模型】选项或单击【特征】工具栏中的【装配参照模型】按钮，在如图 4.4.46 所示的【打开】对话框中选择文件"tijikuai"，导入参照模型。

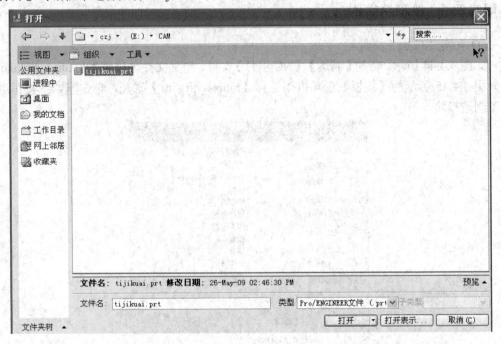

图 4.4.46　【打开】对话框

② 装配参照模型。在操控板中选择【缺省】，表示在缺省位置装配参照元件。此时操控板上的【状态】后面显示为"完全约束"。最后单击【装配】操控板上的 ✔ 按钮，在弹出的如图 4.4.47 所示的【创建参照模型】对话框中默认【同一模型】选项，单击 确定 按钮完成参照模型的装配。

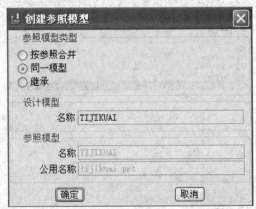

图 4.4.47　【创建参照模型】对话框

(3) 创建工件模型。

① 选择菜单管理器中的【制造模型】|【创建】|【工件】命令，在窗口下方的消息栏

中提示输入零件名称，在此输入"tijikuai_wrk"，单击 ✅ 按钮。

② 在系统弹出的【特征类】菜单中选择【实体】|【加材料】命令，选择【拉伸】|【实体】，在视窗下侧的创建拉伸特征用户界面中单击【放置】|【定义】按钮，选择原模型底部为草绘平面，默认系统给的 RIGHT 面为参照平面，如图 4.4.48 所示，进入草绘模式。

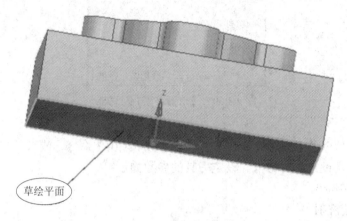

图 4.4.48　定义草绘平面

③ 选择 FRONT 和 RIGHT 为参照平面，使用工具栏的【通过边创建图元】按钮 ▫ ，通过已有边界画草绘图形，选取工件四周轮廓线，完成后单击 ✔ 按钮。

④ 回到拉伸命令用户界面，在【深度】下拉列表中选择 ⊥ 选项，单击模型上表面，最后创建的工件模型如图 4.4.49 所示。

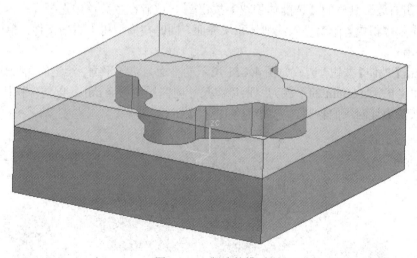

图 4.4.49　创建的模型

(4) 操作设置。

选择菜单管理器中的【制造设置】命令，单击 按钮，在系统弹出的【机床设置】对话框中默认所有设置。确定加工零点时，单击 ✕ 按钮，在系统弹出的【坐标系】对话框中选定 FRONT 平面、RIGHT 平面和工件顶部平面相交的点为坐标系原点。单击退刀曲面箭头，在系统弹出的如图 4.4.50 所示的【退刀设置】对话框中定义 Z 轴深度，输入偏距为 50。单击 确定 按钮，完成操作设置。

图 4.4.50　【退刀设置】对话框

(5) 创建刀具。

选择菜单管理器的【制造设置】|【刀具】|【MACH01】命令，或者单击工具栏上的 按钮，弹出【刀具设定】对话框。设定刀具的参数如下：

- 名称：D16R0。
- 类型：端铣削。
- 单位：毫米。
- 切割刀具直径：16。

其余参数默认，单击【应用】按钮，完成创建，此时左边刀具列表中出现新增的刀具，单击 确定 按钮，完成创建。

(6) 创建铣削体积块。

① 单击右边工具栏的【铣削体积块】按钮 ，或者在主菜单中选择【插入】|【制造几何】|【铣削体积块】命令进入铣削体积块界面，同时在模型树上右击工件，单击【隐藏】命令。

② 单击【拉伸】按钮，选取如图 4.4.51 所示的平面为草绘平面，绘制的图形如图 4.4.52 所示。这里考虑用 16 mm 的平底刀，所以将尺寸向四周偏移 8 mm，以便体积块加工时道具可完全清除毛坯四周的材料，完成后单击 ✔ 按钮。

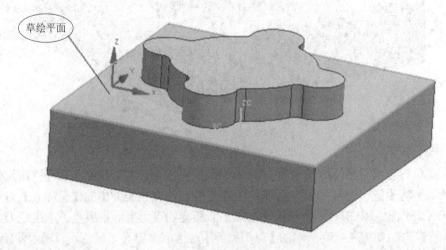

图 4.4.51　确定草绘平面

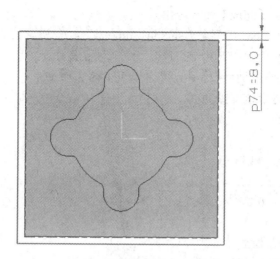

图 4.4.52 绘制草绘平面

③ 回到拉伸用户界面，在【深度】下拉列表中选择 ⊥ 选项，再选择工件上表面。确认无误后单击 ✔ 按钮。

④ 选择主菜单上的【编辑】|【修剪】命令，或单击右边工具栏上的【修剪】按钮 ✂，在弹出的【选取】对话框中选择模型的突出部分，并选择主菜单中的【视图】|【可见性】|【着色】命令，如图 4.4.53 所示，系统便自动显示所创建的铣削体积块，确定无误后单击 ✔ 按钮完成铣削体积块的创建。创建好的体积块如图 4.4.54 所示。

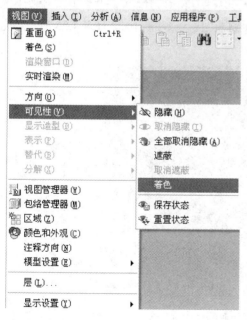

图 4.4.53 【着色】命令

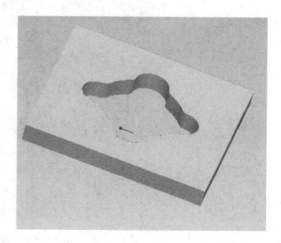

图 4.4.54 创建好的体积块

(7) 创建铣削体积块 NC 序列。

① 选择菜单管理器中的【加工】|【NC 序列】|【体积块】|【3 轴】|【完成】命令，在弹出的【序列设置】对话框中选择【名称】|【刀具】|【参数】|【退刀】|【体积】|【逼

近薄壁】复选框，单击【完成】命令退出。

②　在消息栏中输入 NC 序列名 "shixun1_tijikuai"，单击 ✔ 按钮，在弹出的【刀具设定】对话框中选择名称为 "D8R0" 的刀具，单击 确定 按钮。

③　在弹出的【编辑序列参数】对话框中设定相应参数如下：

· CUT_FEED(进给速度)：300。
· 步长深度：1.5。
· 跨度：25。
· PROF_STOCK_ALLOW：0.2。
· 允许未加工毛坯：0.2。
· 允许底部线框：0.2。
· 切割角：0。
· 扫描类型：类型螺旋。
· ROUGH_OPTION(粗糙选项)：ROUGH_ONLY。
· SPINDLE_SPEED(转轴速度)：700。
· COOLANT_OPTION(冷却选项)：关闭。
· 间隙_距离：3。

其他参数保持默认值，单击 确定 按钮后，在系统弹出的【推导设置】对话框中选择退刀偏距为 20。

④　完成后选取已创建的体积块，系统自动弹出【选取曲面】菜单、【选取/全选】菜单以及【选取】对话框，并且消息栏中提示用户选取进刀和退刀侧壁，先单击工具栏上的【刷新】按钮 ⬚，再按住 Ctrl 键选择体积块四周的曲面，选好的曲面如图 4.4.55 所示，完成后单击选取对话框中的 确定 按钮。

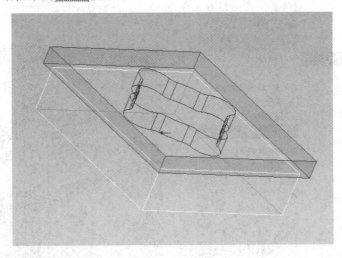

图 4.4.55　选择的曲面

⑤　回到【NC 序列】菜单，选择【演示轨迹】，在弹出的【演示路径】菜单中选择【屏幕演示】。系统弹出【播放路径】控制器，单击【播放】按钮 ▶ 观看刀具演示路径。完成后关闭播放器，回到【NC 序列】菜单，选择【完成序列】命令，并以原文件名保存文件。

实训实例 2　局部铣削

(1) 创建 NC 加工文件。

新建【制造】|【NC 组件】文件，定义文件名称为"shixun 2_jubu"，在【模板】选项框中选择【mmns_mfg_nc】选项，单击 确定 按钮进入加工制造模块。

(2) 创建制造模型。

① 装配参照模型。在系统弹出的【制造】菜单中依次选择【制造模型】|【装配】|【参照模型】选项或单击【特征】工具栏中的【装配参照模型】按钮 ，在【打开】对话框中选择文件"jubu"，导入参照模型。

② 装配参照模型。在操控板中选择【缺省】，表示在缺省位置装配参照元件。此时操控板上的【状态】后面显示为"完全约束"。最后单击【装配】操控板上的 按钮，在弹出的【创建参照模型】对话框中默认【同一模型】选项，单击 确定 按钮完成参照模型的装配。

(3) 创建工件模型。

① 选择菜单管理器中的【制造模型】|【创建】|【工件】命令。在窗口下方的消息栏中提示输入零件名称，在此输入"jubu_wrk"，单击 按钮。

② 在系统弹出的【特征类】菜单中选择【实体】|【加材料】命令，选择【拉伸】|【实体】，在视窗下侧的创建拉伸特征用户界面中单击【放置】|【定义】按钮，选择原模型底部为草绘平面，默认系统给的参照平面，进入草绘模式。

③ 选择 FRONT 和 RIGHT 为参照平面，使用工具栏上的【通过边创建图元】按钮 ，通过已有边界画草绘图形，选取工件四周轮廓线，完成后单击 按钮。

④ 回到拉伸命令用户界面，在【深度】下拉列表中选择 选项，再选择工件上表面。确认无误后单击 按钮，创建的工件如图 4.4.56 所示。

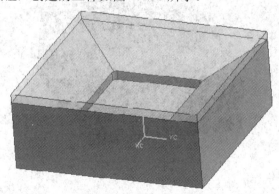

图 4.4.56　创建的工件

(4) 操作设置。

选择菜单管理器中的【制造设置】命令，单击 按钮，在系统弹出的【机床设置】对话框中默认所有设置，确定加工零点时，单击 按钮，在系统弹出的【坐标系】对话框中选定 NC_ASM_FRONT 平面、NC_ASM_RIGHT 平面和工件顶部平面相交的点为坐标系原点。单击退刀曲面箭头，在系统弹出的【退刀设置】对话框中定义 Z 轴深度，输入偏距为 20。单击 确定 按钮，完成操作设置。

(5) 创建曲面铣削 NC 序列。

① 选择菜单管理器中的【加工】|【NC 序列】|【NC 序列列表】|【TIJIKUAICU JI-AGONG】命令，在弹出的【序列设置】对话框中选择【名称】|【刀具】|【参数】|【退刀曲面】复选框，单击【完成】命令退出。

② 在消息栏里输入 NC 序列名"shixun2_jubu"，单击 ✔ 按钮，在弹出的【刀具设定】对话框中定义名称为 D6 的直径为 6，刀具长度为 40，凹槽长度为 30，单击【应用】后确定。

③ 在弹出的【编辑序列参数】对话框中设定相应参数如下：

· CUT_FEED(进给速度)：800。
· 步长深度：5。
· 公差：0.01。
· 跨度：5。
· 切割角：0。
· 间隙_距离：4。
· SPINDLE_SPEED(转轴速度)：1000。
· COOLANT_OPTION(冷却选项)：关闭。

其他参数保持默认值，单击 确定 按钮后，在系统弹出的【推导设置】对话框中选择退刀偏距为 20。

④ 选择【演示轨迹】，在弹出的【演示路径】菜单中选择【屏幕演示】，系统弹出【播放路径】控制器，单击【播放】按钮 ▶ 观看刀具演示路径。完成后关闭播放器，回到【NC 序列】菜单，选择【完成序列】命令，并以原文件名保存文件。屏幕演示的截图如图 4.4.57 所示。

图 4.4.57　屏幕演示

实训实例 3　曲面铣削

(1) 创建 NC 加工文件。

新建【制造】|【NC 组件】文件，定义文件名称为"shixun 3_qumian"，在【模板】选项框中选择【mmns_mfg_nc】选项，单击 确定 按钮进入加工制造模块。

(2) 创建制造模型。

① 装配参照模型。在系统弹出的【制造】菜单中依次选择【制造模型】|【装配】|【参

照模型】选项或单击【特征】工具栏中的【装配参照模型】按钮![icon]，在【打开】对话框中选择文件"qumian"，导入参照模型。

② 装配参照模型。在操控板中选择【缺省】，表示在缺省位置装配参照元件。此时操控板上的【状态】后面显示为"完全约束"。最后，单击【装配】操控板上的![icon]按钮，在弹出的【创建参照模型】对话框中默认【同一模型】选项，单击 确定 按钮完成参照模型的装配。

(3) 创建工件模型。

① 选择菜单管理器中的【制造模型】|【创建】|【工件】命令，在窗口下方的消息栏中提示输入零件名称，在此输入"qumian_wrk"，单击![icon]按钮。

② 在系统弹出的【特征类】菜单中选择【实体】|【加材料】命令，选择【拉伸】|【实体】，在视窗下侧的创建拉伸特征用户界面中单击【放置】|【定义】按钮，选择原模型底部为草绘平面，默认系统给的参照平面，如图 4.4.58 所示，进入草绘模式。

③ 选择 FRONT 和 RIGHT 为参照平面，使用工具栏的【通过边创建图元】按钮![icon]，通过已有边界画草绘图形，选取工件四周轮廓线，完成后单击![icon]按钮。

④ 回到拉伸命令用户界面，在【深度】下拉列表中选择【从草绘平面以指定深度拉伸】按钮![icon]，输入深度为 160，最后创建的工件如图 4.4.59 所示。

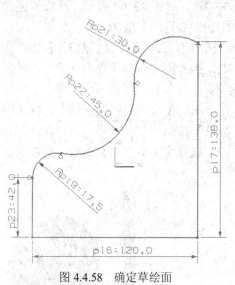

图 4.4.58　确定草绘面

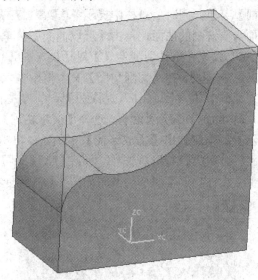

图 4.4.59　创建的工件

(4) 操作设置。

选择菜单管理器中的【制造设置】命令，单击![icon]按钮，在系统弹出的【机床设置】对话框中默认所有设置。确定加工零点时，先单击右边工具栏的【基准平面工具】按钮![icon]，再单击 NC_ASM_FRONT 面并向工件中间偏移 100 mm，得到基准平面 ADIM1。单击![icon]按钮，在系统弹出的【坐标系】对话框中选定 ADIM1 平面、NC_ASM_RIGHT 平面和工件顶部平面相交的点为坐标系原点。单击退刀曲面箭头，在系统弹出的【退刀设置】对话框中定义 Z 轴深度，输入偏距为 20。单击 确定 按钮，完成操作设置。

(5) 创建曲面铣削 NC 序列。

① 选择菜单管理器中的【加工】|【NC 序列】|【曲面铣削】|【3 轴】|【完成】命令，

在弹出的【序列设置】对话框中选择【名称】|【刀具】|【参数】|【曲面】|【定义切割】复选框，单击【完成】命令退出。

② 在消息栏里输入 NC 序列名 "shixun3_qumian"，单击 ✓ 按钮，在弹出的【刀具设定】对话框中选择名称为 D10 的刀具，单击【应用】命令确定。

③ 在弹出的【编辑序列参数】对话框中设定相应参数如下：

· CUT_FEED(进给速度)：800。
· 粗加工步距深度：4。
· 公差：0.01。
· 跨度：2。
· 切割角：0。
· 间隙_距离：5。
· SPINDLE_SPEED(转轴速度)：1000。
· COOLANT_OPTION(冷却选项)：关闭。

其他参数保持默认值，单击 确定 按钮后，在系统弹出的【推导设置】对话框中选择退刀偏距为 20。

④ 单击【曲面拾取】菜单，选择菜单中的【模型】和【完成】选项，系统打开【选取曲面】菜单，同时信息栏中提示 ⇨ 选取要加工模型的曲面。。如图 4.4.60 所示，选择模型的上表面为要铣削的曲面，单击【选取曲面】菜单中的【完成/返回】选项。

⑤ 系统弹出【切削定义】对话框，在【切削类型】中选取【直线切割】|【相对于 X 轴】选项，然后在【切削角度】文本框中输入相对于坐标系 X 轴的角度为 180°，最后单击对话框中的 确定 按钮，完成曲面铣削方式的定义。

⑥ 回到 NC 序列菜单，选择【演示轨迹】，在弹出的【演示路径】菜单中选择【屏幕演示】，系统弹出【播放路径】控制器，单击【播放】按钮 ▶ 观看刀具演示路径。完成后关闭播放器，回到【NC 序列】菜单，选择【完成序列】命令，并以原文件名保存文件。屏幕演示的截图如图 4.4.61 所示。

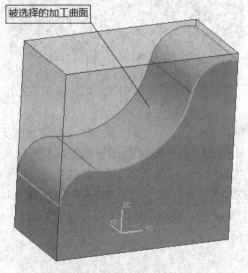

图 4.4.60　选定要加工的曲面

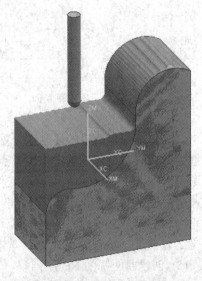

图 4.4.61　屏幕演示

实训实例 4　表面铣削

(1) 创建 NC 加工文件。

新建【制造】|【NC 组件】文件，定义文件名称为"shixun 4_biaomian"，在【模板】选项框中选择【mmns_mfg_nc】选项，单击 确定 按钮进入加工制造模块。

(2) 创建制造模型。

(3) 导入参照模型。

在系统弹出的【制造】菜单中依次选择【制造模型】|【装配】|【参照模型】选项或单击【特征】工具栏中的【装配参照模型】按钮，在【打开】对话框中选择文件"biaomian"，导入如图 4.4.62 所示的参照模型。

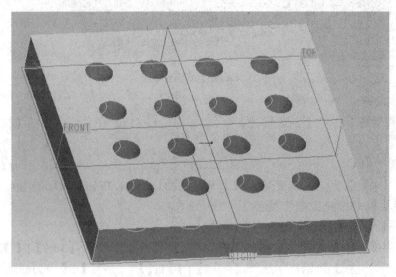

图 4.4.62　导入的模型

(4) 装配参照模型。

在操控板中选择【缺省】，表示在缺省位置装配参照元件。此时操控板上的【状态】后面显示为"完全约束"。最后单击【装配】操控板上的 ✔ 按钮，在弹出的【创建参照模型】对话框中默认【同一模型】选项，单击 确定 按钮完成参照模型的装配。

(5) 创建工件模型。

① 选择菜单管理器中的【制造模型】|【创建】|【工件】命令。在窗口下方的消息栏中提示输入零件名称，在此输入"biaomian_wrk"，单击 ✔ 按钮。

② 在系统弹出的【特征类】菜单中选择【实体】|【加材料】命令，再选择【拉伸】|【实体】命令，在视窗下侧的创建拉伸特征用户界面中单击【放置】|【定义】按钮，选择原模型底部为草绘平面，默认系统给的参照平面，进入草绘模式。

③ 选择 FRONT 和 RIGHT 为参照平面，使用工具栏的【通过边创建图元】按钮，通过已有边界画草绘图形，选取工件四周轮廓线，完成后单击 ✔ 按钮。

④ 回到拉伸命令用户界面，在【深度】下拉列表中选择 ⊥ 选项，再选择工件上表面。确认无误后单击 ✔ 按钮。创建的模型如图 4.4.63 所示。

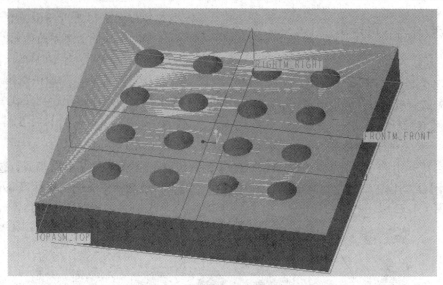

图 4.4.63　创建的模型

(6) 操作设置。

选择菜单管理器中的【制造设置】命令，单击 <img> 按钮，在系统弹出的【机床设置】对话框中默认所有设置。确定加工零点时，单击 <img> 按钮，在系统弹出的【坐标系】对话框中选定 NC_ASM_FRONT 平面、NC_ASM_RIGHT 平面和工件顶部平面相交的点为坐标系原点。单击退刀曲面箭头，在系统弹出的【退刀设置】对话框中定义 Z 轴深度，输入偏距为 20。单击 确定 按钮，完成操作设置。

(7) 创建曲面铣削 NC 序列。

①选择菜单管理器中的【加工】|【NC 序列】|【表面铣削】|【3 轴】|【完成】命令，在弹出的【序列设置】对话框中选择【名称】|【刀具】|【参数】|【退刀曲面】|【曲面】复选框，单击【完成】命令退出。

② 在消息栏里输入 NC 序列名 "shixun4_biaomian"，单击 <img> 按钮，在弹出的【刀具设定】对话框中定义名称为 D6 的直径为 12，刀具长度为 40，凹槽长度为 30，单击【应用】后确定。

③ 在弹出的【编辑序列参数】对话框中设定相应参数如下：

- CUT_FEED(进给速度)：300。
- 步长深度：2。
- 公差：0.01。
- 跨度：2。
- 切割角：0。
- 间隙_距离：2。
- SPINDLE_SPEED(转轴速度)：1000。
- COOLANT_OPTION(冷却选项)：关闭。

其他参数保持默认值，单击 确定 按钮后，在系统弹出的【推导设置】对话框中选择退刀偏距为 20。

隐藏工件，并在弹出的【序列设置】菜单中选择【曲面拾取】|【模型】|【完成】命令，弹出【选取曲面】菜单和【选取】对话框，选取参照模型的上表面，如图 4.4.64 所示，确定后单击【完成/返回】命令，则完成了表面铣削 NC 序列的定义。

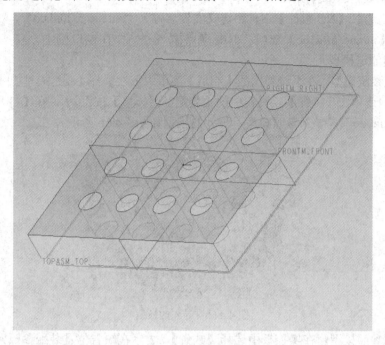

图 4.4.64　选取的铣削面

④ 回到 NC 序列菜单，选择【演示轨迹】，在弹出的【演示路径】菜单中选择【屏幕演示】，系统弹出【播放路径】控制器，单击【播放】按钮 ▶ 观看刀具演示路径。完成后关闭播放器，回到【NC 序列】菜单，选择【完成序列】命令，并以原文件名保存文件。屏幕演示的截图如图 4.4.65 所示。

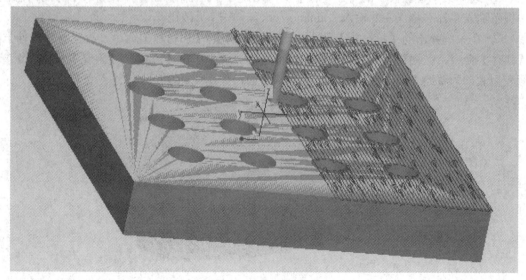

图 4.4.65　屏幕演示

实训实例 5　轮廓铣削

(1) 创建 NC 加工文件。

新建【制造】|【NC 组件】文件，定义文件名称为"shixun 5_lunkuo"，在【模板】选项框中选择【mmns_mfg_nc】选项，单击 确定 按钮进入加工制造模块。

(2) 创建制造模型。

① 装配参照模型。在系统弹出的【制造】菜单中依次选择【制造模型】|【装配】|【参照模型】选项或单击【特征】工具栏中的【装配参照模型】按钮 ⬚，在【打开】对话框中选择文件"lunkuo"，导入参照模型。导入的模型如图 4.4.66 所示。

图 4.4.66　导入的模型

② 装配参照模型。在操控板中选择【缺省】，表示在缺省位置装配参照元件。此时操控板上的【状态】后面显示为"完全约束"。最后单击【装配】操控板上的 ✔ 按钮，在弹出的【创建参照模型】对话框中默认【同一模型】选项，单击 确定 按钮完成参照模型的装配。

(3) 创建工件模型。

① 选择菜单管理器中的【制造模型】|【创建】|【工件】命令，在窗口下方的消息栏中提示输入零件名称，在此输入"lunkuo_wrk"，单击 ✔ 按钮。

② 在系统弹出的【特征类】菜单中选择【实体】|【加材料】命令，再选择【拉伸】|【实体】命令，在视窗下侧的创建拉伸特征用户界面中单击【放置】|【定义】按钮，选择原模型底部为草绘平面，默认系统给的参照平面，如图 4.4.67 所示，进入草绘模式。

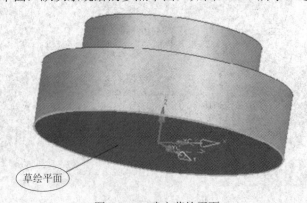

草绘平面

图 4.4.67　确定草绘平面

③ 选择 FRONT 和 RIGHT 为参照平面，使用工具栏的【通过边创建图元】按钮 ，通过已有边界画草绘图形，选取工件四周轮廓线，完成后单击 按钮。

④ 回到拉伸命令用户界面，在【深度】下拉列表中选择 选项，再选择工件上表面，确认无误后单击 按钮。创建的工件如图 4.4.68 所示。

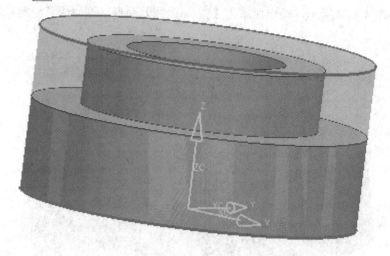

图 4.4.68　创建的工件

(4) 操作设置。

选择菜单管理器中的【制造设置】命令，单击 按钮，在系统弹出的【机床设置】对话框中默认所有设置。确定加工零点时，单击 按钮，在系统弹出的【坐标系】对话框中选定 NC_ASM_FRONT 平面、NC_ASM_RIGHT 平面和工件顶部平面相交的点为坐标系原点。单击退刀曲面箭头，在系统弹出的【退刀设置】对话框中定义 Z 轴深度，输入偏距为20。单击 确定 按钮，完成操作设置。

(5) 创建曲面 NC 序列。

① 选择菜单管理器中的【加工】|【NC 序列】|【轮廓铣削】|【3 轴】|【完成】命令，在弹出的【序列设置】对话框中选择【名称】|【刀具】|【参数】|【曲面】复选框，单击【完成】命令退出。

② 在消息栏里输入 NC 序列名 "shixun5_lunkuo"，单击 按钮，在弹出的【刀具设定】对话框中定义名称为 D6 的直径为 12，刀具长度为 40，凹槽长度为 30，单击【应用】后确定。

③ 在弹出的【编辑序列参数】对话框中设定相应参数如下：

· CUT_FEED(进给速度)：500。
· 步长深度：2。
· 公差：0.01。
· 跨度：2。
· 切割角：0。
· 间隙_距离：2。
· SPINDLE_SPEED(转轴速度)：1000。
· COOLANT_OPTION(冷却选项)：关闭。

其他参数保持默认值，单击 确定 按钮后，在系统弹出的【推导设置】对话框中选择退刀偏距为 20。

④ 隐藏工件，并在弹出的【序列设置】菜单中选择【曲面拾取】|【模型】|【完成】命令，在弹出的【选取曲面】菜单栏中选择【添加】|【曲面】对话框，选取要铣削的内外轮廓表面，如图 4.4.69 所示，确定后单击【完成/返回】命令，则完成了轮廓铣削 NC 序列的定义。

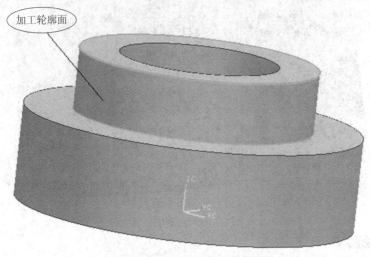

加工轮廓面

图 4.4.69　选择要加工的轮廓曲面

⑤ 回到 NC 序列菜单，选择【演示轨迹】，在弹出的【演示路径】菜单中选择【屏幕演示】，系统弹出【播放路径】控制器，单击【播放】按钮 ▶ 观看刀具演示路径。完成后关闭播放器，回到【NC 序列】菜单，选择【完成序列】命令，并以原文件名保存文件。屏幕演示的截图如图 4.4.70 所示。

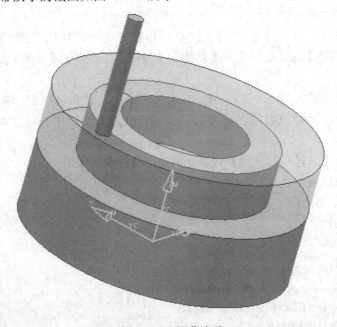

图 4.4.70　屏幕演示

4.5　孔加工、车削加工的刀具轨迹生成

本节以 Pro/E4.0 NC 模块为例介绍孔加工和车削加工。

4.5.1　孔加工工步

孔加工主要是针对零件上的孔特征所使用的一种加工方法，系统需要通过选取孔加工循环类型并指定要铣削的孔来创建。系统提供的孔加工的方法有钻孔、镗孔、绞孔、攻丝等。

1. 孔加工 NC 序列的创建

(1) 在【制造】菜单中依次选择【加工】|【NC 序列】命令，在打开的【辅助加工】菜单中选择【加工】|【孔加工】|【3 轴】，如图 4.5.1 所示。

(2) 如图 4.5.2 所示，在【孔加工】菜单中选择孔加工类型及其相应的循环方式，单击【完成】命令后在图 4.5.3 所示的【序列设置】菜单中选择需要设置的复选框。

图 4.5.1　【辅助加工】菜单　　　图 4.5.2　【孔加工】菜单　　　图 4.5.3　孔加工标准循环方式
　　　　　　　　　　　　　　　　　　　　　　　　　　　　　　　　　　　　　　　【序列设置】菜单

(3) 定义所选的选项。分别定义【刀具设定】对话框和【编辑序列参数】对话框,如图 4.5.4、图 4.5.5 所示,设置完这两个对话框后,系统弹出如图 4.5.6 所示的【孔集】对话框,选取要加工的孔并设置相应参数,单击 确定 按钮完成设置。

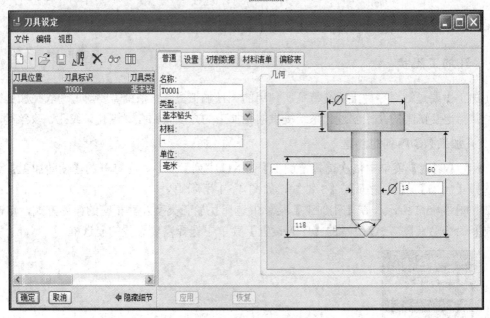

图 4.5.4　【刀具设定】对话框

图 4.5.5　孔加工【编辑序列参数】对话框

图 4.5.6　【孔集】对话框

2. 孔加工主要类型及循环方式的介绍

(1) 【钻孔】：用循环钻孔法钻孔。它有以下 5 个选项：

· 【标准】：系统默认选项。

· 【深】：用于深孔加工。

· 【破断切屑】：用于断屑进给的深孔加工。

· 【WEB】：用于可穿过以固定距离分离的两个或多个板进行钻孔，在板上钻孔时刀具以进给速度移动，在板之间时刀具快速进给运动。刀具沿刀具轴线快速回退，并定位到下一个孔的上方。

· 【后面】：该循环允许使用特殊类型的刀具执行背面镗孔和埋头孔加工的选项。

(2) 【表面】：反向镗孔，在钻孔时可以在最终深度位置选择停顿，从而确保孔底部的曲面光洁。

(3) 【镗孔】：创建镗孔加工序列，创建具有高精度的加工孔直径。

(4) 【埋头孔】：创建埋头孔加工序列。

(5) 【攻丝】：创建攻丝加工序列，钻螺纹孔。它有以下两个选项：

· 【固定】：进给速度由螺距和主轴速度的组合确定。

· 【浮动】：允许使用参数 FLOAT_TAP_FACTOR 修改进给速度。

(6) 【铰孔】：创建铰孔加工序列，创建精确的精加工孔。

(7) 【定制】：创建定制循环序列。

3. 孔加工参数的说明

(1) 【钻孔】：

· 【破断线距离】：在加工通孔时用于设定切削深度超出工件的深度值。

· 【扫描类型】：用于设定刀具的走刀类型。在该选项中，系统提供了以下几个预设值：

【类型 1】：通过增加刀具的 Y 坐标并在 X 轴方向上来回移动进行孔加工。

【类型螺旋】：从距坐标系最近的孔开始按顺时针方向进行孔加工。

【类型 1 方向】：通过增加刀具的 X 坐标并减少 Y 坐标来加工孔。

【选取顺序】：按用户选取的顺序来进行孔加工。

【最短】：系统自动确定采用运动时间最短的方式进行孔加工。

【拉伸距离】：用于设置钻削提刀长度。

(2) 【表面】：没有特殊的参数。

(3) 【镗孔】：

· 【定向角】：用在退刀前指定非对称刀具从孔壁向后移开之前的方向。此参数选项仅适用于镗孔循环和背面定位钻孔。

· 【角拐距离】：用于在退刀前指定非对称刀具从孔壁向后移开的距离。此选项仅适用于镗孔循环和背面定位钻孔。

(4) 【埋头孔】：【延时】用于设置在切削孔底部时刀具的停留时间。

(5) 【攻丝】：

· 【THREAD_FEED】：仅用于【攻丝】循环，以指定刀具的进给速度取代【CUT_FEED】。

·【THREAD_FEED_UNITS】：用于设置螺纹进给速度的单位，系统提供了 TPI(默认)、MMPR、IRP 等单位。该参数选项仅用于【攻丝】循环。

(6)【铰孔】：没有特殊参数。

(7)【定制】：【间隙_偏距】用于设定刀具在移动至下一加工孔前的回缩距离。

4.5.2　车削加工

数控车削主要用于加工回转体零件的内外圆柱面、圆锥面、球面等。此外，也可以加工回转体零件的端面以及内外螺纹。车削工步加工旋转类工件，通常，粗车工步有多次走刀，而精车工步只有一次走刀。

1. 机床设置

机床设置中机床坐标系的选择已在前文介绍，具体参见 4.3.1 节。对于数控车床而言，其机床坐标系原点一般位于主轴线与卡盘后端面的交点上，沿机床主轴线方向为 Z 轴，刀具远离卡盘而指向尾座的方向为 Z 轴的正向。X 轴位于水平面上，并与 Z 轴垂直，刀架离开主轴线的方向为 X 轴正向。

如图 4.5.7 所示，在【机床设置】对话框的【机床类型】中选择【车床】选项，对话框中出现【方向】下拉列表。列表有【竖直】、【水平】两个可选项。其中，【竖直】选项相当于回转轴竖直，即被加工工件竖直旋转，而刀具的移动在一个竖直平面内；【水平】选项相当于回转轴水平，即被加工工件水平旋转，而刀具的移动在一个水平平面内。

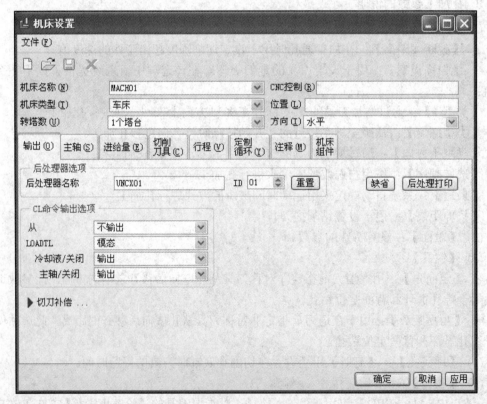

图 4.5.7　【机床设置】对话框

2. 车刀

刀具定义已在前文介绍，具体参见 4.3.2 节，此处不再赘述，仅介绍车刀的参数。如图 4.5.8 所示，在【刀具设定】对话框的【机床类型】下拉列表框中可以选择【车削】和【车削坡口】两种类型。两者的区别是，【车削】刀具如图 4.5.9 所示，刀具的刃口只在一侧；而【车削坡口】刀具如图 4.5.10 所示，刀具两侧均有刃口。

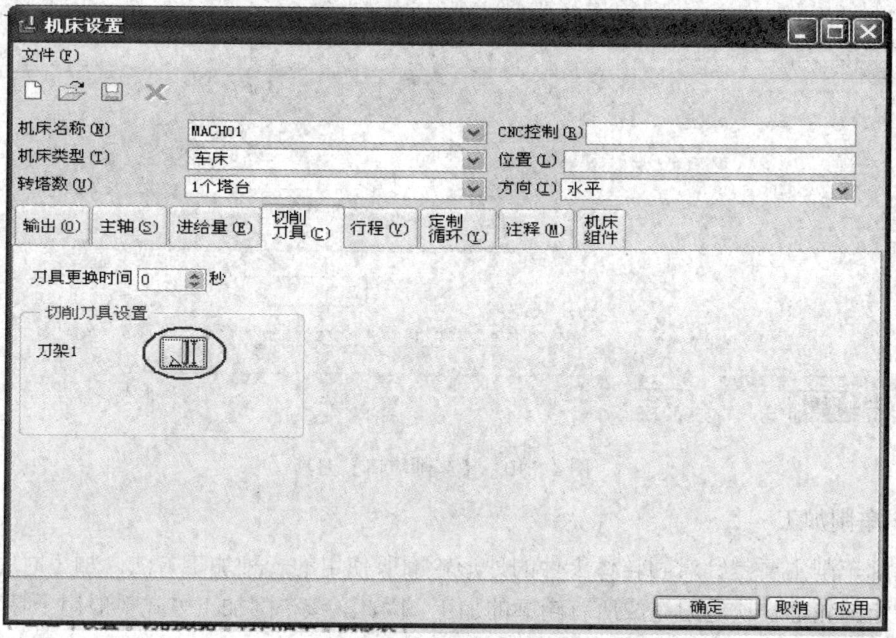

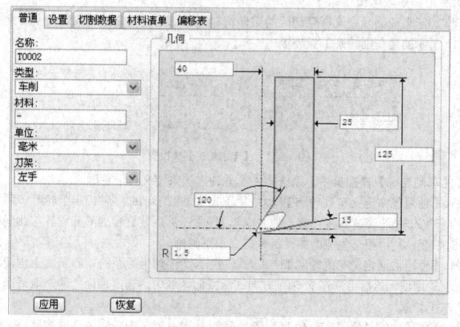

图 4.5.8   车削刀具类型

图 4.5.9   【车削】刀具

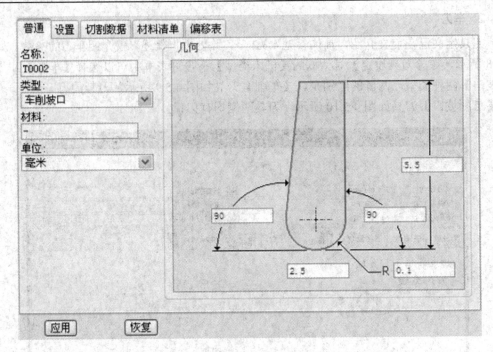

图 4.5.10　【车削坡口】刀具

3. 车削加工

轮廓车削主要是针对回转体零件的外形轮廓所使用的一种加工方法。加工时刀具沿着用户指定的轮廓一次走刀完成所有轮廓的加工。因此，该车削加工方式一般用于精车加工，但在切削余量不大的情况下也可以用作粗车加工。

1) 车削轮廓的设置

车削加工之前必须定义所要切除的工件材料区域。工件材料区域的定义主要集中在如图 4.5.11 所示的【车削轮廓】操控板中。

图 4.5.11　【车削轮廓】操控板

在【车削轮廓】操控板中，系统提供了五种方法来定义车削轮廓。

(1) 【使用包络定义车削轮廓】：用于定义非圆形剖面零件的车削轮廓。系统通过围绕车削轴(Z 轴)旋转参照零件或工件生成车削包络，然后使旋转的外部周界与此坐标系的 XZ 平面相交，利用相交生成的图元链来定义车削轮廓。

(2) 【使用曲面定义车削轮廓】：系统在 NC 序列坐标系的 XZ 平面上创建参照零件的剖面轮廓线，然后用户在 X 轴正方向或负方向区域中的选定曲面之间选取适当的图元链作为车削轮廓。

(3) 【使用曲线链定义车削轮廓】：通过从现有的车削轮廓中选取图元链来定义新

的车削轮廓。也可选取其他类型的基准曲线段来定义车削轮廓，但是这些基准曲线必须位于 NC 序列坐标系的 XZ 平面上。

(4)【使用草绘定义车削轮廓】■：当选择采用【草绘】方式创建车削加工轮廓时，用户必须在 NC 序列坐标系的 XZ 平面中绘制车削加工轮廓，且车削轮廓必须完全在 X 轴的一侧(正或负)。草绘车削轮廓时，只能包含一个连续的图元链，而不允许包含多个环或链。进入【草绘】界面后，系统默认的坐标轴方向为：如果车床方向定义为"水平"，则 Z 轴指向右且 X 轴指向上；如果车床方向定义为"垂直"，则 Z 轴指向上且 X 轴指向右。

(5)【使用横截面定义车削轮廓】■：如果车削的参照模型具有复杂的轮廓，则通过选取边或草绘并对齐来定义车削轮廓的过程可能要花费很多时间。这时可使用"截面"法来定义车削轮廓。该方法是在 NC 序列坐标系的 XZ 平面剖切参照模型得到剖面轮廓线后，从中选取适当的图元链来定义车削轮廓。

2) 轮廓车削加工 NC 序列的创建

(1) 在【制造】菜单中依次选择【加工】|【NC 序列】命令，在打开的【辅助加工】菜单中选择【加工】|【轮廓】|【完成】命令，如图 4.5.12 所示。

(2) 系统打开如图 4.5.13 所示的【序列设置】菜单，选择需要的复选框。

图 4.5.12　【辅助加工】菜单

图 4.5.13　车削轮廓【序列设置】菜单

(3) 定义所选的选项。分别定义【刀具设定】对话框和【编辑序列参数】对话框如图 4.5.14、图 4.5.15 所示，设置完这两个对话框后，系统弹出如图 4.5.16 所示的【定制】对话框。

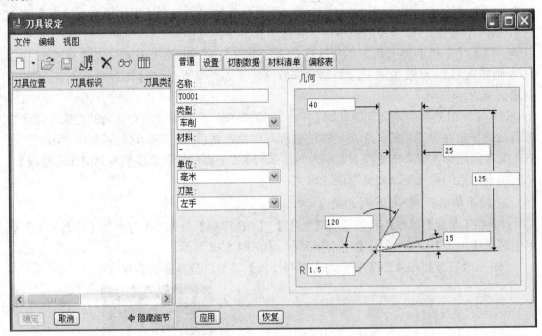

图 4.5.14 【刀具设定】对话框

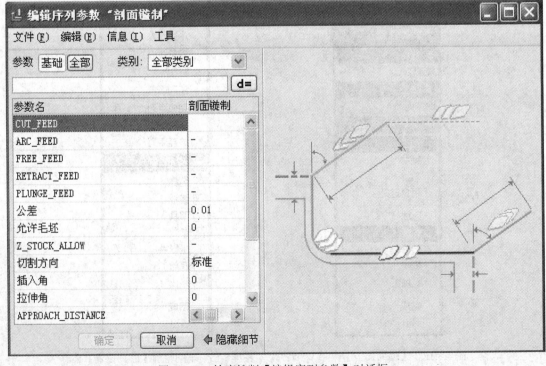

图 4.5.15 轮廓铣削【编辑序列参数】对话框

(4) 单击【定制】对话框中的 **插入** 按钮，系统弹出如图 4.5.17 所示的【车削加工轮廓】菜单。

图 4.5.16　【定制】对话框　　　　　　　　图 4.5.17　【车削加工轮廓】菜单

(5) 创建车削轮廓。单击系统右侧特征工具栏中的【车削刀具】按钮 ，系统在图形显示区打开如图 4.5.11 所示的【车削轮廓】操控板。

(6) 选择车削轮廓的方式，单击操控板上的 **轮廓** 按钮，再单击 **反向**、**切换** 按钮确定车削轮廓的方向，确定后在系统打开的【切割】菜单中选择【确定切减材料】选项，单击【定制】对话框中的 **确定** 按钮结束创建。

3) 轮廓车削加工参数说明

轮廓车削加工参数的设置在如图 4.5.15 所示的【编辑序列参数】对话框中进行。下面仅对其中一些特有参数做一说明。

- 【允许毛坯】：用于设置轮廓车削后留在所有曲面上的加工余量。
- 【插入角】：用于设置刀具切入材料时与 Z 轴的夹角。
- 【拉伸角】：用于设置刀具退出切削时与 Z 轴的夹角。
- 【APPROACH_DISTANCE】：用于设置刀具进入切削前所移动的距离。
- 【退刀距离】：用于设置刀具退出切削后所移动的距离。

螺纹车削主要是针对回转体零件上的螺纹特征所使用的一种加工方法，它可以用来加工回转体零件上的"盲的"或"通的"内螺纹和外螺纹。螺纹车削必须指定道具运动的一条单线(对于外螺纹，此线必须与外径相应；对于内螺纹，此线必须与内径相应)，但不需要定义切削扩展方向。

4) 螺纹车削加工 NC 序列的创建(仅以外螺纹为例)

(1) 在【制造】菜单中依次选择【加工】|【NC 序列】，系统打开【辅助加工】菜单，选择【加工】、【螺纹】和【完成】选项，如图 4.5.18 所示。

(2) 系统打开如图 4.5.19 所示的【螺纹类型】菜单，选择【均匀】、【外侧】、【ISO】和【完成】选项。

(3) 如图 4.5.20 所示，在系统打开的【序列设置】菜单中选择相应的复选框。

图 4.5.18 【辅助加工】菜单　图 4.5.19 【螺纹类型】菜单　图 4.5.20 螺纹车削【序列设置】菜单

(4) 完成相关设置，其中【刀具设定】对话框如图 4.5.21 所示，【编辑序列参数】对话框如图 4.5.22 所示。完成设置后系统打开如图 4.5.23 所示的【车削加工轮廓】菜单。

(5) 创建车削轮廓。单击系统右侧特征工具栏中的【车削刀具】按钮，系统在图形显示区打开如图 4.5.24 所示的【车削轮廓】操控板。

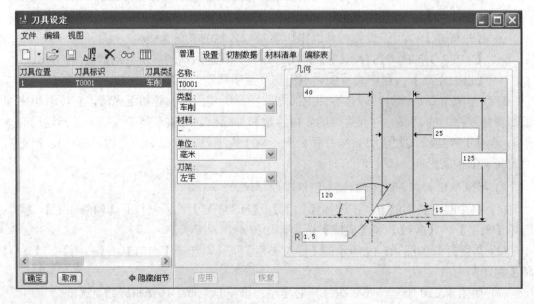

图 4.5.21 【刀具设定】对话框

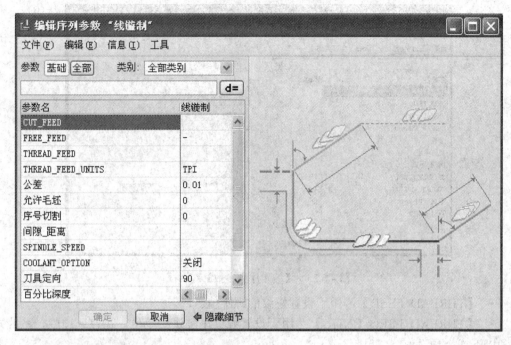

图 4.5.22　螺纹车削【编辑序列参数】对话框

图 4.5.23　【车削加工轮廓】菜单

图 4.5.24　【车削轮廓】操控板

(6) 在【车削轮廓】操控板上依次单击【使用草绘定义轮廓】按钮 ![] 和【定义内部草绘】按钮 ![]，系统弹出【草绘】对话框，在草绘界面中绘制【车削轮廓】线段，完成草绘。

(7) 系统返回【车削轮廓】操控板，移动鼠标到图形显示区，单击鼠标右键并选择下拉菜单中的【反向方向】选项更改车削轮廓线的起始点和终点位置，完成车削轮廓的绘制，依次单击【完成】命令，完成螺纹车削加工序列的设置。

5) 螺纹车削加工参数说明

螺纹车削加工参数的设置在如图 4.5.25 所示的【编辑序列参数】对话框中进行。下面仅对其中一些特有参数做一说明。

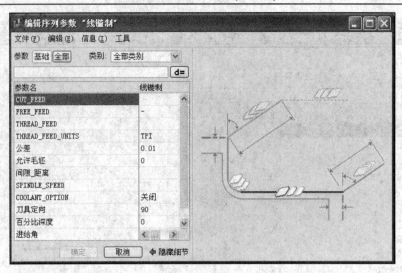

图 4.5.25　【编辑序列参数】对话框

· 【THREAD_FEED】：用于设置螺纹的螺距值。

· 【THREAD_FEED_UNITS】：用于设置螺纹车削进给单位。在该选项中，系统提供了以下 3 个预设值：

【TPI】：螺纹/英寸。

【MMPR】：毫米/转。

【IPR】：英寸/转。

· 【百分比深度】：用于设置加工到螺纹指定深度的切割次数。

· 【进给角】：用于设置刀具切入螺纹时的夹角。

✦✦✦✦✦　实　　　训　✦✦✦✦✦

实训实例 1　铣轮廓

(1) 创建 NC 加工文件。

新建【制造】|【NC 组件】文件，定义文件名为"xilunkuo"，在【模板】选项框中选择【mmns_mfg_nc】选项，单击 确定 按钮进入加工制造模块。

(2) 创建制造模型。

① 导入参照模型。

② 在系统弹出的【制造】菜单中依次选择【制造模型】|【装配】|【参照模型】选项或单击【特征】工具栏中的【装配参照模型】按钮 ，在【打开】对话框中选择文件"_2.part"，导入参照模型。

③ 装配参照模型。在操控板中选择【缺省】，表示在缺省位置装配参照元件。此时操控板上的【状态】后面显示为"完全约束"。最后单击【装配】操控板上的 按钮，在弹出的【创建参照模型】对话框中默认【同一模型】选项，单击 确定 按钮完成参照模型的装配，如图 4.5.26 所示。

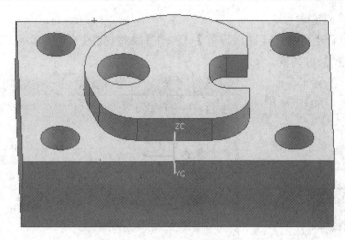

图 4.5.26　装配模型

(3) 创建工件模型。

① 选择菜单管理器中的【制造模型】|【创建】|【工件】命令，在窗口下方的消息栏中提示输入零件名称，在此输入"xilunkuo"，单击 ✔ 按钮。

② 在系统弹出的【特征类】菜单中选择【实体】|【加材料】命令，再选择【拉伸】|【实体】命令，在视窗下侧的创建拉伸特征用户界面中单击【放置】|【定义】按钮，选择原模型底部为草绘平面，默认系统给的参照平面，进入草绘模式。

③ 选择 FRONT 和 RIGHT 为参照平面，使用工具栏的【通过边创建图元】按钮 □，通过已有边界画草绘图形，选取工件四周轮廓线，完成后单击 ✔ 按钮。

④ 回到拉伸命令用户界面，在【深度】下拉列表中选择 ⊥ 选项，再选择工件上表面。确认无误后单击 ✔ 按钮，如图 4.5.27 所示。

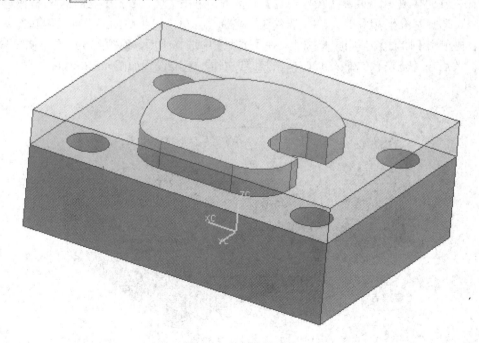

图 4.5.27　创建的工件

(4) 创建工件制造设置。

① 选择菜单管理器中的【制造设置】|【操作】命令(如图 4.5.28 所示)，弹出如图 4.5.29 所示的【操作设置】对话框。

图 4.5.28　【制造设置】菜单　　　　　　图 4.5.29　【操作设置】对话框

② 单击 📁 按钮选择机床，在默认状态下就是铣床，单击 确定 按钮即可(也可根据需要设计主轴的转速等)。回到【操作设置】对话框，单击【加工零点】右侧的 🔖 按钮设置坐标原点，选择基准坐标系工具 ✕, 选取 3 个坐标系，单击已生成的三坐标系将其设为工件原点；再单击【曲面】右侧的 🔖 按钮，在【类型】中选择平面，值输入 50，然后单击 确定 按钮；最后在【公差】中输入 10，单击 确定 按钮，基准设置如图 4.5.30 所示。

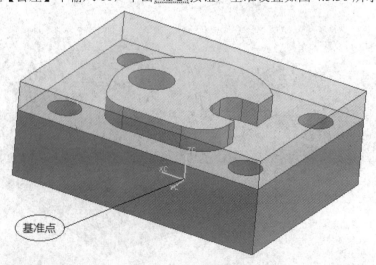

图 4.5.30　基准设置

(5) 加工。

① 在菜单管理器中选择【加工】|【NC 序列】|【表面】命令，输入名称，单击【完成】命令，进入【刀具设定】对话框，如图 4.5.31 所示。

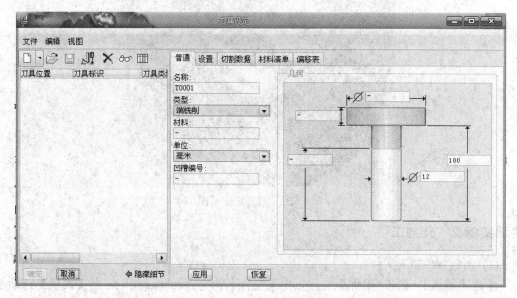

图 4.5.31　【刀具设定】对话框

② 根据台面的形状，选择不同型号的刀具。选择完后单击【应用】|【确定】按钮。

③ 进入编辑序列参数界面，分别编写部分参数，如图 4.5.32 所示，然后单击【确定】|【完成】按钮。

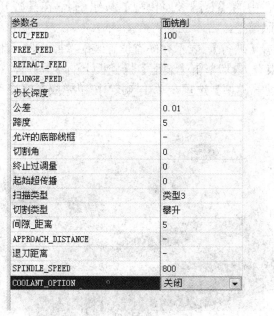

参数名	面铣削
CUT_FEED	100
FREE_FEED	-
RETRACT_FEED	-
PLUNGE_FEED	-
步长深度	
公差	0.01
跨度	5
允许的底部线框	-
切割角	0
终止过调量	0
起始超传播	0
扫描类型	类型3
切割类型	攀升
间隙_距离	5
APPROACH_DISTANCE	-
退刀距离	-
SPINDLE_SPEED	800
COOLANT_OPTION	关闭

图 4.5.32　序列参数的编写

④ 选择所需走刀轮廓，单击 确定 按钮，演示轨迹如图 4.5.33 所示。

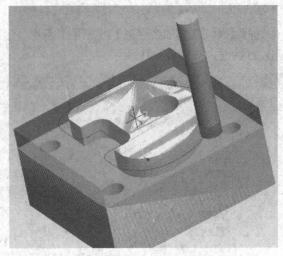

图 4.5.33　铣轮廓演示图

实训实例 2　孔加工

(1) 创建 NC 加工文件。

新建【制造】|【NC 组件】文件，定义文件名称为"zuankong"，在【模板】选项框中选择【mmns_mfg_nc】选项，单击 确定 按钮进入加工制造模块。

(2) 创建制造模型。

① 导入参照模型。

② 在系统弹出的【制造】菜单中依次选择【制造模型】|【装配】|【参照模型】选项或单击【特征】工具栏中的【装配参照模型】按钮 🖳，在【打开】对话框中选择文件"zuankong"，导入参照模型。

③ 在操控板中选择【缺省】，表示在缺省位置装配参照元件。此时操控板上的【状态】后面显示为"完全约束"。最后单击【装配】操控板上的 ✔ 按钮，在弹出的【创建参照模型】对话框中默认【同一模型】选项，单击 确定 按钮完成参照模型的装配，如图 4.5.34 所示。

图 4.5.34　装配模型

(3) 创建工件模型。

① 选择菜单管理器中的【制造模型】|【创建】|【工件】命令,在窗口下方的消息栏中提示输入零件名称,在此输入"zuankong",单击 ✔ 按钮。

② 在系统弹出的【特征类】菜单中选择【实体】|【加材料】命令,再选择【拉伸】|【实体】命令,在视窗下侧的创建拉伸特征用户界面中单击【放置】|【定义】按钮,选择原模型底部为草绘平面,默认系统给的参照平面,进入草绘模式。

③ 选择 FRONT 和 RIGHT 为参照平面,使用工具栏的【通过边创建图元】按钮 □,通过已有边界画草绘图形,选取工件四周轮廓线,完成后单击 ✔ 按钮。

④ 回到拉伸命令用户界面,在【深度】下拉列表中选择 ⊥ 选项,再选择工件上表面。确认无误后单击 ✔ 按钮。

⑤ 单击基准轴工具 ∕,方便选取孔弧面。可将拉伸体先隐藏,逐个选取确定孔基准轴,再取消隐藏,如图 4.5.35 所示。

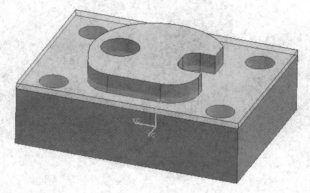

图 4.5.35　创建的工件

(4) 创建钻孔组。

① 单击工具栏中的【钻孔组刀具】按钮 ⊠,系统弹出如图 4.5.36 所示【钻孔组】下拉菜单,单击【创建】后,系统弹出如图 4.5.37 所示【钻孔组】对话框。

图 4.5.36　【钻孔组】下拉菜单

图 4.5.37　【钻孔组】对话框

② 默认系统给的钻孔组名称 DRILL_GROUP_1, 单击 [添加] 按钮, 同时在如图 4.5.38 所示的智能选择过滤器中选择"轴", 再选取如图 4.5.39 所示的 AA-4 轴线。单击【选取】对话框中的 [确定] 按钮后再单击钻孔组中的 [确定] 按钮, 完成一个钻孔组的定义。

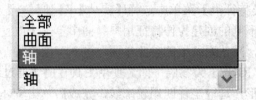

图 4.5.38 智能选择过滤器

图 4.5.39 选择的 AA_4 轴所在的孔

(5) 操作设置。

选择菜单管理器中的【制造设置】命令, 单击 按钮, 在系统弹出的【机床设置】对话框中默认所有设置。确定加工零点时, 单击 按钮, 在系统弹出的【坐标系】对话框中选定 NC_ASM_FRONT 平面、NC_ASM_RIGHT 平面和工件顶部平面相交的点为坐标系原点。单击退刀曲面箭头, 在系统弹出的【退刀设置】对话框中定义 Z 轴深度, 输入偏距为 20。单击 [确定] 按钮, 完成操作设置。

(6) 创建曲面铣削 NC 序列。

① 选择菜单管理器中的【加工】|【NC 序列】|【孔加工】|【3 轴】|【完成】命令, 在弹出的【孔加工】对话框中选择【钻孔】|【标准】|【完成】命令。再在弹出的【序列设置】对话框中选择【名称】|【刀具】|【参数】|【孔】复选框, 单击【完成】命令。

② 在消息栏里输入 NC 序列名"zuankong", 单击 按钮, 在弹出的【刀具设定】对话框中定义【类型】为基本, 钻头名称为 D15 的直径为 15, 刀具长度为 60, 凹槽长度为 40, 单击【应用】后确定。

③ 在弹出的【编辑序列参数】对话框中设定相应参数如下:

· CUT_FEED(进给速度): 100。

· 公差: 0.01。

- 扫描类型：最短。
- 间隙_距离：5。
- 拉伸距离：5。
- SPINDLE_SPEED(转轴速度)：500。
- COOLANT_OPTION(冷却选项)：关闭。

其他参数保持默认值，单击 确定 按钮后，系统弹出【孔集】对话框。

④　单击进入【组】选项卡，单击【添加】按钮后在弹出的【孔集】对话框里选中刚才定义的 DRILL_GROUP_1，如图 4.5.40 所示。然后单击【深度】，在弹出的如图 4.5.41 所示的【孔集深度】对话框中选择"穿过所有"，单击 确定 按钮后完成定义。

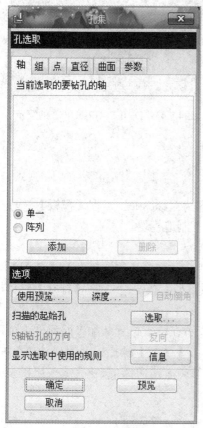

图 4.5.40　【孔集】对话框

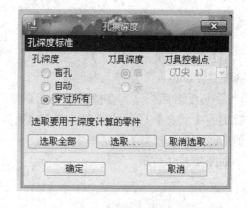

图 4.5.41　【孔集深度】对话框

⑤　回到 NC 序列菜单，选择【演示轨迹】，在弹出的【演示路径】菜单中选择【屏幕演示】，系统弹出【播放路径】控制器，单击【播放】按钮 ＿＿＿＿＿▶＿＿＿＿＿ 观看刀具演示路径。完成后关闭播放器，回到【NC 序列】菜单，选择【完成序列】命令，并以原文件名保存文件第一个序列的屏幕演示截图，如图 4.5.42 所示。

⑥　DRILL_GROUP_2 是定义【加工】|【NC 序列】|【新序列】，其他定义和观看屏幕演示的步骤与上面②～⑤步相同，只是在深度上选盲孔，选取顶尖即可，其中 DRILL_GROUP_2 的刀具直径定为 18。第二个序列的屏幕演示截图如图 4.5.43 所示。

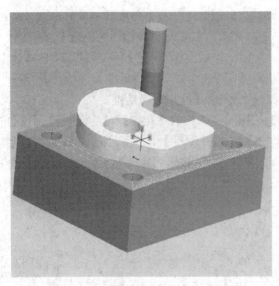
图 4.5.42　DRILL_GROUP_1 的演示

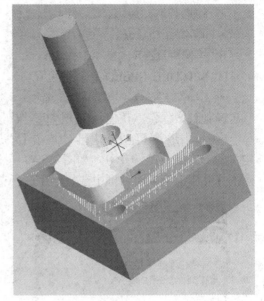
图 4.5.43　DRILL_GROUP_2 的演示

实训实例 3　车削轮廓

(1) 创建 NC 加工文件。

新建【制造】|【NC 组件】文件，定义文件名称为"chexue"，在【模板】选项框中选择【mmns_mfg_nc】选项，单击 确定 按钮进入加工制造模块。

(2) 创建制造模型。

① 导入参照模型。在系统弹出的【制造】菜单中依次选择【制造模型】|【装配】|【参照模型】选项或单击【特征】工具栏中的【装配参照模型】按钮 <img>，在【打开】对话框中选择文件"chexue"，导入参照模型。

② 装配参照模型。在操控板中选择【缺省】，表示在缺省位置装配参照元件。此时操控板上的【状态】后面显示为"完全约束"。然后单击【装配】操控板上的 ✓ 按钮，在弹出的【创建参照模型】对话框中默认【同一模型】选项，单击 确定 按钮完成参照模型的装配，如图 4.5.44 所示。

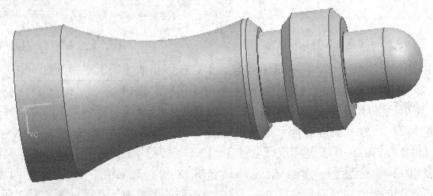
图 4.5.44　装配的模型

(3) 创建工件模型。

① 选择菜单管理器中的【制造模型】|【创建】|【工件】命令，在窗口下方的消息栏中提示输入零件名称，在此输入"chexue"，单击 ✓ 按钮。

② 在系统弹出的【特征类】菜单中选择【实体】|【加材料】命令，再选择【拉伸】|【实体】命令，在视窗下侧的创建拉伸特征用户界面中单击【放置】|【定义】按钮，选择原模型底部为草绘平面，如图 4.5.45 所示，默认系统给的参照平面进入草绘模式。

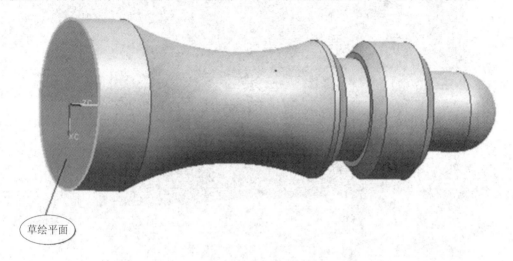

草绘平面

图 4.5.45　定义草绘平面

③ 选择 FRONT 和 RIGHT 为参照平面，使用工具栏的【通过边创建图元】按钮 ▢ ，通过已有边界画草绘图形，选取工件四周轮廓线，完成后单击 ✓ 按钮。

④ 回到拉伸命令用户界面，在【深度】输入 55，确认无误后单击 ✓ 按钮。创建的工件如图 4.5.46 所示。

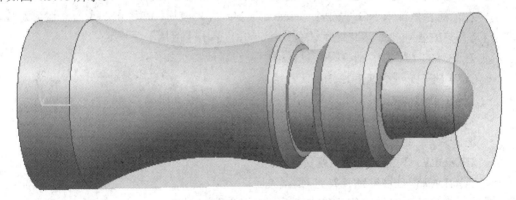

图 4.5.46　创建的工件

(4) 操作设置。

① 选择菜单管理器中的【制造设置】命令，单击 📠 按钮，在系统弹出的【机床设置】对话框中，设置【机床类型】为车床，【转塔数】为一个塔台，【方向】为水平。其他参数默认系统给定的值，单击 确定 按钮完成工作机床的定义。

② 在弹出的【操作设置】对话框中定义零点，单击 ✖ 按钮，在系统弹出的【坐标系】

对话框中选定 NC_ASM_TOP 平面、NC_ASM_RIGHT 平面和工件尾部平面相交的点为坐标系原点。单击退刀曲面箭头,在系统弹出的【退刀设置】对话框的【类型】下拉列表中选择"圆柱"选项,定义 Z 轴偏移值,输入偏距为 20,如图 4.5.47 所示,单击 确定 按钮,完成操作设置。

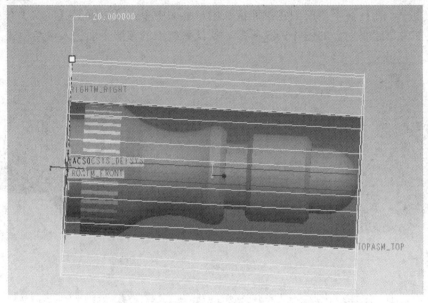

图 4.5.47 退刀面

(5) 创建车削轮廓 NC 序列。

① 在【制造】菜单中依次选择【加工】|【NC 序列】选项,系统打开【辅助加工】菜单,在菜单中依次选择【加工】|【轮廓】|【完成】选项,在系统弹出的【序列设置】对话框中选择【名称】、【刀具】、【参数】复选框,单击【完成】命令。

② 在消息栏里输入 NC 序列名"chexue",单击 ✓ 按钮,在弹出的【刀具设定】对话框中定义刀具的各项参数,此处默认系统给定值。单击【应用】后确定。

③ 在弹出的【编辑序列参数】对话框中设定相应参数如下:

· CUT_FEED(进给速度):300。

· 公差:0.01。

· APPROACH_DISTANCE:10。

· 退刀距离:10。

· SPINDLE_SPEED(转轴速度):800。

· COOLANT_OPTION(冷却选项):关闭。

其他参数默认系统给定值,单击 确定 按钮完成参数设定。

④ 系统弹出【CL 数据】窗口和如图 4.5.48 所示的【定制】对话框,单击【插入】按钮,系统弹出如图 4.5.49 所示的【车削加工轮廓】菜单和【选取】对话框,单击系统右侧工具栏的【车削轮廓刀具】按钮 🔳,在车削轮廓操控板中选择【使用曲面定义车削轮廓】按钮 🔳,按住 Ctrl 键,选择起始和终止的曲面,可以单击黄色箭头,更换车削轮廓方向,结果如图 4.5.50 所示,单击 ✓ 按钮确定。

图 4.5.48　【定制】对话框

图 4.5.49　【车削加工轮廓】菜单

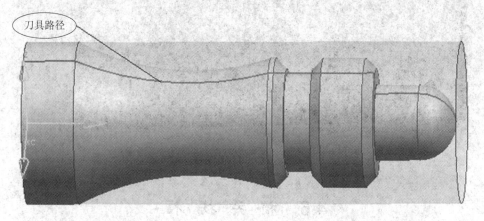

图 4.5.50　定义好的轮廓

⑤ 在系统打开如图 4.5.51 所示的【切割】菜单中选择【确认切减材料】，系统返回到【定制】对话框和【CL 数据】窗口，单击【定制】对话框中的 确定 按钮，结束车削轮廓的创建。

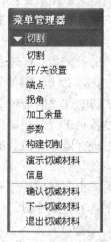

图 4.5.51　【切割】菜单

⑥ 回到 NC 序列菜单，选择【演示轨迹】，在弹出的【演示路径】菜单中选择【屏幕演示】命令，系统弹出【播放路径】控制器，单击【播放】按钮　　　▶　　　观看刀具演示路径。完成后关闭播放器，回到【NC 序列】菜单，选择【完成序列】命令，并以原文件名保存文件。屏幕演示的截图如图 4.5.52 所示。

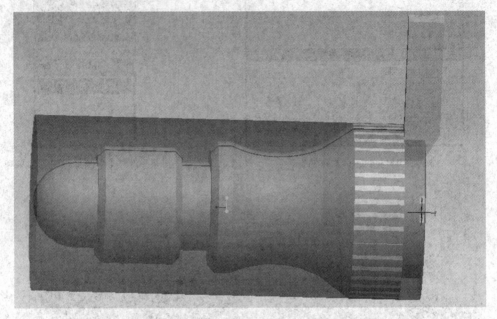

图 4.5.52　屏幕演示

4.6　相 关 技 术

4.6.1　加工过程仿真

无论是采用语言自动编程方法还是采用图形交互自动编程方法生成的数控加工程序，在加工过程中是否发生过切、少切，所选择的刀具、走刀路线、进退刀方式是否合理，零件与刀具、刀具与夹具、刀具与工作台是否干涉和碰撞等，编程人员往往事先很难预料，结果可能导致工件形状不符合要求，出现废品，有时还会损坏机床、刀具。随着 NC 编程的复杂化，NC 代码的错误率也越来越高。因此，零件的数控加工程序在投入实际的加工之前，通常必须进行试切这一步骤，试切的过程也是对 NC 加工程序的检验过程。传统的试切是采用塑模、蜡模或木模在专用设备上进行的，试切过程不仅占用了加工设备的工作时间，需要操作人员在整个加工周期内进行监控，而且加工中的各种危险同样难以避免。有必要尽可能排除试切过程中的危险甚至取代试切环节。

对于 CIM(计算机集成制造)来说，上述问题所带来的影响更为突出。与传统的制造技术不同，CIM 的加工过程不是独立的，它是整个过程中的一部分，受控于上位计算机。由于 CIM 具有小批量、多品种的特点，零件混合投入的现象经常出现，因此试切过程就严重阻碍了系统柔性的提高。

　　将计算机仿真技术应用于数控加工中，代替或减少实际的试切工作，是解决数控加工问题最经济、最有效的方法。简单地说，就是尽量增加刀位算法的合理性，在编程过程中及时地进行刀位图形检查和修正，在加工前进行加工过程的图形仿真检查，在各阶段内都确保生成数控程序的准确性。无论是对企业的制造系统，还是对 CIM 都有十分重要的意义。

　　目前，在加工过程图形仿真中应用较多的方法有以下两种：

　　(1) 刀具中心的运动轨迹仿真，简称刀位轨迹仿真或刀位校验；

　　(2) 夹具、机床、工件间的运动干涉(碰撞)仿真，简称加工过程动态仿真。

　　图 4.6.1 表示了在 CIM 环境中图形仿真校验与 CAD、CAPP、数控编程等过程的关系。

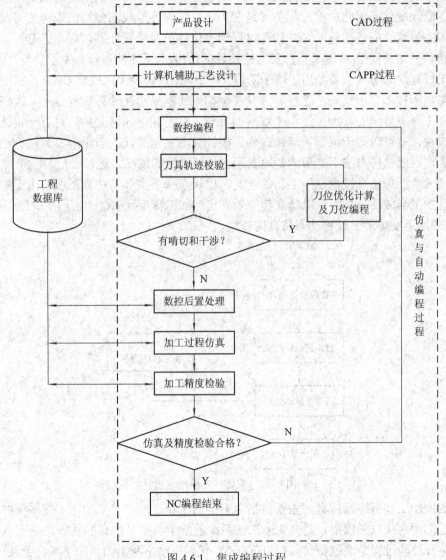

图 4.6.1　集成编程过程

1. 轨迹仿真

　　轨迹是最早采用的图形仿真校验方法，一般在前置处理之后进行，通过读入刀位数据文件检查刀位计算是否正确，加工过程中是否发生过切，所选择的刀具、走刀路线、进退刀方式是否合理，刀位轨迹是否正确，刀具与约束面是否发生干涉与碰撞。这种仿真一般可以采用动画显示的方法，由于该方法是在后置处理以前的刀位轨迹仿真，因此它可以脱离具体的数控机床环境进行。该方法比较成熟而有效，应用普遍。

2. 加工过程动态仿真

加工过程动态仿真主要用来解决加工过程中、实际加工环境内、工艺系统间的干涉碰撞问题和运动关系。工艺系统是一个复杂的系统，由刀具、机床、工件和夹具组成，在加工中心上加工时还有转刀和转位等运动。由于加工过程是一个动态的过程，刀具与工件、夹具、机床之间的相对位置是变化的，工件从毛坯开始经过若干道工序的加工，形状和尺寸均在不断地变化，因此加工过程仿真是在工艺系统的各组成部分均已确定的情况下进行的一种动态仿真。应该注意的是，加工过程动态仿真是在后置处理以后，已有工艺系统实体模型和数控加工程序(根据具体加工零件编好的)的情况下才能进行，专用性强。

加工过程动态仿真主要经历了两个阶段。在 20 世纪 70 年代，线框 CAD 系统的诞生使刀具动态显示技术有了突破，毛坯和刀具模型都以线框显示在计算机屏幕上，人们可以通过在零件上动态显示刀具加工过程来观察刀具与工件之间的几何关系，对有一定经验的编程人员来说，就可以避免很多干涉错误和许多计算不稳定错误。但由于刀具轨迹也要显示在屏幕上，因此这种方法不能很清楚地表示出加工过程的情况。进入 20 世纪 80 年代，实体造型技术给图形仿真技术赋予了新的含义，出现了基于实体的仿真系统。由于实体可以用来表达加工半成品，从而可以建立起有效真实的加工模拟和 NC 加工程序的验证模型。图 4.6.2 表达了实体加工过程动态仿真的概貌。

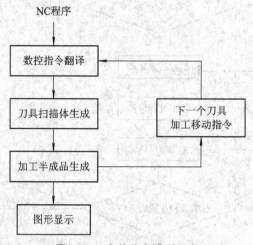

图 4.6.2　实体仿真模型示意

对数控加工过程进行仿真，主要包括两方面的工作：一是建立实际工艺系统的数学模型；二是求解这些数学模型。建立实际工艺系统的数学模型是仿真的基础。由于 NC 代码的图形仿真检验过程是通过仿真数控机床在 NC 代码驱动下利用刀具加工零件毛坯的过程，以实现对 NC 代码正确性的检查，因此要对这一过程进行图形仿真，就要有加工对象和被加工对象，加工对象包括数控机床、刀具、工作台及夹具等，被加工对象包括加工零件及 NC 代码。在开始仿真之前，必须要定义这些实体模型。求解实际工艺系统的数学模型后，要将结果用图形和动画的形式显示出来。图形和动画功能是仿真的主要手段。

一个完整的数控加工仿真过程包括：

(1) NC 指令的翻译和检查。将 NC 代码翻译为刀具的运动数据，即仿真驱动文件，并对代码中的语法错误进行检查。

(2) 毛坯及零件图形的输入和显示。

(3) 机床、刀具、夹具的定义和图形显示。

(4) 刀具运动及毛坯被切削的动态图形显示。

(5) 刀具碰撞及干涉检查。

(6) 仿真结果报告，包括具体干涉位置和干涉量。

3. 加工过程动态仿真实例

图 4.6.3 是一加工过程仿真系统的总体结构图。该仿真系统运行于集成制造环境，包括以下 3 个部分：

(1) 实体建模模块。这是整个系统的基础，给用户提供了交互实体建模的环境。在开始进行仿真之前，用户需要定义有关的实体模型，包括零件毛坯、机床(含工作台或转台、托盘、换刀机械手等)、夹具、刀具等模型，这些实体模型是加工仿真的基础。

(2) 加工过程仿真模块。这是加工过程仿真的核心。首先进行运动建模，以描述加工运动及辅助运动，包括直线、回转及其他运动；然后根据读入的数控加工程序，进行语法分析，并将 NC 加工程序翻译成内部数据结构，以此来驱动仿真机床，进行加工过程仿真，检查刀具与初切工件轮廓的干涉、刀具、夹具、机床、工件之间的运动碰撞及不适当的加工参数、刀具磨损等，同时考虑由毛坯成为零件过程中形状、尺寸的变化。

(3) 仿真报告输出及三维动画显示。可进行三维实体动画仿真显示，并将加工过程的仿真结果输出，将输出结果分别反馈给其他系统，以便对仿真结果进行分析和处理。

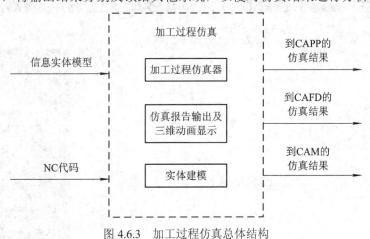

图 4.6.3　加工过程仿真总体结构

加工过程仿真需要两类信息：一是详细实体模型；二是来自集成框架的待加工工件的 NC 加工程序。

详细实体模型用来支持加工过程仿真；NC 加工程序用来驱动加工过程的三维动画仿真，即仿真机床在 NC 加工程序的驱动下，从毛坯一步步切除余料直至零件，以检验零件加工的正确性，并在仿真中检验刀具是否与工件、夹具或其他部位发生碰撞。如果发现问题，应该迅速反映到 CAPP、CAFD(计算机辅助夹具设计)和 CAM 系统，并根据上述三个系统的设计修改，再次仿真加工过程直至加工过程准确无误。

在加工过程的动态仿真过程中，一般将加工过程中不同的对象，如机床、刀具、夹具、工件分别采用不同的颜色显示：已切削加工表面与待切削加工表面颜色不同；已加工表面上存在过切、干涉之处又采用另一种颜色。对仿真过程的速度也要进行控制，从而使编程人员可以清楚地看到零件的整个加工过程，看到刀具是否啃切加工表面，刀具是否与约束面发生干涉、碰撞等。

4.6.2　后置处理

Pro/E 中进行后置处理时要先创建刀具轨迹文件，然后用 CL 文件生成 MCD 文件。具体操作步骤如下：

(1) 如图 4.6.4 所示，在菜单栏中选择【应用程序】|【NC 后处理器】命令，系统弹出如图 4.6.5 所示的【Option File Generator】对话框。

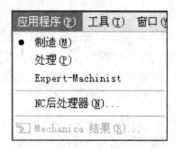

图 4.6.4　【应用程序】菜单栏

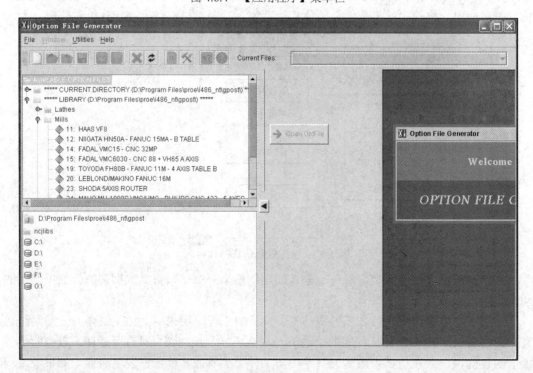

图 4.6.5　【Option File Generator】对话框

(2) 在【Option File Generator】对话框的菜单栏中选择【File】|【New】命令，系统弹出如图 4.6.6 所示的【Define Machine Type】对话框，选择加工方式(以铣削加工为例)，然后单击 Next ▶ 按钮。

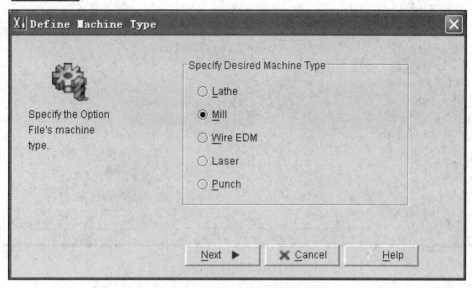

图 4.6.6　【Define Machine Type】对话框

(3) 系统弹出如图 4.6.7 所示的【Define Option File Location】对话框，在【Machine Number】文本框中输入序号，然后单击 Next ▶ 按钮。

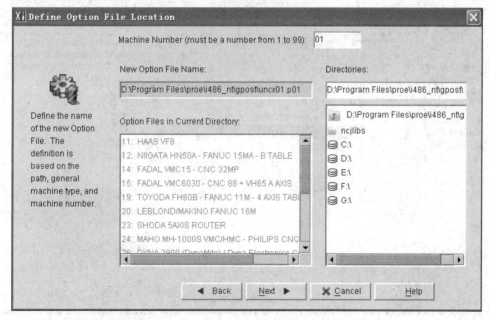

图 4.6.7　【Define Option File Location】对话框

(4) 系统弹出如图 4.6.8 所示【Option File Initialization】对话框，选择【System supplied default option file…】按钮，然后单击 Next ▶ 按钮。

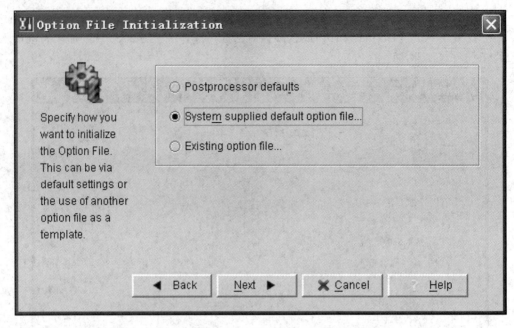

图 4.6.8 　【Option File Initialization】对话框

(5) 系统弹出如图 4.6.9 所示【Select Option File Template】对话框。在【Option File in Current Directory：】下拉列表框中选择相应选项，单击 Next ▶ 按钮。

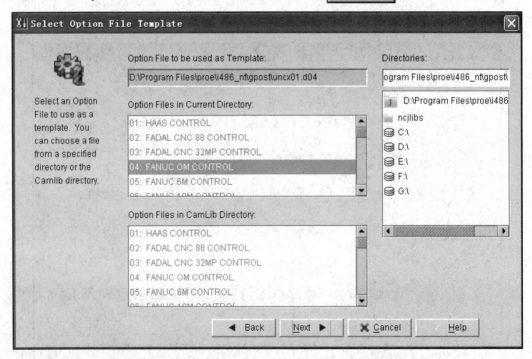

图 4.6.9 　【Select Option File Template】对话框

(6) 系统弹出如图 4.6.10 所示的【Option File Title】对话框，在文本框中输入文件名称，单击 Finish 按钮。

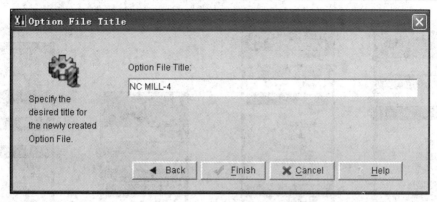

图 4.6.10　【Option File Title】对话框

(7) 如图 4.6.11 所示，系统弹出【Option File Generator】对话框，在菜单中选择【File】|
【Save】命令，保存创建后的处理器 NC MILL-4，该处理器被加载到了对话框左侧的【Mill】
列表中，然后关闭该对话框，完成后处理器的创建。

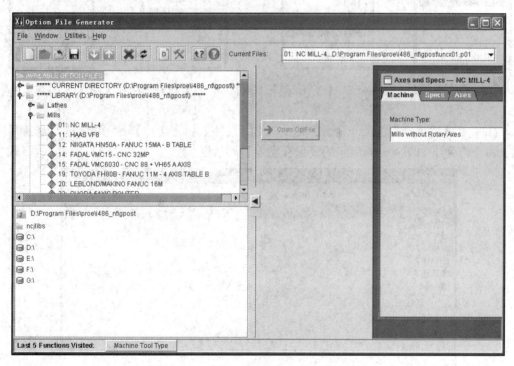

图 4.6.11　【Option File Generator】对话框

(8) 在【制造】菜单中选择【CL 数据】命令，弹出如图 4.6.12 所示的【CL 数据】菜
单、【输出】菜单和【选取特征】菜单。

(9) 在【CL 数据】菜单中选择【输出】命令，在【输出】菜单栏中选择【选取一】命
令，在【选取特征】菜单栏中选择【选取】命令，弹出如图 4.6.13 所示的【选取菜单】命
令，再选择【MILLING】命令。

(10) 系统弹出如图 4.6.14 所示的【轨迹】菜单和【演示路径】菜单，在【轨迹】菜单
中选择【文件】命令，弹出如图 4.6.15 所示的【输出类型】菜单。

图 4.6.12 【CL 数据】　图 4.6.13　【选取菜单】　图 4.6.14　【轨迹】菜单和　图 4.6.15　【输出类型】
　　　　菜单　　　　　　　　菜单　　　　　　　　【演示路径】菜单　　　　　菜单

(11) 在【输出类型】菜单中分别选中【CL 文件】和【交互】复选框，然后选择【完成】命令，弹出如图 4.6.16 所示的【保存副本】对话框。

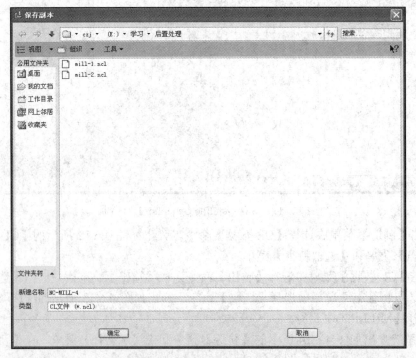

图 4.6.16　【保存副本】对话框

(12) 系统弹出如图 4.6.17 所示的【后置期处理选项】菜单，分别选中【全部】和【跟踪】复选框后，选择【完成】命令，系统弹出如图 4.6.18 所示的【后置处理列表】菜单。

图 4.6.17 【后置期处理选项】菜单　　　图 4.6.18 【后置处理列表】菜单

(13) 选择【UNCX01.P01】命令，弹出如图 4.6.19 所示的【C:\】窗口，在"ENTER PROGRAM NUMBER"提示语句后输入 1 后按回车键。(视屏演示中没有这个步骤，是直接跳过去的。)

(14) 系统弹出如图 4.6.20 所示的【信息窗口】窗口，单击 ⨯ 按钮完成 CL 数据的创建。

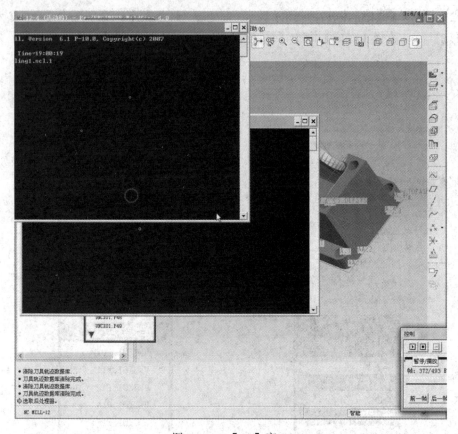

图 4.6.19　【C:\】窗口

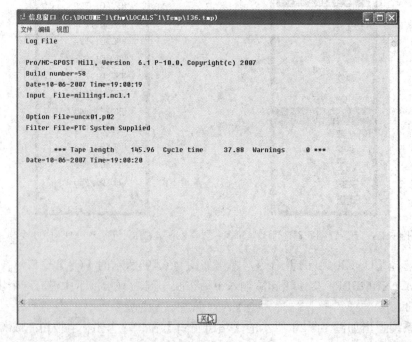

图 4.6.20　【信息窗口】窗口

(15) 在工作目录中找到刚才设置的后缀名为 .tap 的文件，用记事本打开，就可以看到如图 4.6.21 所示的已经自动生成的 G 代码文件。

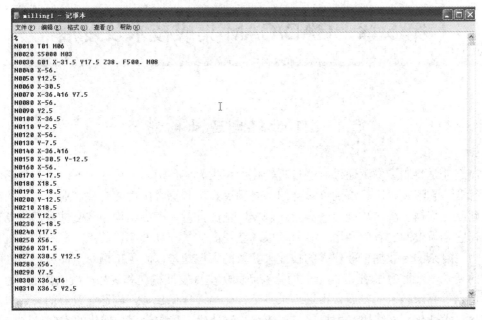

图 4.6.21　已经自动生成的 G 代码文件

4.6.3　CAD/CAM 数据通信

CAD/CAM 所生成的刀位文件经过后置处理得到的刀具路径文件，需和一定的数控系统相连，才能指挥数控机床运动，从而加工出所需要的零件。机床数控系统与计算机之间的数据通信，因传送距离较远一般采用串行通信的方式。其中接口是保证信息快速、正确传输的关键。近年来，随着通信接口技术的发展，现代数控系统都具有完备的数据传送和通信接口。例如，西门子公司的 SINUMERIK802D 有两个通用的 RS-232/20 mA 接口，可以用于连接输入/输出设备。

随着工厂自动化(FA)和计算机集成制造系统(CIMS)的发展，数控系统作为 FA 或 CIMS 结构中的一个基础层次，用作设备层或工作站的控制器时，可以是分布式数控系统(DNC)或柔性制造系统(FMS)的有机组成部分，一般通过工业局域网络相连。现代的 CNC 系统一般具有与上级计算机或 DNC 计算机直接通信的功能，或者连入工厂局域网进行网络通信的功能。

第 5 章　CAD/CAM 集成技术及发展

5.1　21 世纪制造业的特点

制造业是将制造资源通过制造过程转化为可供人们使用与利用的工业产品与生活消费品的行业，它涉及国民经济的许多部门，是国民经济和综合国力的支柱产业。传统的制造业是建立在规模经济的基础上，靠企业规模、生产批量、产品结构和重复性来获得竞争优势的，它强调资源的有效利用，以降低成本获得高质量和高效率。其生产赢利是靠机器取代人力、复杂的专业加工取代人的技能来获取的，但却难以满足市场对产品花色品种和交货期的要求，为此 21 世纪的制造业面临着新的历史性发展机遇和更加严峻的挑战。随着电子、信息等高新技术的发展，市场需求呈个性化与多样化趋势，制造业发展的总趋势是向精密化、柔性化、网络化、虚拟化、智能化、清洁化、集成化、全球化的方向发展。

5.1.1　产品、市场与环境特点

产品、市场与环境特点的主要特点如下：

(1) 用户需求多样化，产品生命周期缩短。现代科技以日新月异的速度发展，新产品层出不穷。产品的生命周期(一个产品从开发设计到淘汰所经历的时间)大大缩短。用户追求多样化和个性化已逐渐成为世界的潮流。

(2) 产品开发周期缩短，上市时间更快。这是 21 世纪的市场环境和用户消费观所要求的，也是赢得竞争的关键所在。在经历了"规模效益第一""价格竞争第一"和"质量竞争第一"，发展到"市场速度第一"，时间因素被提到首要位置。根据客户对产品需求的变化迅速做出反应，已经成为压倒一切的竞争要素。

(3) 市场占有率竞争激烈。要在激烈的竞争中提高市场的占有率，必须在 T、Q、C、S、D 的目标下，加强时间竞争能力、质量竞争能力、价格竞争能力、服务竞争能力、创新竞争能力。其中最重要的是创新竞争能力。创新不仅指产品的创新，还包括观念的更新，组织和经营的重构，以及资源、技术和过程的重组。

(4) 产品质量。产品质量的完整概念是用户的满意度。对质量更全面的理解是：用户占有、使用产品的一种综合主观反映，包括可用、实用、耐用、好用、宜人等。

(5) 分布、并行、集成并存。分布性更强，范围更广，是全球范围的分布；并行化程度更高，许多作业可以跨地区、部门分布式并行实施；集成化程度更高，不仅包括信息、技术的集成，还包括管理、人和环境的集成，产品的开发、生产、销售、维护过程更加简化，从而降低成本，缩短上市时间。21 世纪制造业的关键因素是技术、管理、人和环境。

(6) 大市场和大竞争。世界市场的开发程度越来越大。计算机通信技术的迅速发展和

信息高速公路的建立，使得全球集成制造有实现的可能。这样可以使资源得以更充分的利用，原料和产品的运输距离得以更显著的缩短，交货期也能得到进一步缩短，产业分工的国际化已成为发展潮流。

(7) 适应市场，提高柔性。21 世纪的市场是瞬息万变、无法预测的市场。企业不仅要具备技术上的柔性，还要具备管理和人员组织上的柔性。快速重组是抓住市场的一个重要手段。

(8) 人的知识、素质和要求的变化。21 世纪的制造业要求企业职工具有更高的技术、管理和协作素质，熟悉企业状况和市场环境，员工之间有高度的信任和协作精神，充分发挥企业的群体优势。

(9) 环境保护意识的增强与可持续发展。人类发展与环境的矛盾日益加深和尖锐。作为人类经济活动反思的重大成果之一，国际社会于 1992 年确立了《21 世纪议程》，提出要遵循可持续发展模式。

5.1.2　技术特点

1. 信息技术

计算机技术的深入和广泛应用，使企业的控制进一步信息化，使企业的工作内容、对象和方法发生了根本的改变。信息化是当今社会发展的趋势，信息技术正在以人们想象不到的速度向前发展。信息技术也正在向制造技术注入和融合，促进着制造技术的不断发展。其中先进制造技术的形成与发展，无不与信息技术的应用和注入有关。它使制造技术的技术含量提高，使传统制造技术发生质的变化。信息技术对制造技术发展的作用目前已占第一位，在 21 世纪对制造业的发展将起着重要的作用。

信息技术促进着设计技术的现代化、加工制造的精密化和快速化、自动化技术的柔性化和智能化以及整个制造过程的网络化和全球化。各种先进生产模式的发展，如 CIMS、并行工程、精益生产、敏捷制造、虚拟企业与虚拟制造，也无不以信息技术的发展为支撑。

2. 现代设计技术

1) 设计手段的计算机化

设计手段的计算机化在实现了计算机计算、绘图的基础上，当前突出反映在数值仿真或虚拟现实技术在设计中的应用，以及现代产品建模理论的发展上，并且向智能化设计方向发展。

2) 新的设计思想和方法不断出现

并行设计、面向"X"的设计(Design For X，DFX)、健壮设计(Robust Design)、优化设计(Optimal Design)、逆向工程(Reverse Engineering)等正在不断出现。

3) 向全寿命周期设计发展

传统的设计只限于产品设计，全寿命周期设计则由简单的、具体的、细节的设计转向复杂的、总体的设计和决策，要通盘考虑包括设计、制造、检测、销售、使用、维修、报废等阶段的产品的整个生命周期。

4) 设计过程由单纯考虑技术因素转向综合考虑技术、经济和社会因素

设计不只是单纯追求某项性能指标的先进和高低，还要考虑市场、价格、安全、美学、

资源、环境等方面的影响。

3. 成形制造技术与改性技术

成形制造技术是铸造、塑性加工、连接、粉末冶金等单元技术的总称。21 世纪的成形制造技术正在从制造工件的毛坯、从接近零件形状向直接制成工件精密成形发展。据权威部门预测，随着塑性成形与磨削加工相结合，将取代大部分中小零件的切削加工。改性技术主要包括热处理及表面工程等各项技术。主要发展趋势是通过各种新型精密热处理和复合处理达到零件性能精确、形状尺寸精密以及获得各种特殊性能要求的表面(涂)层，同时大大减少能耗及完全消除对环境的污染。

4. 加工制造技术

1) 超精密加工技术

目前加工精度已达到 0.025 μm 以上，表面粗糙度达 0.0045 μm 以上，已进入纳米级加工时代。超精切削厚度由目前的红外波段向可见光波段甚至更短波段逼近；超精加工机床向多功能模块化方向发展；超精加工材料由金属扩大到非金属。

2) 超高速切削

目前铝合金超高速切削的切削速度已超过 1600 m/min，铸铁为 1500 m/min，超耐热镍合金为 300 m/min，钛合金为 200 m/min。超高速切削的发展已转移到一些难加工材料的切削加工。

3) 新一代制造装备的发展

市场竞争和新产品、新技术、新材料的发展推动着新型加工设备的研究与开发，其中典型的例子是"并联桁架式结构数控机床"(俗称"六腿"机床)的发展。它突破了传统机床的结构方案，采用六个轴长短的变化，以实现刀具相对于工件的加工位置的变化。

5. 工艺设计与工艺模拟技术

工艺设计由经验判断走向定量分析，加工工艺由技艺发展为工程科学。工艺模拟也发展并应用于金属切削加工过程和产品设计过程。最新的进展是在并行工程环境下，开展虚拟成形制造，使得在产品的设计完成时，成形制造的准备工作(如铸造)也同时完成。

6. 专业、学科间的界限逐渐淡化、消失

先进制造技术的不断发展，在冷热加工之间，加工、检测、物流、装配过程之间，设计、材料应用、加工制造之间，其界限均逐渐淡化并逐步走向一体化。CAD、CAPP、CAM等单元技术的出现，使设计、制造成为一体；精密成形技术的发展，使热加工可能直接提供接近最终形状、尺寸的零件，它与磨削加工相结合，有可能覆盖大部分零件的加工，淡化了冷热加工的界限；快速原型/零件制造(Rapid Prototyping/Parts Manufacturing, RPM)技术的产生，是近 20 年制造领域的一个重大突破，它可以自动而迅速地将设计思想物化为具有一定结构和功能的原型或直接制造成零件，淡化了设计、制造的界限；机器人加工工作站及 FMS 的出现，使加工过程、检测过程、物流过程融为一体；现代制造系统使得自动化技术与传统工艺密不可分。很多新材料的配制与成形是同时完成的，很难划清材料应用与制造技术的界限。这种趋势表现在生产上是专业车间的概念逐渐淡化，将多种不同专业的技术集成在一台设备、一条生产线、一个工段或车间里的生产方式逐渐增多。

7. 绿色制造将成为 21 世纪制造业的重要特征

日趋严格的环境与资源的约束，使绿色制造业显得越来越重要，它将是 21 世纪制造业的重要特征。与此相应，绿色制造技术也将获得快速的发展，主要体现在：

(1) 绿色产品设计技术。产品在生命周期内符合环保、人类健康、能耗低、资源利用率高的要求。

(2) 绿色制造技术。在整个制造过程对环境负面影响最小，废弃物和有害物质的排放最小，资源利用效率最高。绿色制造技术主要包含了绿色资源、绿色生产过程和绿色产品等三方面的内容。

(3) 产品的回收和循环再制造。例如，汽车等产品的拆卸和回收技术，以及生态工厂的循环式制造技术。它主要包括生产系统工厂(致力于产品设计和材料处理、加工及装配等阶段)和恢复系统工厂[主要用于对产品(材料使用)生命周期结束时的材料处理循环]。

8. 虚拟现实技术在制造业中获得越来越多的应用

虚拟现实技术(Virtual Reality Technology)主要包括虚拟制造技术和虚拟企业两部分。

虚拟制造技术将从根本上改变设计、试制、修改设计、规模生产的传统制造模式。在产品真正制出之前，首先在虚拟制造环境中生成软产品原型(Soft Prototype)，以代替传统的硬样品(Hard Prototype)进行试验，对其性能和可制造性进行预测和评价，从而缩短产品的设计与制造周期，降低产品的开发成本，提高系统快速响应市场变化的能力。

虚拟企业是为了快速响应某一市场需求，通过信息高速公路，将产品涉及的不同企业临时组建成为一个没有围墙、超越空间约束、靠计算机网络联系、统一指挥的合作经济实体。虚拟企业的特点是企业功能上的不完整、地域上的分散性和组织结构上的非永久性，即功能的虚拟化、组织结构的虚拟化和地域的虚拟化。

9. 信息技术、管理技术与工艺技术紧密结合

制造业在经历了少品种小批量—少品种大批量—多品种小批量生产模式的过渡后，20 世纪 70—80 年代开始采用 CIMS 进行制造的柔性生产的模式，并逐步向智能制造技术(Intelligent Manufacturing Technology，IMT)和智能制造系统(Intelligent Manufacturing System，IMS)的方向发展。精益生产(Lean Production，LP)、敏捷制造(Agile Manufacturing，AM)等先进制造模式相继出现。当前，以先进制造模式及技术创新为主要手段的制造业已获得蓬勃发展。

5.1.3　CAD/CAM 技术和先进制造技术体系

1. 先进制造技术的定义

先进制造技术是为了适应时代要求提高竞争能力，对制造技术不断进行优化及推陈出新而形成的。它是一个相对的、动态的概念。先进制造技术作为一个专有名词提出后，至今没有一个明确的、公认的定义。近年来通过对发展先进制造技术方面开展的工作，以及对其内涵、特征的分析研究，可以定义为："先进制造技术是制造业不断吸收机械、电子、信息(计算机与通信、控制理论、人工智能等)、能源及现代系统管理等方面的成果，并将其综合应用于产品设计、制造、检测、管理、销售、使用乃至回收的制造全过程，以实现优质、高效、低耗、清洁、灵活生产，提高对动态多变的产品市场的适应能力和竞争能力

的制造技术的总称。"

2. 先进制造技术的内涵及技术构成

先进制造技术在不同发展水平的国家和同一国家的不同发展阶段，有不同的技术内涵和构成。对我国而言，机械科学研究院(AMST)提出先进制造技术是一个多层次的技术群。先进制造技术的内涵和层次及其技术构成如图 5.1.1 所示。它强调了先进制造技术从基础制造技术、新型制造单元技术到先进制造集成技术的发展过程，也表明了在新型产业及市场需求的带动之下，在各种高新技术(如能源技术、材料技术、微电子技术和计算机技术以及系统工程和管理科学)的推动下先进制造技术的发展过程。

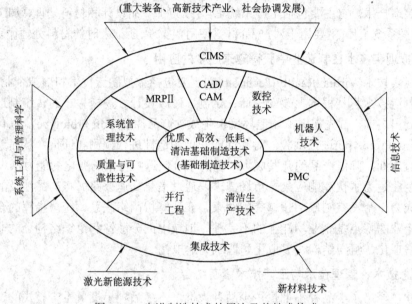

图 5.1.1　先进制造技术的层次及其技术构成

1) 基础制造技术

第一个层次是优质、高效、低耗、清洁的基础制造技术。铸造、锻压、焊接、热处理、表面保护、机械加工等基础工艺至今仍在生产中大量采用经济适用的技术，这些基础工艺经过优化而形成的优质、高效、低耗、清洁的基础制造技术是先进制造技术的核心及重要组成部分。这些基础技术主要有精密下料、精密成形、精密加工、精密测量、毛坯强韧化、少/无氧化热处理、气体保护焊及埋弧焊、功能性防护涂层等。

2) 新型制造单元技术

第二个层次是新型的先进制造单元技术。这是在市场需求及新兴产业的带动下，制造技术与电子、信息、新材料、新能源、环境科学、系统工程、现代管理等高新技术结合而形成的崭新的制造技术，如制造业自动化单元技术、极限加工技术、质量与可靠性技术、系统管理技术、现代设计基础与方法、清洁生产技术、新材料成形与加工技术、激光与高密度能源加工技术、工艺模拟及设计优化技术等。

3) 先进制造集成技术

第三个层次是先进制造集成技术。这是应用信息、计算机和系统管理技术对上述两个层次的技术局部或系统进行集成而形成的先进制造技术的高级阶段，如 FMS、CIMS、IMS 等。

3. 先进制造技术的体系结构及分类

1) 先进制造技术的体系结构

1994 年，美国联邦科学、工程和技术协调委员会(FCCSET)下属的工业和技术委员会先进制造技术工作组提出了先进制造技术是由主体技术群、支撑技术群、管理技术群组成的三位一体的体系结构，如图 5.1.2 所示。这种体系不是从技术学科内涵的角度描绘先进制造技术，而是着重从比较宏观组成的角度描绘先进制造技术的组成以及各个部分在制造技术发展过程中的作用。

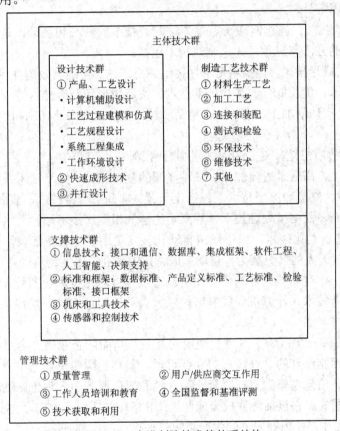

图 5.1.2　先进制造技术的体系结构

先进制造技术主要包括 3 个技术群：① 主体技术群，包括面向制造的设计技术群及制造工艺技术群；② 支撑技术群；③ 管理技术群。这 3 部分相互联系，相互促进，组成一个完整的体系，每一部分均不可缺少，否则就很难发挥预期的整体功能效益。

2) 先进制造技术的分类

根据先进制造技术的功能和研究对象，结合国家先进制造技术专项计划指南，可以将先进制造技术归纳为以下几个大类：

(1) 先进设计技术。先进设计技术是根据产品功能要求，应用现代技术和科学知识，制定设计方案并使方案付诸实施的技术，其重要性在于使产品设计建立在科学的基础之上，促使产品由低级向高级转化，促进产品功能不断完善，产品质量不断提高。设计技术主要包括如下内容：

① 先进设计方法，包括模块化设计、系统化设计、价值工程、模糊设计、面向对象的设计、反求工程、并行设计、绿色设计、工业设计等。

② 产品可信性设计。产品的可信性是产品质量的重要内涵，是产品的可用性、可靠性和维修保障性的综合。可信性设计包括可靠性设计、安全性设计、动态分析和设计、防断裂设计、防疲劳设计、耐环境设计、健壮设计、维修设计等。

③ 设计自动化技术。它是指用计算机软、硬件工具辅助完成设计任务和过程的技术，包括产品的造型设计、工艺设计、工程图生成、有限元分析、优化设计、模拟仿真、虚拟设计、工程数据库等。

(2) 先进制造工艺。先进制造工艺是先进制造技术的核心和基础，是使各种原材料、半成品成为产品的方法和过程。先进制造技术包括：

① 高效精密成形技术，包括精密洁净铸造成形工艺、精确高效塑性成形工艺、优质高效焊接及切割技术、优质低耗洁净热处理技术、快速成形和制造技术等。

② 高效高精度切削加工工艺，包括精密和超精密加工、高速切削和磨削、复杂型面的数控加工等。

③ 现代特种加工工艺。它是指那些不属于常规加工范畴的加工工艺，如高能束加工、电加工、超声加工、高压水射流加工、多种能源的复合加工、纳米技术及微细加工等。

④ 表面改性、制膜和涂层技术，包括化学镀、非晶态合金技术、表面强化处理技术、热喷涂技术、激光表面熔覆处理技术、等离子化学气相沉积技术等。

(3) 先进制造自动化技术。先进制造自动化技术是用机电设备工具取代或放大人的体力，甚至取代和延伸人的部分智力，自动完成特定的作业，包括物料的存储、运输、加工、装配和检验等各个生产环节的自动化。先进制造过程自动化技术包括数控技术、工业机器人技术、柔性制造技术、计算机集成制造技术、自动检测及信号识别技术和过程设备工况监测与控制技术等。

(4) 先进制造模式及系统。先进制造模式及系统是面向企业生产全过程，将先进的信息技术与生产技术相结合的一种新思想和新哲理，其功能覆盖企业的生产预测、产品设计开发、加工装配、信息与资源管理直至产品营销和售后服务的各项生产活动，是制造业的综合自动化的新模式。它包括计算机集成制造(CIMS)、并行工程(CE)、敏捷制造(AM)、智能制造(IM)、精益生产(LP)等先进的生产组织管理模式和控制方法。

(5) 先进管理技术。先进管理技术是先进制造技术体系的重要组成部分，包括现代管理信息系统、物流系统管理、工作流管理、产品数据管理、质量保障体系等。

5.1.4　先进制造技术的特色和发展趋势

制造业是永远不落的太阳，是现代文明的支柱之一。它是工业的主体，是提供生产工具、生活资料、科技手段、国防装备等的手段以及它们进步的依托，是现代化的动力源之一。制造业绝不是夕阳产业，但制造业中确有夕阳技术，这些技术同信息化大潮格格不入，同高科技发展不相适应，缺乏市场竞争力，甚至还可能危害生态环境。而与制造技术中的夕阳技术相对应的先进制造技术，则是制造技术同信息技术、管理科学等有关科学技术交融而形成的新型技术，可以说，它是高技术的载体，工业发达国家都给予了高度重视。它有以下 8 个方面的特色和发展趋势。

1. 数是发展的核心

数是指制造领域的数字化。它包括以设计为中心的数字制造、以控制为中心的数字制造和以管理为中心的数字制造。对数字化制造设备而言，其控制参数均为数字化信号；对数字化制造企业而言，各种信息(如图形、数据、知识、技能等)均以数字形式通过网络在企业内传递，在多种数字化技术的支持下，企业对产品信息、工艺信息与资源信息进行分析、规划与重组，实现对产品设计和产品功能的仿真，对加工过程与生产组织过程的仿真或完成原型制造，从而实现生产过程的快速重组和对市场的快速反应。对全球制造业而言，在数字制造环境下，用户借助网络发布信息，各类企业通过网络应用电子商务，实现优势互补，形成动态联盟，迅速协同设计并制造出相应的产品。

2. 精是发展的关键

精是指加工精度及其发展。20 世纪初，超精密加工的误差是 $10\mu m$，20 世纪 70—80 年代为 $0.01\mu m$，现在仅为 $0.001\mu m$，即 $1nm$。从海湾战争、科索沃战争，到阿富汗战争、伊拉克战争，武器的命中率越来越高，其实质就是武器越来越精，也就是说打精度战。在现代超精密机械中，对精度要求极高，如人造卫星的仪表轴承，其圆度、圆柱度、表面粗糙度等均达到纳米级；基因操作机械的移动距离为纳米级，移动精度为 $0.1nm$；细微加工、纳米加工技术可达纳米以下的要求，如果借助扫描隧道显微镜与原子力显微镜的加工，则可达 $0.1nm$。至于微电子芯片的制造，有所谓的三超：

(1) 超净。加工车间的尘埃颗粒直径小于 $1\mu m$，颗粒数少于每立方英尺 0.1 个。

(2) 超纯。芯片材料有害杂质的含量要小于十亿分之一。

(3) 超精。加工精度达纳米级。显然，没有先进制造技术，就没有先进电子技术装备；当然，没有先进电子技术与信息技术，也就没有先进制造装备。先进制造技术与先进信息技术是互相渗透、互相支持、紧密结合的。

3. 极是发展的焦点

极就是极端条件，是指生产特需产品的制造技术，必须达到极的要求。例如，能在高温、高压、高湿、强冲击、强磁场、强腐蚀等条件下工作，或有高硬度、大弹性等特点，或极大、极小、极厚、极薄、奇形怪状的产品等，都属于特需产品。微机电系统就是其中之一。这是工业发达国家高度关注的一项前沿科技，即所谓的微系统微制造。微机电系统的用途十分广泛。在信息领域中，用于分子存储器、原子存储器、芯片加工设备；在生命领域中，用于克隆技术、基因操作系统、蛋白质追踪系统、小生理器官处理技术、分子组件装配技术；在军事武器中，用于精确制导技术、精确打击技术、微型惯性平台、微光学设备；在航空航天领域中，用于微型飞机、微型卫星、纳米卫星；在微型机器人领域中，用于各种医疗手术、管道内操作、窃听与收集情报；此外，还用于微型测试仪器、微传感器、微显微镜、微温度计等。微机电系统可以完成特种动作与实现特种功能，甚至可以沟通微观世界与宏观世界，其意义难以估量。

4. 自是发展的条件

自就是自动化。它是减轻、强化、延伸、取代人的有关劳动的技术或手段。自动化总是伴随着有关机械或工具来实现的。可以说，机械是一切技术的载体，也是自动化技术的载体。第一次工业革命以机械化这种形式的自动化来减轻、延伸或取代人的有关体力劳动。第二次工业革命即电气化进一步促进了自动化的发展。信息化、计算机化与网络化，不但可以极大地解放人的身体，而且可以有效提高人的脑力劳动水平。今天的自动化的内涵与水平已远非昔比，从控制理论、控制技术到控制系统、控制元件等等，都有着极大的发展。自动化已成为先进制造技术发展的前提条件。

5. 集是发展的方法

集就是集成化。目前，集主要指：

(1) 现代技术的集成。机电一体化是个典型，它是高技术装备的基础。

(2) 加工技术的集成。特种加工技术及其装备是个典型，如激光加工、高能束加工、电加工等。

(3) 企业的集成，即管理的集成，包括生产信息、功能、过程的集成，也包括企业内部的集成和企业外部的集成。从长远看，还有一点很值得注意，即由生物技术与制造技术集结而成的微制造的生物方法，或所谓的生物制造。它的依据是，生物制造是由内部生长而成的器件，而非同一般制造技术那样由外加作用以增减材料而成的器件。这是一个崭新的充满活力的领域，价值难以估量。

6. 网是发展的道路

网就是网络化。制造技术的网络化是先进制造技术发展的必由之路。制造业在市场竞争中，面临多方的压力：采购成本不断提高，产品更新速度加快，市场需求不断变化，全球化所带来的冲击日益加强，等等。企业要避免这一系列问题，就必须在生产组织上实行某种深刻的变革，抛弃传统的小而全与大而全的夕阳技术，把力量集中在自己最有竞争力的核心业务上。科学技术特别是计算机技术、网络技术的发展，使这种变革的需要成为可能。制造技术的网络化会导致一种新的制造模式产生，即虚拟制造组织，这是由地理上异地分布的、组织上平等独立的多个企业，在谈判协商的基础上，建立密切合作关系，形成动态的虚拟企业或企业联盟。此时，各企业致力于自己的核心业务，实现优势互补，以及资源优化动态组合与共享。

7. 智是发展的前景

智就是智能化。制造技术的智能化是制造技术发展的前景。近 20 年来，制造系统正在由原先的能量驱动型转变为信息驱动型，这就要求制造系统不但要具备柔性，而且要表现出某种智能，以便应对大量复杂信息的处理、瞬息万变的市场需求和激烈竞争的复杂环境，因此智能制造越来越受到重视。

与传统的制造相比，智能制造系统具有以下特点：

(1) 人机一体化；

(2) 自律能力强；

(3) 自组织和超柔性；

(4) 学习能力和自我维护能力；

(5) 在未来，具有更高级的类人思维能力。

智能制造作为一种模式，是集自动化、集成化和智能化于一身，并具有不断向纵深发展的高技术含量和高技术水平的先进制造系统，也是一种由智能机器和人类专家共同组成的人机一体化系统。它的突出之处，是在制造诸环节中，以一种高度柔性与集成的方式，借助计算机模拟的人类专家的智能活动，进行分析、判断、推理、构思和决策，取代或延伸制造环境中人的部分脑力劳动，同时收集、存储、处理、完善、共享、继承和发展人类专家的制造智能。尽管智能化制造道路还很长，但是必将成为未来制造业的主要生产模式之一，潜力极大，前景广阔。

8. 绿是发展的必然

绿就是绿色制造。人类必须从各方面促使自身的发展与自然界和谐一致，制造技术也不例外。制造业的产品从构思开始，到设计、制造、销售、使用与维修，直到回收、再制造等各阶段，都必须充分顾及环境保护与改善。不仅要保护与改善自然环境，还要保护与改善社会环境、生产环境以及生产者的身心健康。其实，保护与改善环境也是保护与发展生产力。在此前提下，制造出物美价廉、供货期短、售后服务好的产品。作为绿色制造，产品必须力求同用户的工作、生活环境相适应，给人以高尚的精神享受，体现物质文明与精神文明的高度交融。因此，发展和采用一项新技术时，必须树立科学的发展观，使制造业不断迈向绿色制造。

5.2　CIMS

近几十年来，随着自动化技术、计算技术和机械制造业的飞速发展，出现了各种专门用途的自动化系统，即"自动化孤岛"。这些自动化子系统是分期控制和局部管理的，它们相对独立，易于控制，具备完整的功能模块，以及便于相互连接的接口。随着现代制造技术与信息技术的结合，人们提出了计算机集成制造系统(CIMS)的现代制造企业模式。CIMS 在"自动化孤岛"技术的基础上，对全部制造过程进行统一设计，将制造过程的全部生产经营活动，即从市场分析、产品设计、生产规划、制造、质量保证、经营管理至产品售后服务等，通过数据驱动形成一个整体，以获得一个高效益、高柔性、智能化的大系统。

CIMS 是计算机应用技术在工业生产领域的主要分支技术之一。它的概念是由美国的 J.Harrington 于 1973 年首次提出的，但是直到 20 世纪 80 年代才得到人们的认可。对于 CIMS 的认识，一般包括以下两个基本要点：

(1) 企业生产经营的各个环节，如市场分析预测、产品设计、加工制造、经营管理、产品销售等一切的生产经营活动，是一个不可分割的整体。

(2) 企业整个生产经营过程从本质上看，是一个数据的采集、传递、加工处理的过程，而形成的最终产品也可看成是数据的物质表现形式。因此对 CIMS 通俗的解释可以是"用计算机通过信息集成实现现代化的生产制造，以求得企业的总体效益"。整个 CIMS 的研究开发，即系统的目标、结构、组成、约束、优化和实现等方面，体现了系统的总体性和一致性。

构成 CIMS 的三大基本要素是人、技术和经营管理，三者相互关联、相互支持、相互制约。人掌握技术，技术支持人员工作；人制定管理模式、确定组织机构，同时也受组织和管理模式的制约；技术支持管理，同时管理也管技术。三者相重叠的部分实现了人、技术和经营管理的集成。

5.2.1　CIMS 的构成

CIMS 一般可以划分为 4 个功能子系统和两个支撑子系统：工程设计自动化子系统、管理信息子系统、制造自动化子系统、质量保证子系统以及计算机网络和数据库子系统。系统的组成框图如图 5.2.1 所示。

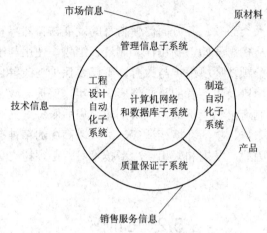

图 5.2.1　CIMS 构成框图

1. 4 个功能子系统

(1) 管理信息子系统，以制造资源计划(Manufacturing Resource Planning，MRPII)为核心，包括预测、经营决策、各级生产计划、生产技术准备、销售、供应、财务、成本、设备、人力资源的管理信息功能。

(2) 产品设计与制造工程自动化子系统，通过计算机来辅助产品设计、制造准备以及产品测试，即 CAD/CAPP/CAM 阶段。

(3) 制造自动化或柔性制造子系统，是 CIMS 信息流和物料流的结合点，是 CIMS 最终产生经济效益的聚集地，由数控机床、加工中心、清洗机、测量仪、运输小车、立体仓库、多级分布式控制计算机等设备及相应的支持软件组成。根据产品工程技术信息、车间层加工指令，完成对零件毛坯的作业调度及制造。

(4) 质量保证子系统，包括质量决策、质量检测、产品数据的采集、质量评价、生产加工过程中的质量控制与跟踪功能。系统保证从产品设计、产品制造、产品检测到售后服务全过程的质量。

2. 两个辅助子系统

(1) 计算机网络子系统，即企业内部的局域网，支持 CIMS 各子系统的开放型网络通信系统。采用标准协议可以实现异机互联、异构局域网和多种网络的互联。系统可满足不同子系统对网络服务提出的不同需求，支持资源共享、分布处理、分布数据库和适时控制。

(2) 数据库子系统，支持 CIMS 各子系统的数据共享和信息集成，覆盖了企业全部数据信息，在逻辑上是统一的，在物理上是分布式的数据管理系统。

CIMS 的主要特征是集成化与智能化。集成化反映了自动化的广度，把系统空间扩展到市场、设计、加工、检验、销售及用户服务等全部过程；而智能化则体现了自动化的深度，即不仅涉及物质流控制的传统的体力劳动自动化，还包括了信息流控制的脑力劳动自动化。

总之，CIM 是组织、管理生产的一种哲理、思想与方法，适用于各种制造业。CIM 的许多相关技术具有共性，而 CIMS 则是这种思想的具体实现。它不是千篇一律的一种模式，各国乃至各个企业均应根据自己的需求与特点来发展自己的 CIMS。

5.2.2　CIMS 的控制体系结构

在对传统的制造管理系统功能需求进行深入分析的基础上，美国国家标准技术研究院提出了 5 层的 CIMS 控制体系结构(如图 5.2.2 所示)，即工厂层、车间层、单元层、工作站层和设备层。每一层又可进一步分解为模块或子层，并都由数据驱动。

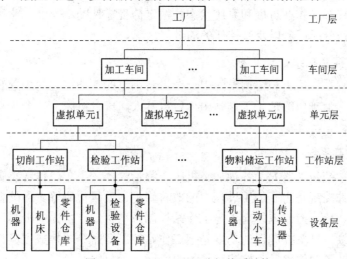

图 5.2.2　AMRF/CIMS 分级体系结构

1. 工厂层控制系统

工厂层控制系统为 CIMS 的最高一级控制，进行生产管理，履行"工厂"或"总公司"的职能。它的规划时间范围(指任何控制层完成任务的时间长度)可以从几个月到几年。该层按主要功能又可分为 3 个模块：生产管理模块、信息管理模块和制造工程模块。

(1) 生产管理模块。生产管理模块跟踪主要项目，制订长期生产计划，明确生产资源需求，确定所需的追加投资，计算出剩余生产能力，汇总质量性能数据，根据生产计划数据确定交给下一级的生产指令。

(2) 信息管理模块。信息管理模块通过用户—数据接口实现必要的行政或经营的管理功能，如成本估算、库存估计、用户订单处理、采购、人事管理以及工资单处理等。

(3) 制造工程模块。制造工程模块的功能一般都是通过用户—数据接口，在人的干预下实现的。该模块包括两个子模块：CAD 子模块和工艺过程设计子模块。CAD 子模块用于设计几何尺寸和提出部件、零件、刀具和夹具的材料表；工艺过程设计子模块则用于编制每个零件从原材料到成品的全部工艺过程。

2. 车间层控制系统

车间层控制系统负责协调车间的生产和辅助性工作，以及完成上述工作的资源配置。

其规划时间范围从几周到几个月。它一般有以下两个主要模块：

(1) 任务管理模块。任务管理模块负责安排生产能力计划，对订单进行分批，把任务及资源分配给各单元，跟踪订单直到完成，跟踪设备利用情况，安排所有切削刀具、夹具、机器人、机床及物料运输设备的预防性维修，以及其他辅助性工作。

(2) 资源分配模块。资源分配模块负责分配单元层控制系统，提供各项目具体加工时所需的工作站、储存区、托盘、刀具及材料等。它还根据"按需分配"的原则，把一些工作站分配给特定的"虚拟"单元，动态地改变其组织结构。

3. 单元层控制系统

单元层控制系统负责相似零件分批通过工作站的顺序和管理及其他有关辅助工作。它的规划时间范围可从几个小时到几周。具体的工作内容是完成任务分解，资源需求分析，向车间层控制系统报告作业进展和系统状态，决定分批零件的动态加工路线，安排工作站的工序，给工作站分配任务以及监控任务的进展情况。

4. 工作站层控制系统

工作站层控制系统负责和协调车间中一个设备小组的活动。它的规划时间范围可从几分钟到几小时。一个典型的加工工作站由一台机器人、一台机床、一个物料存储器和一台控制计算机组成。

5. 设备层控制系统

设备层控制系统是机器人、各种加工机床、测量仪器、小车、传送装置等各种设备的控制器。采用这种控制是为了加工过程中的改善修正、质量检测等方面的自动计量和自动在线检测、监控。该层控制系统向上与工作站控制系统接口连接，向下与厂家供应的各单元设备控制器连接。设备控制器的功能是把工作站控制器命令转换成可操作的、有次序的简单任务，并通过各种传感器监控这些任务的执行。

5.2.3 CIMS 中的信息集成

CIMS 的关键是信息集成，集成的作用是将原来独立的自动化系统组成一个协同工作的、功能更强的新系统。

随着计算机在生产过程中的广泛应用，形成了许多分散的自动化系统，如计算机辅助设计(CAD)、计算机辅助工艺规划(CAPP)、计算机辅助制造(CAM)、柔性制造系统(FMS)、计算机辅助工程分析(CAE)、管理信息系统(MIS)、制造资源计划(MRP II)、企业资源计划(ERP)等。CIMS 正是在这些系统的基础上发展起来的，又是对这些系统的集成。

CIMS 系统的集成一般应具备以下 3 个基本特征：

(1) 数据共享。系统内部某个子系统运行的结果可被其他子系统直接使用。

(2) 功能交互。通过统一的执行控制程序来组织和协调系统内部各子系统的运行，实现功能的交互集成。

(3) 开放式结构。不但在系统内部各子系统之间易于信息交换，系统与外部的其他相关子系统也能通过外部接口实现有效的信息互通。

CAD/CAM 集成是 CIMS 系统信息集成的重要部分，是把设计和制造过程中的各个环节如 CAD、CAPP、CAM、NCP(数控编程)等有机结合起来，以实现各部分之间信息的提取、交换、共享和处理，保证系统内信息流的畅通和整个系统的有效运行。

CIMS 信息集成的实施包括 3 个层次：物理集成、应用集成和经营集成。物理集成是指物理设备互连、网络配置和管理、设备间通信、数据交换规则和协定的设定等，它是一切信息集成的基础。应用集成又称应用软件集成，它能提供一些机制，如采用全局数据管理、客户机/服务器结构等，能使各过程之间共享公共数据和公共资源。经营集成又称业务集成，可支持稳定的决策过程，是在应用集成的基础上实现各种经营功能的完整集成。

5.2.4　CIMS 的关键技术

CIMS 是一个复杂的系统，是一种适用于多品种、中小批量的高效益、高柔性的智能生产系统。它是由很多子系统组成的，而这些子系统本身又都是具有相当规模的复杂系统。因此，涉及 CIMS 的关键技术很多，归纳起来，大致有以下 5 个方面。

1. CIMS 系统的结构分析与设计

这是系统集成的理论基础及工具，如系统结构组织学和多级递阶决策理论、离散事件动态系统理论、建模技术与仿真、系统可靠性理论及容错控制，以及面向目标的系统设计方法等。

2. 支持集成制造系统的分布式数据库技术及系统应用支撑软件

它包括支持 CAD/CAM 集成的数据库系统，支持分布式多级生产管理调度的数据库系统，分布式数据系统与实时、在线递级控制系统的综合与集成。CIMS 的数据库系统通常采用集中与分布相结合的体系结构，以保证数据的安全性、一致性和易维护性。此外，CIMS 数据库系统往往还建立一个专用的工程数据库系统，用来处理大量的工程数据。工程数据类型复杂，它包含图形、加工工艺规程、NC 代码等各种类型的数据。工程数据库系统中的数据与生产管理、经营管理等系统的数据均按统一规范进行交换，从而实现整个 CIMS 中数据的集成和共享。

3. CIMS 网络

它是支持 CIMS 各个分系统的开放型网络通信系统。通过计算机网络将物理上分布的 CIMS 各个分系统的信息联系起来，以达到共享的目的。按照企业覆盖地理范围的大小，有两种计算机网络可供 CIMS 采用，一种为局域网，另一种为广域网。目前，CIMS 一般以互联的局域网为主。如果工厂厂区的地理范围相当大，局域网可能要通过远程网进行互联，从而使 CIMS 同时兼有局域网和广域网的特点。

CIMS 网络是面向制造业的工厂计算机网络。任何一个 CIMS 用户都可以按照本企业的总体经营目标，根据特定的环境和条件约束，采用先进的建网技术，自行设计和组建实施本企业专用的计算机网络，覆盖企业的各个部门，包括设计、生产、销售和决策的各个环节，保证生产经营全过程一体化的企业信息流的高度集成。因此，必然要涉及网络结构优化、网络通信的协议、网络的互联与通信、网络的可靠性与安全性等问题的研究，甚至还需对能支持数据、语言、图像信息传输的宽带通信网络进行探讨。

4. 自动化制造技术与设备

这是实现 CIMS 的物质技术基础，其中包括自动化制造设备 FMS、自动化物料输送系统、移动机器人及装配机器人、自动化仓库以及在线检测及质量保障等技术。

5. 软件开发环境

良好的软件开发环境是系统开发和研究的保证。这里涉及面向用户的图形软件系统、适用于 CIMS 分析设计的仿真软件系统、CAD 直接检查软件系统以及面向制造控制与规划开发的专家系统。

综上所述，涉及 CIMS 的关键技术很多，制定和开发计算机集成制造系统的战略和计划是一项重要而艰巨的任务。而对计算机集成制造系统的投资则更是一项长远的战略决策。一旦取得突破，CIMS 技术必将深刻地影响企业的组织结构，使机械制造工业产生一次巨大飞跃。

5.2.5　CIMS 的实施要点

CIMS 系统是企业经营过程、人的作用发挥和新技术的应用这 3 方面集成的产物。因此，CIMS 的实施要点也要从这几方面来考虑。

(1) 要改造原有的经营模式、体制和组织，以适应市场竞争的需要。因为 CIMS 是多技术支持条件下的一种新的经营模式。

(2) 在企业经营模式、体制和组织的改造过程中，对于人的因素要给予充分的重视，并妥善处理，因为其中涉及了人的知识水平、技能和观念。

(3) CIMS 的实施是一个复杂的系统工程，整个实施过程必须有正确的方法论指导和规范化的实施步骤，以减少盲目性和不必要的疏漏。

5.2.6　CIMS 的经济效益

一个制造型企业采用 CIMS，概括地讲是提高了企业整体效率。具体而言，体现在以下几方面：

(1) 在工程设计自动化方面，可提高产品的研制和生产能力，便于开发技术含量高和结构复杂的产品，保证产品设计质量，缩短产品设计与工艺设计的周期，加速产品的更新换代速度，满足顾客需求，从而占领市场。

(2) 在制造自动化或柔性制造方面，加强了产品制造的质量和柔性，提高了设备利用率，缩短了产品制造周期，增强了生产能力，加强了产品供货能力。

(3) 在经营管理方面，可使企业的经营决策和生产管理趋于科学化，使企业能够在市场竞争中快速、准确地报价，赢得时间；在实际生产中，可解决"瓶颈"问题，减少在制品；同时，可降低库存资金的占用。

5.2.7　CIMS 的研究发展趋势

20 世纪 80 年代以来，CIMS 逐渐成为制造工业的热点。CIMS 以其生产率高、生产周期短以及在制品少等一系列极有吸引力的优点，给一些大公司带来了显著的经济效益。世界上很多国家和企业都把发展 CIMS 定为全国制造工业或企业的发展战略，制订了很多由政府或企业支持的计划，用以推动 CIMS 的开发应用。

在我国，尽管制造工业的技术和管理总体水平与工业发达国家还有较大差距，但也已将 CIMS 技术列入我国的高技术研究发展计划(即"863"计划)，其目的就是要在自动化领域跟踪世界的发展，力求缩小与国外先进制造技术的差距，为增强我国的综合国力服务。

CIMS 是现代信息技术、计算机技术、自动控制技术、生产制造技术、系统和管理技术的综合集成系统，也是一项投资大、涉及面广、实现时间长和技术上不断演变的系统工程，其中各项单元技术的发展、部分系统的运行都成功地表明了 CIMS 工程的巨大潜力。

近些年，并行工程、人工智能及专家系统技术在 CIMS 中的应用大大推动了 CIMS 技术的发展，增强了 CIMS 的柔性和智能性。随着信息技术的发展，人们在 CIMS 基础上又提出了各种现代制造系统，诸如精良生产、敏捷技术、全球制造等。与此同时，人们不但将信息引入到了制造业，而且将基因工程和生物模拟引入了制造技术，力图建立一种具有更高柔性的开放的制造系统。

5.3 工业机器人

机器人技术是涉及机械学、传感器技术、驱动技术、控制技术、通信技术和计算机技术的一门综合性高新技术，既是光机电一体化的重要基础，又是光机电一体化技术的典型代表。特定应用的机器人，如弧焊、点焊、喷漆装备、刷胶和建筑等，形成了庞大的机器人产业。在现代制造系统中，工业机器人是以多品种、少批量生产自动化为服务对象的，因此，它在 FMS、CIMS 和其他机电一体化系统中获得了广泛的应用，成为现代制造系统不可缺少的组成部分。

5.3.1 工业机器人的基本概念

1. 工业机器人的定义

工业机器人是一种可重复编程、多自由度的自动控制操作机，至今尚无公认的定义。我们综合有关定义，可将其理解为"工业机器人是技术系统的一种类别，它能以其动作复现人的动作和职能；它与传统的自动机的区别在于有更大的万能性和多目的用途，可以反复调整以执行不同的功能"。尽管这一概念还不能准确定义机器人，但它反映了研制机器人的最终目标是创造一种能够综合人的所有动作智能特征，延伸人的活动范围，使其具有通用性、柔性和灵活性的自动机械。

2. 工业机器人的组成

工业机器人一般由操作机构、控制系统、驱动系统、位置检测系统和人工智能系统组成。

(1) 操作机构。操作机构是一种具有和人手相似的动作功能，可在空中抓放物体或执行其他操作的机械装置，通常包括以下部件：

• 手部：又称抓取机构或夹持器，用于直接抓取工件或工具。手部还可安装一些专用工具，如焊枪、喷枪、电钻、拧紧器等。

• 腕部：是连接手部和手臂的部件，用以调整手部的姿态和方位。

• 手臂：是支撑手部和腕部的部件，由动力关节和连杆组成，用以承受工件或工具的负荷，改变工件或工具的空间位置并到达指定地点。

• 机身：是基础部件，起支撑和连接作用。

(2) 控制系统。控制系统是机器人的大脑，使机器人按预定要求进行动作，并记忆人们给予的指令信息，同时按照控制系统的信息对执行机构发出执行指令。

(3) 驱动系统。驱动系统是机器人的动力源，它按照控制系统发来的控制指令，驱动执行机构进行运动。

(4) 位置检测系统。位置检测系统通过力、位置、触觉、视觉等传感器检测机器人的运动位置和工作状态，并随时反馈给控制系统，以便使执行机构具有一定的精度。

(5) 人工智能系统。人工智能系统主要由两部分组成：一是由各类传感器来实现感觉功能的感觉系统；二是决策、规划系统，包括逻辑判断、模式识别和规划操作程序等功能。

3. 工业机器人的分类

1) 按系统功能分

(1) 专用机器人：在固定地点以固定的程序工作，无独立的控制系统，工作对象单一，动作少，结构简单，造价低。

(2) 通用机器人：具有独立的控制系统，动作灵活多样，通过改变控制程序能完成多种作业。它的结构复杂，工作范围大，定位精度高，通用性强。

(3) 示教再现机器人：具有记忆功能，可完成复杂动作，通过人的示教使机器人的控制系统记忆所做的动作顺序，机器人就能按记忆自动完成作业，用于完成空间路径和动作复杂的工作场所。

(4) 智能机器人：采用计算机控制，具有人工智能。通过各种感觉功能和识别功能可做出决策并自动进行反馈纠正。

2) 按驱动方式分

(1) 气压传动机器人：以压缩空气来驱动执行机构，具有动作快、结构简单、成本低等优点，不足之处是工作速度稳定性差，抓重有一定的限制，适合在高速轻载、高温和粉尘大的环境中作业。

(2) 液压传动机器人：具有较大的抓举能力，且结构紧凑，传动平稳，动作灵敏，但要求有严格的密封和油液过滤，对液压件的制造精度也有较高的要求，不宜在高温或低温下工作。

(3) 电力传动机器人：由交、直流伺服电动机，直线电动机或功率步进电动机驱动。因其可以运用多种灵活的控制方法及电动机的品种众多而为设计提供了多种选择，且结构简单、紧凑，所以成为目前应用较为广泛的工业机器人。

3) 按结构形式分

(1) 直角坐标机器人：由 3 个相互正交的平移坐标轴组成，各个坐标轴运动独立，具有控制简单、定位精度高的特点。

(2) 圆柱坐标机器人：由立柱和一个安装在立柱上的水平臂组成，其立柱安装在回转机座上，水平臂可以自由伸缩，并可沿立柱上下移动。该类机器人具有一个旋转轴和两个平移轴。

(3) 球坐标机器人：由回转机座、俯仰铰链和伸缩臂组成，具有两个旋转轴和一个平移轴。可伸缩摇臂的运动结构与坦克的转塔类似，可实现旋转和俯仰运动。

(4) 关节机器人：其运动类似人的手臂，由大小两臂和立柱等机构组成。大小臂之间用铰链连接而形成肘关节，大臂和立柱连接而形成肩关节，可实现三个方向的旋转运动。它能抓取靠近机座的物件，也能绕过机体和目标间的障碍物去抓取物件，具有较高的运动速度和极好的灵活性，成为最通用的机器人。

4. 工业机器人的性能特征

工业机器人的性能特征影响机器人的工作效率和可靠性，以下几方面的性能指标在机器人的设计和选用时必须逐一予以考虑和重视，以便能满足需要。

(1) 自由度。自由度是衡量机器人技术水平的主要指标。所谓自由度是指运动件相对于固定坐标系所具有的独立运动。自由度数越多，机器人可以完成的动作越复杂，通用性越强，应用范围也越广，但技术难度也越大。一般情况下，通用机器人有 3~6 个自由度。

(2) 工作空间。工作空间是指机器人运用手部进行工作的空间范围。机器人的工作空间取决于机器人的结构形式和每个关节的运动范围。工作空间是选择机器人时应考虑的一个重要参数。

(3) 提取重力。提取重力是反映机器人负载能力的一个重要参数，根据提取重力的不同范围，可将机器人分为：

- 微型机器人，提取重力在 10 N 以下；
- 小型机器人，提取重力为 10~50 N；
- 中型机器人，提取重力为 50~300 N；
- 大型机器人，提取重力为 300~500 N；
- 重型机器人，提取重力在 500 N 以上。

(4) 运动速度。运动速度影响机器人的运动周期和工作效率，它与机器人所提取的重力和位置精度有密切的关系。运动速度高，机器人所承受的动载荷变大，并同时承受着加减速时较大的惯性力，影响机器人的工作平稳性和位置精度。一般情况下，通用机器人的最大直线运动速度不超过 1000 mm/s，最大回转运动速度不超过 120°/s。

(5) 位置精度。位置精度是衡量机器人工作质量的另一项重要指标。位置精度的高低取决于位置控制方式以及机器人运动部件本身的精度和刚度，此外还与提取重力和运动速度等因素有密切关系。典型的工业机器人的位置精度一般在 ±0.02~±5 mm 的范围。

5.3.2　工业机器人的机械结构

1. 工业机器人手部的机械结构

工业机器人的手部是用于抓取和握紧(或吸附)工件或专用夹紧工具进行操作的部件。它安装在机器人手臂的前端，是操作机构直接执行工作的装置。根据其用途和结构的不同可以分为夹持式、吸附式和专用工具 3 类。

(1) 夹持类手部是利用夹钳的开闭来夹紧和抓取工件的，按其结构又分为两指或多指、回转和平移、外夹和内撑等多种形式。

(2) 吸附式手部分为气吸式和磁吸式。气吸式手部是利用真空吸力及负压吸力吸持工件，它适用于抓取薄片工件，吸盘由橡胶或塑料制成。磁吸式手部是利用电磁铁和永久磁铁的磁力吸取磁性物质的小五金件。

(3) 专用工具供工业机器人完成某类特定的作业之用，可直接安装在机器人的腕部，如焊枪、喷枪、电动扳手、电钻等。

2. 工业机器人手臂的机械结构

手臂是操作机构中的主要运动部件，它用来支撑手部和腕部，并调整手部在空间的位置。手臂一般应有三个自由度，这些自由度可以是移动副和回转副。手臂的直线运动多数通过液压缸来实现，也可通过齿轮齿条、滚珠丝杠、直线电动机来实现。回转运动可采用蜗轮蜗杆式、液压缸活塞杆上的齿条驱动齿轮的方式、液压缸通过链条驱动链轮转动、利用液压缸活塞杆直接驱动手臂回转、由回转液压缸直接驱动手臂回转、由步进电动机通过齿轮转动使手臂回转、由直流电动机通过谐波传动装置驱动手臂回转。

3. 工业机器人腕部的机械结构

手腕是连接手臂和手部的部件，其功能是在手臂和腕部实现了手部在空间的 3 个位置(自由度)坐标的基础上，再由手腕来实现手部在作业空间的 3 个姿态(方位)坐标，即实现 3 个旋转自由度。手腕一般由弯曲式关节和转动式关节组成，它处于手臂末端，为减轻手臂载荷，使机器人具有良好的动力学特性，一般将驱动装置安装在立柱或靠近立柱的其他部件上，而不直接安装在腕部，通过齿条、齿形带或连杆将运动传递到腕部。手腕部的自由度越高，其动作越灵活，机器人对作业的适应能力越强，但同时会使手腕结构复杂，运动控制难度大。为提高手腕动作的精确性，应提高传动的刚度，在手腕回转各关节轴上要设置限位开关和机械挡块，以防关节超位。

5.3.3 工业机器人的控制原理

1. 工业机器人控制系统的技术特点

(1) 工业机器人有若干个关节，多个关节的运动要求各个伺服系统协调工作。

(2) 工业机器人的任务控制手部进行空间点位运动或连续轨迹运动，对工业机器人的运动控制需要进行复杂的坐标变换运算及矩阵函数的逆运算。

(3) 工业机器人的数学模型是一个多变量、非线性和参变数的复杂模型，各变量之间还存在耦合，因此工业机器人的控制中经常使用前馈、补偿、解耦和自适应等复杂控制技术。

(4) 较高级的工业机器人要求对环境条件、控制指令进行测定和分析，采用计算机建立数据库，用人工智能的方法进行控制、决策、管理和操作，按照要求，自动选择最佳控制规律。

2. 工业机器人的控制系统

控制系统是机器人的重要组成部分，它使机器人按照作业要求去完成各种任务。由于机器人的类型较多，因此其控制系统的形式也是多种多样的。按照控制回路的不同可将机器人控制系统分为开环式和闭环式；按对机器人手部运动轨迹的不同可分为点位控制和连续控制；按设备的不同可分为机械、液压、射流及顺控器等控制方法。目前较多的机器人采用了计算机程序控制的形式。

一个典型机器人的闭环控制系统的工作原理如图 5.3.1 所示。由系统发出的一个个位置控制指令被送到系统的比较器，它与由位置传感器送来的反映机器人实际位置的反馈信号进行比较，得到位置差值，将其差值加以放大，驱动伺服电动机，控制机器人某一环节作相应的运动。机器人的新运动位置经检测后再次送到比较器比较，产生新的误差信号继续控制机器人运动，这个过程一直持续到误差信息为零为止。

图 5.3.1　机器人闭环控制系统工作原理

工业机器人的动作是通过示教→存储→再现的过程来实现的。要使机器人具有完成预定作业的功能，须将作业示教给机器人，这个操作过程称为"示教"；将示教内容记忆下来称为"存储"；按照存储的示教内容进行动作称为"再现"。早期是利用行程开关、挡块、凸轮及各类顺序控制器来实现这一过程的。由于计算机性能的提高和价格的下降，目前大多采用计算机控制以不同的方法完成示教编程。实现自动完成预定的作业任务，关键在于控制系统具有记忆功能，能存储完成作业所需的全部信息。在示教阶段，由操作者拨动示教盒上的开关按钮或用手握着机器人的手臂来操作机器人，使它按需要的姿势、顺序和路线进行工作。此时，机器人一边工作，一边将示教的各种信息通过反馈回路逐一反馈到记忆装置中存储起来。实际工作时，拨动控制面板上的启动开关使机器人转入再现阶段，于是机器人便从记忆装置中依次调出在示教阶段所存储的信息，利用这些信息去控制机器人再现示教阶段的动作。示教再现式控制系统的工作原理如图 5.3.2 所示。

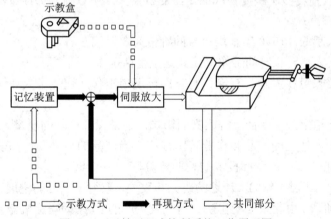

□□□⇨ 示教方式　■■■➡ 再现方式　⇨ 共同部分

图 5.3.2　示教再现式控制系统工作原理图

在点位控制机器人(如点焊机器人)中，每个运动轴通常都是单独驱动的。各个运动轴相互协调运动，实现各个坐标点的精确控制。在示教状态下，操作者使用示教盒上的控制按钮，分别移动各个运动轴，使机器人臂部达到一个个控制点，按示教盒编成按钮存储各个控制点的位置信息。再现或自动操作时，各个坐标轴以相同的速度互不相关地进行运动。哪个运动轴移动距离短便先到达控制点，自动停止下来等待其他运动轴，就这样完成一个控制点的运动。由此可见，点位控制时控制点之间所经过的路线不必考虑，也很难预料。这里控制的仅仅是精确的坐标位置，它与 NC 机床的点位控制较为相似。

在轮廓控制机器人(如涂装、弧焊机器人)中，与 NC 机床的不同之处在于：许多连续轨迹机器人控制系统中没有插补器。取代插补器的办法是将机器人运动的一系列连续轨迹进行离散化处理，用许多小间隔的空间坐标点表示将这些坐标点存储在存储器内。在示教时，操作者可以直接移动机器人或使用示教臂，引导机器人通过预期的路径来编制这个运动程序，控制器按一定的时间增量记下机器人的有关位置，时间增量可在每秒 5~80 个点的范围内变化。存储时，不仅要将位置信息、动作顺序存储起来，还必须将机器人动作的时间信息一起存储到磁带和磁盘上，以便控制机器人的运动速度。再现时，磁带或磁盘作等速运动，机器人运动的位置信息从磁带或磁盘上读出，送到控制器去控制机器人完成规定动作。值得说明的是，由计算机控制的现代工业机器人大都具有轨迹插补功能。这样，机器人在操作使用方便性和工作精度方面都得到了很大的提高。

5.3.4　工业机器人的应用及发展趋势

机器人作为一种拟人的工作机械，随着机器人技术的不断发展，其应用领域也在不断拓宽，从传统的制造业正在向非制造业领域扩展。20 世纪 90 年代至今，随着计算机技术、智能技术的进步和发展，第二代具有一定感觉功能的机器人已经实用化并开始推广，具有视觉、触觉、高灵巧手指、能行走的第三代智能机器人相继出现并开始走向应用。机器人的发展速度明显加快，年增长率平均在 10%左右。其中，亚洲机器人的增长幅度最为突出。工业机器人的应用领域已从制造业向非制造业发展，从发达国家向发展中国家扩展渗透。

今后，电力、原子能电站、消防救灾、服务、农林、畜牧、水产、医疗、矿业、化工/医药、交通、海洋、航空、航天、军事、环保等领域，都是或将是机器人发挥其功能的广阔天地，是任何其他器械所不能替代的。工业机器人之所以得到如此广泛的应用，是因为它具有以下几个特点：

(1) 造价越来越低，1990 年平均每台的价格为 3 万元左右。

(2) 工业机器人适合长时间工作，尤其是重复性工作。

(3) 工业机器人可在危险、有毒、有害的环境中工作，避免了人在这种环境下伤亡的可能性。

(4) 工作性能稳定，不受情绪等因素的影响，易于保证产品的质量。

(5) 工业机器人适应的产品和作业范围很广。当产品的型号和产品变更时，它能迅速适应生产线的重组和变更，发挥投资的长期效益。

我国的工业机器人经"863"计划的研究和攻关，取得了长足的进展，使我国机器人研究进入了实用化阶段。由北京自动化研究所开发生产的 PJ 系列喷涂机器人已广泛用于我国汽车及电机、电器、陶瓷等行业；由大连组合机床研究所开发的 R 系列弧焊、搬运机器人，可用于机械、轻工等行业；由北京机床研究所开发的 GJR 系列搬运、点焊、弧焊机器人，可用于汽车、摩托车、自行车等行业。此外，上海交通大学开发的精密 1 号装配机器人，采用先进的 DD 直接驱动、二维视觉、六维力觉传感器和多任务操作系统，可进行离线编程；中科院沈阳自动化所开发了水下特种机器人；北京航空航天大学开发的仿人灵巧手有 7 根驱动轴，可进行复杂装配作业，已有出口；上海大学开发的壁面行走机器人，能跨越障碍，垂直于壁面行走；等等。

由于工业机器人具有一定的通用性和适应性，能适应多品种的中、小批量的生产，因此常与数字控制机床结合在一起，成为柔性制造单元或柔性制造系统的组成部分。

工业机器人技术是一门涉及机械学、电子学、计算机科学、控制技术、传感器技术、仿生学、人工智能甚至生命科学等学科领域的交叉性科学，机器人技术的发展依赖于相关学科技术的发展和进步。目前，工业机器人有如下几个发展趋势。

1. 精良机器人

精良机器人是由英国的 ABB Robotics 公司在近年来提出的，其宗旨是寻求成本低廉的自动化。在产品设计上既不过分追求完美无缺，也不缺乏必要的功能。这就要求为每个用户、每种特定应用提供最为适宜的机器人。制造商和用户在定货合同签订之前就结成伙伴关系，一起规定、寻求和确定最佳方案，并在以后的产品安装、调试和使用过程中，一直以这种伙伴关系来处理问题。

2. 微型机器人

微型机器人是 21 世纪的尖端技术之一。开发几何尺寸为毫米级(甚至更小尺寸)的微型机器人一直是机器人技术研究和开发的一个诱人的目标。工业先进国家都在进行这一工作，目前已经开发出手指大小的微型移动机器人，甚至出现了毫米级大小的微型移动机器人和直径为几百微米及更小(纳米级)的医疗和军事机器人。微型驱动器、微型传感器等是开发微型机器人的基础和关键技术，它们将对机密机械加工、现代光学仪器、超大规模集成电路、现代生物工程、遗传工程和医学工程等产生重要影响。

3. 智能机器人

智能化是工业机器人的一个重要发展方向。目前，机器人的智能化研究可以分为两个层次：一是利用模糊控制、神经元网络控制等智能控制策略，利用被控对象对模型依赖性不强的特点来解决机器人的复杂控制问题，或者在此基础上增加轨迹或动作规划等内容，这是智能化的最低层次；二是使机器人具有与人类类似的逻辑推理和问题求解能力，面对非结构性环境能够自主寻求解决方案并加以执行，这是更高层次的智能化。使机器人能够具有复杂的推理和问题求解能力，以便模拟人的思维方式，目前还很难有所突破。

智能机器人系统由指令解释、环境认识、作业计划设计、作业方法决定、作业方法生成与实施、知识库等环节及外部各种传感器和接口等组成。智能机器人研究虽是人工智能研究的一部分，但与人工智能的其他部分的研究有相当大的不同之处。智能机器人的研究与现实世界的关系很大，也就是说，不仅与智能的信息处理有关，而且与用传感器收集现实世界的信息并由此做出机器人的动作有关。此时，信息的输入、处理、判断、规划必须相互协调，以使机器人选择合适的动作。目前研究得最多的是在既知环境中工作的机器人，其工作环境由已知的物件构成，但各物件的姿态、位置却是任意的。此外，还假定机器人的操作速度不必很快，可不必考虑实时性。从长远观点来看，在未知环境中学习，是智能机器人的一个重要研究课题。

4. 机器人的多机协调化

由于生产规模不断扩大，因此对机器人的多机协调作业要求越来越迫切。在很多大型生产线上，往往要求很多机器人共同完成一个生产过程，因而每个机器人的控制就不单纯是自身的控制问题，而需要多机协调动作。此外，随着 CAD/CAM/CAPP 等技术的发展，更多地把设计、工艺规划、生产制造、零部件存储和配送等有机地结合起来，在柔性制造、计算机集成制造等现代加工制造系统中，机器人已经不再是一个个独立的作业机械，而是其中的重要组成部分，这些都要求多个机器人之间、机器人与生产系统之间必须协调作业。

5. 机器人的标准化

机器人的标准化工作是一项十分重要而又艰巨的任务。机器人的标准化有利于制造业的发展，但目前不同厂家的机器人之间很难进行通信和零部件的互换。机器人的标准化问题不是技术层面的问题，而主要是不同企业之间的认同和利益问题。

6. 机器人的模块化

智能机器人和高级机器人的结构力求简单紧凑，其高性能部件甚至全部机构的设计已向模块化方向发展。其驱动采用交流伺服电动机，向小型和高输出方向发展；其控制装置向小型化和智能化方向发展；其软件编程也在向模块化方向发展。

5.4　有限元分析

在现代先进设计与制造领域中，最常见也是最基本的问题是计算和校验零、部件的强度、刚度以及对机器整体或部件进行动力分析等。力学分析方法可分为解析法和数值法两大类。解析法是应用数学分析工具，求解含少量未知数的简单数学模型的一种传统的计算方法，只对某些简单问题才能得出闭合形式的解，适用于普通机械零件的常规设计计算。对于复杂的结构问题，唯一的途径是应用数值法求出问题的近似解，而有限元法就是十分有效而实用的数值方法。有限元分析法是力学与计算机技术相结合的产物，是一种解决工程问题的数值计算方法。1960 年，美国 Clogh 教授首次提出了"有限元法"(The Finite Element Method)的概念，从此有限元法正式作为一种数值分析方法出现在工程技术领域。经过 60 多年的应用和发展，有限元法已日趋成熟。现在，有限元法已成为结构分析中应用最为广泛的、必不可少的工具。有限元建模(Finite Element Modeling，FEM)和有限元分析(Finite Element Analysis，FEA)技术已成为建立分析模型、共享数据的有效途径，是解决各种工程实际问题的便利工具和有效手段。

有限元法可以处理任何复杂形状、不同物理特性、多变的边界条件和任何承载情况的工程问题，广泛应用于场强(力场、电场、磁场、温度场、流体场等)分析、热传导、非线性材料的弹塑性蠕变分析等研究领域中。

5.4.1　有限元法的基本思想

有限元法的基本思想是：先把一个原来是连续的物体剖分(离散)成有限个单元，而且它们相互连接在有限个节点上(如图 5.4.1 所示)，承受等效的节点载荷，并根据平衡条件进行分析，然后根据变形协调条件把这些单元重新组合起来，成为一个组合体，再综合求解。由于单元的个数是有限的，节点数目也是有限的，所以称为有限元法。

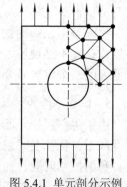

图 5.4.1　单元剖分示例

在采用有限元法对结构进行分析计算时，分析对象不同，采用单元类型(形状)也不同。常见的单元类型有杆单元、梁单元、板单元(三角形、矩形等)、多面体单元(四面体、六面体)等。

5.4.2　有限元分析法的应用

有限元方法是随着计算机技术的应用而发展起来的一种先进的 CAD/CAE 技术，广泛应用于航空航天、船舶、汽车、机械、电子、土木等各个领域中的科学计算、设计、分析中，成功地解决了许多复杂的设计和分析问题，已成为工程设计和分析中的重要工具。如图 5.4.2 所示为 CAE 技术在机械工程中的应用，目前，有限元方法在机械工程中的应用主要有以下几个方面。

(1) 静力学分析：这是对二维或三维的机械结构承载后的应力、应变和变形进行分析，是有限元方法在机械工程中最基本、最常用的分析类型。当作用在结构上的载荷不随时间变化或随时间的变化十分缓慢时，应进行静力学分析。

(2) 模态分析：这是动力学分析的一种，用于研究结构的固有频率和自振形式等振动特性，进行这种分析时所施加的载荷只能是位移载荷和预应力载荷。

(3) 谐响应分析和瞬态动力学分析：这两类分析也属动力学分析，用于研究结构对周期载荷和非周期载荷的动态响应。

(4) 热应力分析：这类分析用于研究结构的工作温度不等于安装温度或工作时结构内部存在温度分布时结构内部的温度应力。

(5) 接触分析：这是一种状态非线性分析，用于分析两个结构物发生接触时的接触面状态、法向力等。由于机械结构中结构与结构间力的传递均是通过接触来实现的，所以有限元方法在机械结构中的应用很多都是接触分析。但是，以前受到计算能力的制约，接触分析应用得较少。

(6) 屈曲分析：这是一种几何非线性分析，用于确定结构开始变得不稳定时的临界载荷和屈曲模态形状，比如压杆稳定性问题。

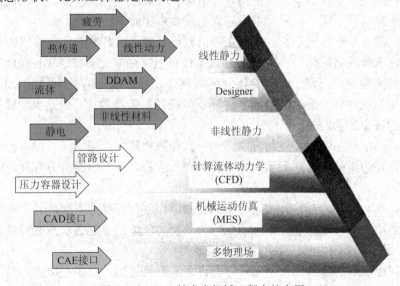

图 5.4.2　CAE 技术在机械工程中的应用

5.4.3　常用有限元软件

随着一些商业通用有限元软件的出现，有限元分析的应用范围越来越广，能处理的问题越来越多，涉及的问题越来越大。目前，国际著名的通用有限元程序有几十种，针对不同的领域，它们的特点各有不同，然而其基本思路是一致的，了解了一种软件的原理、结构与使用，其他软件就可以触类旁通了。

常用的有限元软件包有 MSC、ABAQUS、ANSYS、LS-DYNA、NASTRAN、MARC、ASKA、ADINA 等。各种大型有限元分析软件的结构和基本原理以及使用方法大同小异，前后处理功能都是类似的，不同软件只是在计算模块的功能和单元库方面有所不同。

5.4.4　有限元分析的一般流程

有限元分析的目的就是针对具有任意复杂几何形状的变形体，完整获取在复杂外力作用下它内部的准确力学信息，即求取该变形体的 3 类力学信息(位移、应变、应力)。在准确进行力学分析的基础上，设计师就可以对所设计对象进行强度、刚度等方面的评判，以便对不合理的设计参数进行修改，得到较优化的设计方案；然后，再次进行方案修改后的有限元分析，以进行最后的力学评判和校核，确定出最后的设计方案。

有限元问题最终可以归结为：在满足边界条件的情况下，求解基本方程。在实际求解时，先求出某些未知量，再由它们求解其他未知量。60 多年来，有限元的方法模式得到很大的发展，除经典的最小势能原理的位移有限元模式(位移法)外，还有基于余能原理的应力平衡模式(应力法)、基于广义势能原理的位移杂交模式(位移杂交法)、基于广义余能原理的应力杂交模式(应力杂交法)、基于 H-W 混合变分原理的混合有限元模式等。同时，还发展了一些特殊的方法形态，如有限条带、无限元、半解析有限元以及边界元等，从而大大提高了有限元法解决实际问题的能力。

对于不同物理性质和数学模型的问题，有限元求解法的基本步骤是相同的，只是具体公式推导和运算求解不同。有限元求解问题的基本步骤如下：

第一步，问题及求解域定义。根据实际问题近似确定求解域的物理性质和几何区域。

第二步，求解域离散化。将求解域近似为具有不同有限大小和形状且彼此相连的有限个单元组成的离散域，习惯上称为有限元网络划分。显然单元越小(网络越细)，则离散域的近似程度越好，计算结果也越精确，但计算量及误差都将增大，因此求解域的离散化是有限元方法的核心技术之一。

第三步，确定状态变量及控制方法。一个具体的物理问题通常可以用一组包含问题状态变量边界条件的微分方程式表示，为适合有限元求解，通常将微分方程化为等价的泛函形式。

第四步，单元推导。对单元构造一个适合的近似解，即推导有限单元的列式，其中包括选择合理的单元坐标系，建立单元函数，以某种方法给出单元各状态变量的离散关系，从而形成单元矩阵(结构力学中称刚度阵或柔度阵)。

为保证问题求解的收敛性，单元推导有许多原则要遵循。对工程应用而言，重要的是应注意每一种单元的解题性能与约束。例如，单元形状应以三角形、四面体等规则形状为好，畸形时不仅精度低，而且有缺秩的危险，将导致无法求解。

第五步，总装求解。将单元总装形成离散域的总矩阵方程(联合方程组)，反映对近似求解域的离散域的要求，即单元函数的连续性要满足一定的连续条件。总装是在相邻单元节点进行的，状态变量及其导数(可能的话)连续性建立在节点处。

第六步，联立方程组求解和结果解释。有限元方法最终形成联立方程组。联立方程组的求解可用直接法、选代法和随机法。求解结果是单元节点处状态变量的近似值。对于计算结果的质量，将通过与设计准则提供的允许值比较来评价并确定是否需要重复计算。

简言之，有限元分析可分成 3 个阶段，即前处理、处理和后处理。前处理是建立有限元模型，完成单元网格划分；后处理则是采集处理分析结果，使用户能简便提取信息，了解计算结果。有限元法求解的具体步骤如图 5.4.3 所示，基于 ANSYS 的有限元应力应变分析如图 5.4.4 所示。

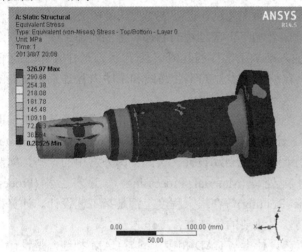

(a) 应力图

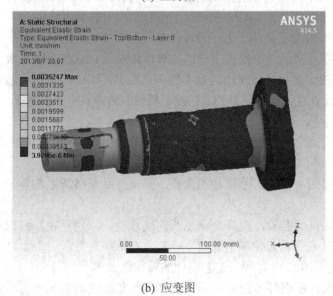

(b) 应变图

图 5.4.4　基于 ANSYS 有限元应力应变分析图

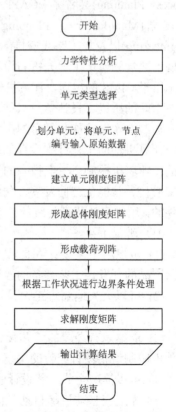

图 5.4.3　有限元法求解的具体步骤

5.5　CAPP 技术

5.5.1　CAPP 的概念及意义

CAPP 的开发、研制是从 20 世纪 60 年代末开始的，在制造自动化领域，CAPP 的发展是最迟的部分。世界上最早研究 CAPP 的国家是挪威，始于 1969 年，并于该年正式推出了世界上第一个 CAPP 系统 AUTOPROS；1973 年正式推出了商品化的 AUTOPROS 系统。在 CAPP 发展史上具有里程碑意义的是 CAM-I 于 1976 年推出的 CAM-I'S Automated Process Planning 系统，取其字首的第一个字母，称为 CAPP 系统。目前对 CAPP 这个缩写法虽然还有不同的解释，但把 CAPP 称为计算机辅助工艺设计已经成为公认的释义。

CAPP 的作用是利用计算机来进行零件加工工艺过程的制订，把毛坯加工成工程图纸上所要求的零件。它是通过向计算机输入被加工零件的几何信息(形状、尺寸等)和工艺信息(材料、热处理、批量等)，由计算机自动输出零件的工艺路线和工序内容等工艺文件的过程。

CAPP 也常被译为计算机辅助工艺规划。国际生产工程研究会(CIRP)提出了计算机辅助规划(CAP，Computer Aided Planning)、计算机自动工艺设计(CAPP，Computer Automated Process Planning)等名称，CAPP 一词强调了工艺自动设计。实际上国外常用的一些，如制造规划(Manufacturing Planning)、材料处理(Material Processing)、工艺工程(Process Engineering)以及加工路线安排(Machine Routing)等在很大程度上都是指工艺设计。计算机辅助工艺规划属于工程分析与设计范畴，是重要的生产准备工作之一。

由于 CIMS 的出现，计算机辅助工艺设计上与 CAD 相接，下与 CAM 相连，是设计与制造之间的桥梁。设计信息只能通过工艺设计才能生成制造信息，设计只能通过工艺设计才能与制造实现功能和信息的集成。由此可见 CAPP 在实现生产自动化中的重要地位。

计算机辅助工艺过程设计的基本原理正是基于人工设计的过程及需要解决的问题而提出的：随着机械制造生产技术的发展及多品种小批量生产的要求，特别是 CAD/CAM 系统向集成化、智能化方向发展，传统的工艺设计方法已远远不能满足要求。CAPP 也是应运而生的，用 CAPP 代替传统的工艺设计克服了上述缺点。它对于机械制造业具有重要意义，其主要表现如下：

(1) 可以将工艺设计人员从大量繁重的、重复性的手工劳动中解放出来，使他们能从事新产品的开发、工艺装备的改进及新工艺的研究等创造性的工作。

(2) 可以大大地缩短工艺设计周期，保证工艺设计的质量，提高产品在市场上的竞争能力。

(3) 能继承有经验的工艺设计人员的经验，提高企业工艺的继承性，特别是在当前国内外机械制造企业有经验的工艺设计人员日益短缺的情况下，它具有特殊意义。

(4) 可以提高企业工艺设计的标准化，并有利于工艺设计的最优化工作。

(5) 为适应当前日趋自动化的现代制造环节的需要和实现计算机集成制造系统创造必要的技术基础。

(6) 工艺人员的工艺经验、工艺知识能够得到充分的利用和共享。

(7) 制造资源、工艺参数等以适当的形式建立制造资源和工艺参数库。

(8) 能充分利用标准(典型)工艺生成新的工艺文件。

正因为 CAPP 在机械制造业有如此重要的意义,人们从 20 世纪 60 年代就开始对其进行研究,几十年来已取得了重大的发展,在理论体系及生产过程的实际应用方面都取得了重大的成果。但是到目前为止,仍有许多问题有待进一步深入研究,尤其是 CAD/CAM 向集成化、智能化方面发展,追求并行工程模式,这些都对 CAPP 技术提出了新的要求,也赋予了它新的含义。CAPP 从狭义的观点来看,它是完成工艺过程设计,输出工艺规程。但是为满足 CAD/CAM 集成系统及 CIMS 发展的需要,对 CAPP 的认识应进一步扩展,"PP"不再单纯理解为"Process Planning",而含有"Production Planning"的含义。此时,CAPP 所包含的内容是在原有的基础上向两端发展:向上扩展为生产规划最佳化及作业计划最佳化,作为 MRPII 的一个重要组成部分,并为 MRPII 提供所需的技术资料;向下扩展为形成 NC 控制指令。广义的 CAPP 概念就是在这种形势下应运而生的,也对 CAPP 的理论与实践提出了新的要求。

5.5.2 CAPP 系统的分类

计算机辅助编制工艺规程的方法大致有派生式、创成式和综合式 3 种,那么相应的 CAPP 系统也就可以分为以下 3 种。

1. 派生式(Variant)CAPP 系统

派生式 CAPP 系统也叫检索式、变异式、修订式、样件式 CAPP 系统,它是建立在成组技术(GT)的基础上,它的基本原理是利用零件的相似性(即相似零件有相似工艺规程)。一个新零件的工艺规程是通过检索系统中已有的相似零件的工艺规程并加以筛选或编辑而成的。计算机内存储的是一些标准工艺过程和标准工序;从设计角度看,与常规工艺设计的类比设计相同,也就是用计算机模拟人工设计的方式,其继承和应用的是标准工艺。派生式系统必须有一定量的样板(标准)工艺文件,在已有工艺文件的基础上修改编制而生成新的工艺文件。

2. 创成式(Generative)CAPP 系统

创成式 CAPP 系统也叫生式 CAPP 系统。创成式系统的工艺规程是根据程序中所反映的决策逻辑和制造工程数据信息生成的,这些信息主要是有关各种加工方法的加工能力和对象,各种设备及刀具的适用范围等一系列的基本知识。工艺决策中的各种决策逻辑存入相对独立的工艺知识库,供主程序调用。向创成式系统输入待加工零件的信息后,系统能自动生成各种工艺规程文件,用户不需或略加修改即可。创成式系统不需要派生法中的样板工艺文件,在创成系统中只有决策逻辑与规则,系统必须读取零件的全面信息,在此基础上按照程序所规定的逻辑规则自动生成工艺文件。

3. 综合式(Hybrid)CAPP 系统

综合式是将派生式、创成式与人工智能结合在一起,综合而成的。

从以上 3 种 CAPP 系统中工艺文件产生的方式可以看出,派生式系统必须有样板文件,因此它的适用范围局限性很大，只能针对某些具有相似性的零件产生工艺文件。在一个企业中这种零件只是一部分，那么派生式系统就无法解决其他零件的工艺文件。创成式系统虽然基于专家系统自动生成工艺文件，但需输入全面的零件信息，包括工艺加工的信息。信息需求量极大、极全面，系统要确定零件的加工路线、定位基准、装夹方式等，从工艺设计的特殊性及其个性化分析，这些知识的表达和推理无法很好地实现；正是由于知识表达的"瓶颈"与理论推理的"匹配冲突"至今无法很好地解决，自优化和自完善功能差，因此 CAPP 的专家系统方法仍停留在理论研究和简单应用的阶段。

除上面几种 CAPP 系统以外，还有一种智能式的 CAPP 系统越来越受到重视。智能式 CAPP 系统是将人工智能技术应用在 CAPP 系统中所形成的 CAPP 专家系统。智能式 CAPP 系统与创成式 CAPP 系统有一定区别，正如人们所知，创成式 CAPP 系统及 CAPP 专家系统都可自动地生成工艺规程。创成式 CAPP 系统以逻辑算法加决策表为其特征，而智能式 CAPP 系统则以推理加知识为其特征。

在企业的实际应用中，无论是用什么方式进行工艺过程设计的，其目的只有一个——真正满足企业的需要，解决企业的实际问题。

5.5.3　CAPP 系统的基础技术

1. 成组技术

成组技术是一门生产技术科学，CAPP 系统的研究和开发与成组技术密切相关。成组技术的实质是利用事物的相似性，把相似问题归类成组并进行编码，寻求解决这一类问题相对统一的最优方案，从而节约时间和精力以取得所期望的经济效益。零件分类和编码是成组技术的两个最基本概念。根据零件特征对零件进行分组的过程是分类；给零件赋予代码则是编码。对零件设计来说，由于许多零件具有类似的形状，可将它们归并为设计族，设计一个新的零件可以通过修改一个现有同族典型零件而形成。对加工来说，由于同族零件要求类似的工艺过程，只要组建一个加工单元来制造同族零件，对每一个加工单元只考虑类似零件，就能使生产计划工作及其控制变得容易。因此，成组技术的核心问题就是充分利用零件上的几何形状及加工工艺相似性进行设计和组织生产，以获得最大的经济效益。

2. 零件信息的描述与输入

零件信息的描述与输入是 CAPP 系统运行的基础和依据。零件信息包括零件名称、图号、材料、几何形状及尺寸、加工精度、表面质量、热处理以及其他技术要求等。准确的零件信息描述是 CAPP 系统进行工艺分析决策的可靠保证，因此对零件信息描述的简明性、方便性以及输入的快速性等方面都有较高的要求。常用的零件描述方法有分类编码描述法、表面特征描述法以及直接从 CAD 系统图库中获取 CAPP 系统所需要的信息。其中，从长远的发展角度看，根本的解决方法是直接从 CAD 系统图库中获取 CAPP 系统所需要的信息，即实现 CAD 与 CAPP 的集成化。

3. 工艺设计决策机制

工艺设计方案决策主要有工艺流程决策、工序决策、工步决策以及工艺参数决策等内容。其中，工艺流程设计中的决策最为复杂，是 CAPP 系统中的核心部分。不同类型 CAPP

系统的形成，主要也是由于工艺流程生成的决策方法不同而决定的。为保证工艺设计达到全局最优，系统常把上述内容集成在一起，进行综合分析、动态优化和交叉设计。

4. 工艺知识的获取及表示

工艺设计随着各个企业的设计人员、资料条件、技术水平以及工艺习惯不同而变化。要使工艺设计能够在企业中得到广泛有效的应用，必须根据企业的具体情况，总结出适应本企业的零件加工典型工艺决策的方法，按所开发 CAPP 系统的要求，用不同的形式表示这些经验及决策逻辑。

5. 工艺数据库的建立

CAPP 系统在运行时需要相应的各种信息，如机床参数、刀具参数、夹具参数、量具参数、材料、加工余量、标准公差及工时定额等。工艺数据库的结构要考虑方便用户对数据库进行检索、修改和增删，还要考虑工件、刀具材料以及加工条件变化时数据库的扩充和完善。

5.5.4　CAPP 软件的基本功能

应用 CAPP 可克服传统手工工艺设计的缺点，提高工艺编制的效率，推进工艺设计的优化、标准化、智能化，促进企业信息化建设。

1. CAPP 的体系结构

对照前面手工工艺设计过程及相应内容，计算机辅助工艺规划的内容主要应包括：① 产品零件信息输入；② 毛坯选择及毛坯图生成；③ 定位夹紧方案选择；④ 加工方法选择；⑤ 加工顺序安排；⑥ 加工设备和工艺装备确定；⑦ 工艺参数计算；⑧ 工艺信息(文件)输出。

CAPP 系统的结构，视其工作原理、产品对象、规模大小不同而有较大的差异。以下是根据 CAD/CAPP/CAM 集成要求而拟定的一个例子，其基本模块如下：

(1) 控制模块，其主要任务是协调各模块的运行，是人机交互窗口，实现人机之间的信息交流，控制零件信息的获取方式。

(2) 零件信息输入模块，当零件信息不能从 CAD 系统直接获取时，用此模块实现零件信息的输入。

(3) 工艺过程设计模块，进行加工工艺流程的决策，产生工艺过程卡，供加工及生产管理部门使用。

(4) 工序决策模块，其主要任务是生成工序卡，对工序间的尺寸进行计算，生成工序图。

(5) 工步决策模块，对工步内容进行设计，确定切削用量，提供形成 NC 加工控制指令所需的刀位文件。

(6) NC 加工指令生成模块，依据工步决策模块所提供的刀位文件，调用 NC 代码库中适应于具体机床的 NC 指令系统代码，产生 NC 加工控制指令。

(7) 输出模块，可输出工艺流程卡、工序卡、工步卡、工序图及其他文档，输出也可从现有工艺文件库中调出各类工艺文件，利用编辑工具对现有工艺文件进行修改而得到所需的工艺文件。

(8) 加工过程动态仿真，对所产生的加工过程进行模拟，检查工艺的正确性。

2. CAPP 系统功能

为了适应极其错综复杂的制造环境，企业工艺设计对 CAPP 系统提出以下要求：

(1) 基于产品结构。在企业中，一切生产活动都是围绕产品而展开的。产品的生产过程也就是产品属性的生成过程。工艺文件作为产品的属性，应在工艺设计计划的指导下，围绕产品结构(基于装配关系的产品零/部件明细表)展开。基于产品结构进行工艺设计，可以直观、方便、快捷地查找和管理工艺文件。

(2) 工艺管理。在工艺工作中，工艺管理是非常重要的一部分，它包括产品级的工艺路线设计、材料定额汇总等。对于工艺设计和成本核算起着指导性的作用。

(3) 工艺设计。这是工艺工作的核心，CAPP 应高效率、高质量地保证工艺设计的完成，主要包括工艺过程卡和工序卡的编制、工序图的绘制。

(4) 资源的利用。在工艺设计的过程中，常常需要用到资源。所谓资源就是工艺设计需要支配的工艺资源数据(设备、工装物料和人力等)，需要应用的工艺技术支撑数据(工艺规范、国家/企业技术标准)，需要参考的工艺技术基础数据(工艺样板、工艺档案)。各个企业的资源是不同的，并且使用资源的方式也是不同的。CAPP 系统应广泛而灵活地提供资源内容和资源使用方式。

(5) 工艺汇总。它是工艺工作的一部分。工艺汇总卡片中的数据基于工艺规程，工艺规程中的工艺数据修改后，必须修改汇总卡片中的相关内容。

(6) 工艺设计管理。诸如"工艺设计目录""工艺设计文件封面""工夹具申请单"等的填写对于规范工艺文件管理有着极为重要的意义。

(7) 流程。工艺设计要经过设计、审核、批准、会签的工作流程，CAPP 系统应能实现这种工艺工作中的流程作业。

(8) 工艺设计的后处理。对定型产品的工艺进行分类归档，以及归档后对工艺文件的有效利用。

(9) 标准工艺。CAPP 系统中应有标准(或称典型工艺)的存储。在工艺设计中根据相似零件具有相似工艺的原理，标准工艺常常作为以后进行类似工艺设计的参考或模板。手工设计时称其为"哑工艺"。

企业各个专业工艺设计的基本要求是大同小异的。作为一个实用的 CAPP 系统必须能够适应以上这些基本功能的要求，甚至还要包括一些更智能的功能，如：实现工艺设计所需信息的描述和代码化(特征信息标识和工艺知识)，对工艺设计所需信息的数据结构形式进行合理制定，等等。

3. 工艺数据

工艺数据指在工艺设计过程中所使用、产生的数据。

从数据性质来看，工艺数据包括静态和动态两种类型。静态工艺数据主要涉及支持工艺规划的相关信息，其可对应于工艺设计手册和已规范化的工艺规程等。静态工艺数据一般由加工材料数据、加工数据、机床数据、刀具数据、量夹具数据、标准工艺规程数据、成组分类特征数据等组成，且常采用表格、线圈、公式、图形及格式化文本等形式表示。动态工艺数据则主要指在工艺规划过程中产生的相关信息，其由大量的中间过程数据、零件图形数据、工序图形数据、最终工艺规程、NC 代码等组成。从工艺规划的方式来看，工艺数据又可划分成支持检索式、派生式、创成式 CAPP 的工艺数据。但不管是用于何种形式的 CAPP 系统，相应的工艺数据不外乎是上述静态与动态数据的不同组合。

5.5.5　CAPP 与企业信息集成

1. CAPP 在 CAD/CAM 集成系统中的作用

自 20 世纪 80 年代中后期以来，CAD、CAM 的单元技术日趋成熟，随着机械制造业向 CIMS 或 IMS 发展，CAD/CAM 集成化的要求是亟待解决的问题。CAD/CAM 集成系统实际上是 CAD/CAPP/CAM 集成系统。CAPP 从 CAD 系统中获取零件的几何拓扑信息、工艺信息，并从工程数据库中获取企业的生产条件、资源情况及企业工人技术水平等信息，进行工艺设计，形成工艺流程卡、工序卡、工步卡及 NC 加工控制指令，在 CAD、CAM 中起纽带作用。为达到此目的，在集成系统中必须解决以下问题：

(1) CAPP 模块能直接从 CAD 模块中获取零件的几何信息、材料信息、工艺信息等，以代替零件信息描述的输入。

(2) CAD 模块的几何建模系统，除提供几何形状及其拓扑信息外，还必须提供零件的工艺信息、检测信息、组织信息及结构分析信息等。因此，以计算机图形学为基础的几何建模系统(如线框建模、表面建模及三维实体建模等)是不能适应集成化的要求的，特征建模也就应运而生。

(3) 须适应多种数控系统 NC 加工控制指令的生成。生成 NC 加工指令的以往工作过程是根据零件图纸及加工要求，利用自动编程语言，编写加工该零件的 NC 源程序，经过后置处理器，形成 NC 加工控制指令；在一些商品化的 CAD/CAM 系统中，以图形为驱动，用人机交互方式补充工艺信息，形成 NC 加工源程序，经后置处理得到 NC 加工控制指令。这两种生成 NC 加工指令的过程都不能适应集成化的要求。在 CAD/CAPP/CAM 集成系统中，由于 CAPP 模块能够直接形成刀位文件，因而就可以直接形成 NC 加工控制指令，这就简便得多了。CAD/CAPP/CAM 集成系统中 CAPP 模块的功能是将产品设计信息转变为制造加工和生产管理信息，它是 CAD 与 CAM 的纽带，同时也是 CAD/CAM 与产品数据管理(Product Data Management，PDM)以及企业资源计划(Enterprise Resource Planning，ERP)等管理信息系统集成的基础。在早期的 CAD/CAM 系统，可以利用图形驱动产生 NC 加工指令，但是它没有提供在制造加工、生产管理过程中所需的一切信息，难以实现制造过程中的计算机控制及生产管理。广义 CAPP 的出现却能解决这方面的问题，因此，一个切实可行的 CAPP 系统，能使 CAD、CAM 充分发挥效益。CAD 的结果能否有效地用于生产实际，CAM 能否充分地发挥其效益，以至整个 CIMS 能否切实可行，CAPP 在其中起着重大的影响，它是难度较大的一个领域，也是当前发展集成化 CAD/CAM 系统甚至 CIMS 亟待解决的问题。

2. CAPP 在企业信息集成中的重要作用

企业在建立了集成的 CAPP 系统以后，将有效地推动企业设计和生产制造的效率。而下列各方面的问题，也只有在集成化的 CAPP 环境下，才能够很好地解决。

1) 有效利用企业制造资源数据

(1) 可以利用企业已建立的管理信息系统(Management Information System，MIS)中的资

源数据，如设备管理信息系统中的设备、工装管理信息系统中的工装、企业组织机构中的部门信息、人事管理系统中的人员信息，等等。

(2) 可以智能化(开放的推理、过滤、查询机制)地使用企业的任意资源数据。

2) 给管理部门及时提供有效的工艺 BOM 数据

(1) 可以对产品、零部件或工艺文件进行自动统计汇总工作，自动生成各种报表(属于工艺文件的组成部分)。

(2) 可以将统计汇总结果直接传递给其他管理系统，或存储为指定格式的中间数据库文件供其他系统或部门使用。

(3) 其他系统也可以直接从工艺数据库中提取相关的工艺数据。

3) 充分利用 CAD 成果

(1) 利用 CAD 的产品结构信息。

(2) 利用 CAD 的产品属性数据。

(3) 利用 CAD 的图档。

4) 提供 CAM 图形、管理 CAM 结果

CAM 是与 CAPP 完全不同的技术，但 CAM 的原始数据——工艺图和结果——设计方案与 NC 代码是工艺数据的重要组成部分。

(1) CAPP 的工艺图管理 CAM 方案。

(2) CAPP 的工艺图管理 CAM 的 NC 代码。

5) 与流行的 PDM 系统无缝集成

(1) 可以集成到 PDM 系统中工作。

(2) 共享 PDM 系统的产品数据和权限数据。

(3) 支持在 PDM 系统中浏览、打印、批注工艺文件。

(4) 按 PDM 系统的要求进行工艺文件的版本控制。

(5) 按 PDM 系统的要求进行工艺设计的流程作业。

6) 可传递工艺数据给 MRPII、ERP 等管理系统

这些系统可直接从 CAPP 的工艺数据库中提取所需数据。

5.5.6 CAPP 技术的发展趋向

作为真正的创成形系统的近似，目前开发的创成形 CAPP 系统主要是指带有一定工艺决策逻辑的 CAPP 系统。理论界也有一种观点认为，追求完全创成形的 CAPP 系统并不明智，要使 CAPP 成为一个完整的系统，软件中须包含一切决策逻辑，系统具有工艺规划设计所需要的所有信息，需要做大量的准备工作，要广泛收集生产实践中的工艺知识，建立庞大的工艺数据库。而生产实际由于产品品种的多样化，各种产品的加工过程有很大的不同，每个生产环境都有其特殊的生产条件，工艺决策逻辑也都不一样，所以具有有限创成功能的 CAPP 系统更为实用，有更广阔的发展前途。

由于目前还不能完全实现创成形 CAPP 系统，因此在针对某一产品或某一工厂的生产情况而设计 CAPP 系统时，往往将派生型和创成形互相结合，称其为综合型 CAPP 系统，

也叫半创成 CAPP 系统，利用各自的优点，克服各自的不足。例如，某综合型 CAPP 系统采用派生与自动决策相结合的工作方式，对于零件的工艺路线是通过在计算机中检索其所属的零件组的标准工艺，由计算机按照派生法根据零件的几何形状和加工精度以及工艺参数等进行一系列的删减选择而得到。同时系统又具有一定的工艺决策逻辑，根据零件的输入参数经过工序创成而获得每一道工序的详细内容，体现了派生与创成相结合的特点。我国各高等学校及科研院所等开发的 CAPP 系统大多数是这类系统。

各国的研究者对 CAPP 都给予了高度重视，但由于 CAPP 所涉及的是典型的跨学科的复杂问题，是一个研究难度较大的领域，因此还存在不少亟待解决的问题。例如，由于各个具体制造生产环境的差别很大，虽然人们迫切希望 CAPP 系统如同 CAD 系统那样有较强的通用性，但是就目前的 CAPP 发展水平而言还很难做到这一点。总的来说，CAPP 在工程实际中应用的深度和广度都还不理想，当前研究开发的热点课题主要有：产品信息模型的生成与获取、CAPP 体系结构研究及工具系统的开发、并行工程模式下的 CAPP 系统、基于人工智能技术的分布型 CAPP 专家系统、人工神经网络技术与专家系统在 CAPP 中的综合应用、CAPP 与自动生产调度系统的集成、基于 Web 技术的 CAPP 系统等。

5.6　并　行　工　程

并行工程是集成地、并行地设计产品及相关过程的系统化方法，通过组织多学科产品开发小组、改进产品开发流程和利用各种计算机辅助工具等手段，使多学科小组在产品开发初始阶段就能及早考虑下游的可制造性、可装配性、质量保证等因素，从而达到缩短产品开发周期、提高产品质量、降低产品成本、增强企业竞争力的目标。将并行工程应用于智能设计中，能够最大限度地减少设计的盲目性和重复性。面向产品的全生命周期的设计是一种在设计阶段就预见到产品的整个生命周期的设计，是具备高度预见性和预防性的设计。正是基于这种预见性，现代产品设计才能做到"运筹于帷幄之中，决胜于千里之外"。

5.6.1　并行工程的定义和特点

使产品设计具备高度预见性和预防性的技术就称作"并行设计"或"并行工程"。并行工程的实质就是集成地、并行地设计产品及其零部件和相关各种过程的一种系统方法。这种方法要求产品开发人员与其他人员一起工作，在开始设计时就考虑产品整个生命周期中从概念形成到产品报废处理的所有因素，包括质量、成本、进度计划和用户的要求。

从上述定义可以看出，并行工程具有如下特点。

1. 强调团队工作(Team Work)、团队精神和工作方式

一个人的能力总是有限的，他不可能同时精通产品从设计到售后服务各个环节的知识，也不可能掌握各个方面的最新情报。因此，为了设计出便于加工、便于装配、便于维修、便于回收、便于使用的产品，就必须将产品寿命循环各个方面的专家，甚至包括潜在的用户集中起来，形成专门的工作小组，大家共同工作，随时对设计出的产品和零件从各个方面进行审查，力求使设计出的产品便于加工、便于装配、便于维修、便于运送，外观美、

成本低、便于使用。在集中了各方面专家的智慧后设计出来的产品(在定型之前经过多次设计修改)必然可以满足(或基本满足)上述要求。在设计过程中，要定期组织讨论，大家都畅所欲言，对设计可以"横加挑剔"，帮助设计人员得出最佳化设计。需要指出的是，团队工作方式并不意味着一定要大家成天待在一起，这样有时会造成人力的浪费。所以，可以采取定时碰头的方式，或由设计人员单独向某方面的专家咨询。在计算机及网络通信技术高度发达的今天，工作小组完全可以通过计算机网络来工作。设计人员通过网络向各方面的专家咨询。专家们也可通过网络随时调出设计结果来进行审查和讨论。这种工作方式如图 5.6.1 所示。

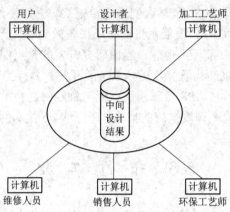

图 5.6.1　借助于计算机网络的工作方式

2. 强调设计过程的并行性

并行性有两方面的含义：其一是在设计过程中通过专家把关，同时考虑产品寿命循环的各个方面；其二是在设计阶段就可同时进行工艺(包括加工工艺、装配工艺和检验工艺)过程设计，并对工艺设计的结果进行计算机仿真，直至用快速原型法产生出产品的样件。这种方式与传统的设计在设计部门进行，工艺在工艺部门进行已大不相同。传统设计过程与并行设计过程分别见图 5.6.2 和图 5.6.3。

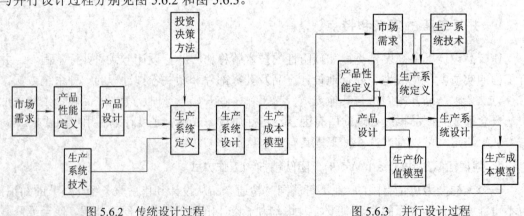

图 5.6.2　传统设计过程　　　　　　　图 5.6.3　并行设计过程

3. 强调设计过程的系统性

设计、制造、管理等过程不再是一个个相互独立的单元，而要将它们纳入一个整体的系统来考虑。设计过程不仅要提供图纸和其他设计资料，还要进行质量控制、成本核算，也要产生进度计划等。这种工作方式是对传统管理机构的一种挑战。

4. 强调设计过程的快速反馈

并行工程强调对设计结果及时进行审查，并及时反馈给设计人员。这样可以大大缩短设计时间，还可以保证将错误消灭在"萌芽"状态。并行工程的组成及信息流如图 5.6.4 所示，在图中未画出计算机、数据库和网络，但是它们都是并行工程必不可少的支撑环境。

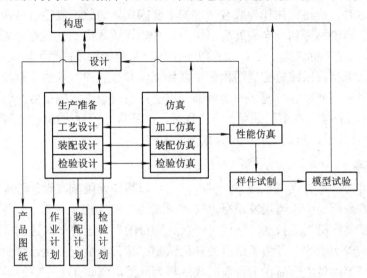

图 5.6.4　并行工程的组成及信息流

5.6.2　并行工程的关键技术

并行工程是一种以空间换取时间来处理系统复杂性的系统化方法，它以信息论、控制论和系统论为理论基础，在数据共享、人机交互等工具及集成上述工具的智能技术支持下，按多学科、多层次协同一致的组织方式工作。

1. 过程重构

并行工程与传统生产方式的本质区别在于它把产品开发的各个活动作为一个集成的过程，从全局优化的角度出发，对该集成过程进行管理和控制，并且对已有产品开发过程进行不断的改进与提高，这种方法称为产品开发过程重构。

2. 产品生命周期的数字定义

这里包括全局产品模型的定义、并行工程数字工具的使用以及产品数据的管理，它能够提供一种结构化的方法，有效地、有规则地存取、集成、管理和控制数据以及数据的使用流程。

3. 决策支持

并行工程产品开发过程得以实现的前提条件之一，是建立全局的决策管理模型，在相互的决策模型的支持下，使产品开发活动形成有机的整体，因而大大超出了简单的计算机工具所带来的效益积累。决策支持包括用户需求定义和保证、产品开发过程协调管理与控制、群组协同工作支持等。

5.6.3 并行工程的效益

1. 缩短产品投放市场的时间

在制造业不发达时代，用户主要考虑产品的功能，要求功能的完善程度和实用性，其他要求则放在次要的位置。随着制造技术的发展，能够提供的商品增多，用户又开始强调产品的价格。这时，价格往往作为顾客考虑的主要因素。因此，制造者拼命降低成本，以求得价格优势。当价格降到一定程度后，用户又开始将质量提到重要地位来考虑。在以质量取胜的时代，没有好的质量，产品就难以在市场上站稳脚跟，只靠价格取胜已成为历史。市场的下一步发展将会以缩短交货期作为主要特征。并行工程技术的主要特点就是可以大大缩短产品开发和生产准备时间，使两者部分重合，而对于正式批量生产时间的缩短是有限的。据报道，国外某一汽车厂采用并行工程后，产品从开发到达预定批量的时间从 37 个月缩短到 19 个月，设计和试制周期仅为原来的 50%。

2. 降低成本

并行工程可在 3 个方面降低成本：其一，它可以将错误限制在设计阶段，据有关资料介绍，在产品寿命周期中，错误发现得愈晚，造成的损失就愈大；其二，并行工程不同于传统的"反复试制样机"的做法，强调"一次达到目的"，这种一次达到目的是靠软件仿真和快速样件生成实现的，省去了昂贵的样机试制；其三，由于在设计时要考虑加工、装配、检验、维修等因素，产品在上市前的成本将会降低，同时在上市后的运行费用也会降低，因此，产品的寿命循环价格也就降低了，既有利于制造者，也有利于用户。

3. 提高质量

采用并行工程技术，可尽量将所有质量问题消灭在设计阶段，使所设计的产品便于制造并易于维护。这就为质量的"零缺陷"奠定了基础，使得制造出来的产品甚至用不着检验就可上市。事实上，根据现代质量控制理论，质量首先是设计出来的，其次才是制造出来的，并不是检验出来的。检验只能去除废品，而不能提高质量。

4. 保证了功能的实用性

由于在设计过程中，同时有销售人员参加，有时甚至还包括用户，因此这样的设计方法反映了用户的需求，从而保证去除冗余功能，降低设备的复杂性，提高产品的可靠性和实用性。

5. 增强市场竞争能力

由于并行工程可以较快地推出适销对路的产品并投放市场，能够降低生产制造成本并保证产品质量，提高了企业的生产柔性，因此企业的市场竞争能力将会得到加强。

5.7　成　组　技　术

5.7.1 成组技术产生的背景

传统的生产组织模式是以孤立产品为基础的。当某一种产品批量大时，就可采用高效率专用设备，从而获得批量效益。而对于批量小的产品只能沿用低效率的常规工艺方法和通用设备，所以中小批量生产的劳动生产率比较低，其生产成本往往要比大批量生产的成本高出很多，产品缺乏市场竞争力。正是由于"批量法则"的作用，妨碍了中小批量产品提高生产率和降低成本。

随着科学技术的迅速发展和社会需求的多样化，要求产品不断更新换代，因此在现代机械制造业的生产结构中，多品种、中小批量的生产类型占了主导地位。改变传统的中小批量生产的落后面貌，提高生产效率和降低生产成本就成了紧迫的问题。

成组技术正是在这种背景下发展起来的一门新技术，它突破了局限于单一产品的批量概念，以成组批量代替单独批量。中小批生产能够采用先进技术和自动化设备，提高了生产效率，不仅稳定了质量，还降低了成本。除加工范畴外，成组技术已渗透到企业生产活动的各个方面，如产品设计生产准备和计划管理等，并成为现代制造系统的基础。

5.7.2　成组技术的原理

成组技术(Group Technology，GT)是从成组加工发展起来的。成组技术基于现代科技基础，经过多年的发展，其概念和科学技术范畴已从一种先进的机械加工方法，一套先进的工艺制造技术拓宽到一种科学制造原理和一套高效益的新型生产系统。

成组技术建立在相似性理论基础之上，成组哲理是这样描述的：按事物的相似性分类成组来处理问题可以提高效益。成组技术将成组哲理深入有效地应用于机械制造业，以实现产品生产全过程的合理化，它已成为具有系统工程性质的现代技术。

机械产品的零件虽然千变万化，但客观上存在着大量的相似性。有许多零件在形状、尺寸、精度和材料等方面是相似的，从而在加工工序、定位安装、机床设备以及工艺路线等各个方面都呈现出一定的相似性。

成组技术就是对零件的相似性进行标志、归类和应用的技术，其基本原理是根据零件的结构形状特征和加工工艺特征，对多种产品的各种零件按规定的法则标志其相似性，按一定的相似程度将零件分类编组，再对成组的零件制定统一的加工方案，这就把针对"某一个"零件来组织生产转化为针对"某一类"零件来组织生产，从而实现了生产过程的科学化、合理化。

5.7.3　零件的分类编码

1. 分类编码系统

分类编码是使用字母或数字符号描述每个零件设计和工艺的基本特征信息，将零件图上的信息代码化，它是标志相似性的手段。依据编码，按一定的相似性和相似程度再将零件划分为加工组，因此它是成组技术的重要内容，其合理与否将会直接影响成组技术的经济效果。为此各国在成组技术的研究和实践中都首先致力于分类编码系统的研究和制订。

分类编码方法的制订应该同时从设计和工艺两个方面来考虑。从设计方面考虑应使分类编码方法有利于零件的标准化，减少图纸数量，也就是减少零件品种，统一零件结构设计要素。从工艺方面来看则应使具有相同工艺过程和方法的零件归并成组，以扩大零件批量。

至今国内外已有多种零件分类编码系统，编码位数较少的有 4～9 位，也有 10 余位、20 余位的，甚至有多达 80 位的，可以根据具体情况选用，如 JCBM、OPITZ、KK-3、JLBM-1、

KM 系统等，也可自行开发适合于本单位产品特点的专用分类系统。考虑到零件的工艺过程在很大程度上取决于零件的结构形状，而工艺方法又是在不断改进提高的，因此不少编码系统把编码数字分为以设计特征为基础的主码和以工艺特征为基础的辅码。如英国的 Brisch 有主码 4～6 位，另有一组辅码，位数按需要而定。码位长度和每一码位包含的信息容量都是固定的分类编码系统，如 OPITZ、JLBM 等，人们称之为刚性分类编码系统。研究表明，刚性分类编码系统在完整、详尽地描述零件结构特征和加工特征方面还不能很好满足制造系统中不同层次、不同方面的需求。因此，出现了进一步说明零件结构特征和工艺细节以及扩大编码系统使用范围的柔性编码系统，其码位长度和每一码位所含的信息量都可以根据描述对象的复杂程度柔性变化，没有固定的码位设置和码的含义。

柔性编码系统的结构由固定码和柔性码两部分组成。固定码主要用于零件分类、检索和描述零件的整体信息，基本上起传统编码的作用；柔性码则详细地描述零件各部分的结构特征和工艺信息，用于加工、检测等环节。柔性码要面向形状特征，并详细地描述零件各加工部分的形状要素及与加工有关联的几何信息和工艺信息。目前，柔性编码系统尚在研究、发展之中。

2. JLBM-1 分类编码系统简介

JLBM-1 系统是我国机械工业部门为推行成组技术而开发的一种零件分类编码系统，它是一个十进制、十五位代码的混合结构分类的编码系统，在结构上可以说是 OPITZ 系统和 KK-3 系统的结合，克服了 OPITZ 系统的分类标志不全和 KK-3 系统环节过多的缺点。

JLBM-1 系统的基本结构如图 5.7.1 所示。

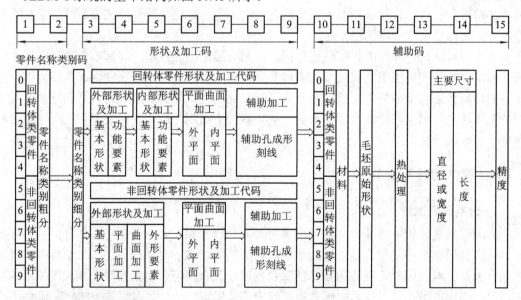

图 5.7.1　JLBM-1 零件分类编码系统

在 JLBM-1 分类系统中，零件的名称类别决定第一、二码位，第三至九码位是回转体零件和非回转体零件的形状及加工码，零件的材料、毛坯及热处理状况决定第十至十二码位，零件的主要尺寸、精度状况决定第十三至十五码位。

JLBM-1 系统力求能满足行业中各种不同产品零件的分类需求，但要想满意地达到这一目标是相当困难的。因为机械产品零件的品种繁多、尺寸范围极广，指望一个产品零件分类编码系统包罗万象，那是不可能的，因此 JLBM-1 系统中的零件功能名称、材料种类与毛坯类型、热处理、主要尺寸、精度等环节作为相对固定的基本组成部分，应使其具有通用性，而形状加工环节则可以由企业根据各自产品零件的结构、工艺特性自行设计安排。

JLBM-1 系统还存在着纵向分类环节数量有限、标志不全等缺点，随着使用过程中的问题不断被提出并予以改进，将会使 JLBM-1 系统不断完善。

5.7.4　成组加工工艺

划分为同一组的零件可以按相同的工艺在同一设备(如多工位成组专用机床)、生产单元或生产线上完成全部机械加工，这个工艺即所谓的成组工艺。

一组零件的成组工艺是按照该组中的一个具有代表性的零件(即主样件)来编制的。主样件综合了该组中所有零件在结构上和工艺上的特点，因此主样件的工艺过程可代表这一组内其余零件的全部加工要求。

在图5.7.2中,零件组内各个零件在结构上和工艺上的特点都可以用中间的主样件来代表。

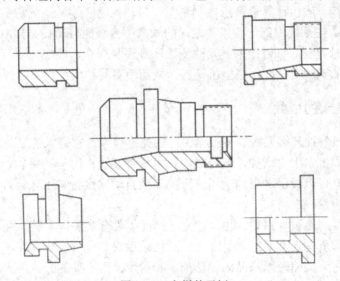

图 5.7.2　主样件示例

主样件可以是实际存在的，但由于集中了零件组内所有零件的特点，也可能在工程实际中不存在，而是人为构思拟定的。显然，各零件按工序内容相似的原则归并成零件组后，批量显著增大。这样就可相应地采用高效加工方法和设计专用工艺装备。

运用成组技术进行机械加工时，首先对零件进行分类编码，划分零件组。

零件组的划分主要依据相似性：若按代码完全相同的零件划为一组，则同组零件相似性很高而批量很小，不能体现成组效果；但若同组内的零件相似性太差，将使成组工艺规程、成组夹具和设备选择难以进行，同样不能取得成组效益。因此，确定相似程度很重要，应依据零件特点、生产批量和设备条件等因素来确定。

在零件分组的基础上可以选择或设计主样件，按主样件编制工艺路线，它将适合于该零件组内所有零件的加工。

5.7.5　成组加工生产的组织形式

随着成组加工的推广和发展，它的生产组织形式已由初级形式的成组单机加工逐步发展到成组生产单元、成组流水线和自动线，以至柔性制造系统。

成组生产单元是指把工艺上相似的若干零件组，封闭在完成其工艺过程所需的、由一组设备构成的一块生产面积内所形成的封闭生产系统。它是成组加工车间的基本生产单位，被实行成组工艺的中小批量生产企业广泛使用。但由于它主要依靠普通机床，还不能全面发挥成组加工的潜力，因此生产单元内设备负荷的均衡也易受到生产任务变化的影响。

成组生产线严格按照零件组的工艺过程来建立，每台设备规定固定的工序和节拍，一般在线上配备有 40%以上的高效机床，所以又进一步减少了零件在工序之间的积压，缩短了生产周期。成组生产线可分为流水线和自动线两种形式。成组流水线的零件在工序之间的运输采用轨道或小车，它能加工的零件种类较多，在线上工件每次投产的批量变化较大，所以它的适应性较大；成组自动线则采用各种自动输送机构来输送工件，效率更高，但因其工艺能力变化较小，故能加工的工件种类不太多，批量也不能变化过大。

柔性制造系统一般由计算机信息控制系统、自动化物料输送系统和多工位数控加工系统等 3 部分组成。在系统内部，各工序之间的联系不像刚性自动线那样由固定节拍决定，而是由计算机实时控制，可以根据需要改变工序顺序与周期，能在一定范围内完成相似零件组中不同零件的不同工序，不必停机调整，从而使多品种成组生产达到高度自动化。

5.7.6　成组技术的成效

成组技术是一种面向多品种、变批量生产的先进技术，它带来了显著的成效。

首先是使零件批量大大增加，这是成组技术最重要的作用与效果之一。扩大批量的结果使中小批量生产可以经济合理地采用先进的高效自动化设备和工艺装备，大大提高了生产率，也使产品质量稳定。

其次是提高了产品设计水平。由于建立了产品零件分类编码系统，新产品设计时就可按照分类编码查阅所有老产品的同类零件，经比较后决定是否重复利用、部分修改或少数重新设计，这样将大大缩短新产品的设计周期和费用。而零件的分类编码和集中存储，也有利于实现结构形状和尺寸参数的标准化与规格化，减少了零件的规格和品种。

运用成组技术还改变了原来中、小批量生产杂乱分散的生产状况，有利于实行科学的生产管理。总之，成组技术能显著提高企业产品在市场上的竞争能力，成组技术本身也已成为现代制造系统的基础。

5.8　逆　向　工　程

随着竞争的不断加剧，以消费产品为代表的制造业面临着前所未有的挑战和冲击，企业的新产品开发能力在其市场竞争中具有决定意义。要提高企业的新产品开发能力，就必须采用最先进的设计、开发和制造手段，逆向工程便是目前提高企业的新产品开发能力的先进手段之一。

5.8.1　逆向工程的定义及应用领域

1. 定义

在机械领域中,逆向工程是在没有设计图纸或者设计图纸不完整以及没有 CAD 模型的情况下,按照现有零件的模型(称为零件原型),利用各种数字化技术及 CAD 技术重新构造原型 CAD 模型的过程。

2. 逆向工程的应用

逆向工程是近年来发展起来的消化、吸收和提高先进技术的一系列分析方法和应用技术的组合,其主要目的是改善技术水平,提高生产率,增强经济竞争力。世界各国在经济技术发展中,应用逆向工程消化吸收先进技术经验,给人们以有益的启示。据统计,各国 70% 以上的技术源于国外。逆向工程作为掌握技术的一种手段,可使产品研制周期缩短 40% 以上,极大提高了生产率。因此,研究逆向工程技术,对我国国民经济的发展和科学技术水平的提高具有重大的意义。逆向工程的应用领域大致可分为以下几种情况:

(1) 在没有设计图纸或者设计图纸不完整以及没有 CAD 模型的情况下,在对零件原型进行测量的基础上形成零件的设计图纸或 CAD 模型,并以此为依据生成数控加工的 NC 代码,加工复制出一个相同的零件。

(2) 当需要通过实验测试才能设计定型的工件模型时,通常采用逆向工程的方法。比如航天航空领域,为了满足产品对空气动力学等要求,首先要求在初始设计模型的基础上经过各种性能测试(如风洞实验等),建立符合要求的产品模型,这类零件一般具有复杂的自由曲面外形,最终的实验模型将成为设计这类零件及反求其模具的依据。

(3) 在美学设计特别重要的领域,例如汽车外形设计中广泛采用真实比例的木制或泥塑模型来评估设计的美学效果,而不采用在计算机屏幕上缩小比例的物体投影图的方法,此时需用逆向工程的设计方法。

(4) 修复破损的艺术品或缺乏供应的损坏零件等,此时不需要对整个零件原型进行复制,而是借助逆向工程技术提取零件原型的设计思想,指导新的设计。这是由实物逆向推理出设计思想的一种渐近过程。

5.8.2　逆向工程的关键技术及实施过程

1. 数据获取技术

逆向工程具有与传统设计制造过程截然不同的设计流程。在逆向工程中,按照现有的零件原型进行设计生产,零件所具有的几何特征与技术要求都包含在原型中;在传统的设计制造中,按照零件最终所要承担的功能以及各方面的影响因素,进行从无到有的设计。此外,从概念设计出发到最终形成 CAD 模型的传统设计是一个确定的明晰过程,而通过对现有零件原型进行数字化后再形成 CAD 模型的逆向工程是一个推理、逼近的过程。

2. 产品建模技术

当零件原型数字化后形成一系列的空间离散点,生成原型的 CAD 模型就是要在这些离散点的基础上,应用计算机辅助几何设计的有关技术,构造零件原型的 CAD 模型。通常对于含有自由曲面的复杂型面,用一张曲面来拟合所有的数据点是不可行的,一般首先按照原型所具有的特征,将测量数据点分割成不同的区域,各个区域分别拟合出不同的曲面,然后应用曲面求交或曲面间过渡的方法将不同的曲面连接起来以构成一个实体。有效的三维测量数据分割和拟合技术是逆向工程中的重要内容。一般的反求 CAD 建模在使用点集和参数曲面片的方式表达零件的几何形状时,对描述零件的位置信息基本是合适的,但不能表达零件对象更高层次的结构特征信息。因此,在逆向工程中建立零件的 CAD 模型时,应尽可能地对零件承担的功能进行分析,提取其几何特征及特征之间的拓扑关系,建立基于特征的几何模型。

3. 零件原型测量数据的分割技术

物体表面测量数据的分割方法一般可以分为两类,一类是基于边界的分割法,一类是基于区域的分割法。基于边界的分割法首先估计出测量点的法向矢量或曲率,然后将法向矢量或曲率的突变处判定为边界的位置,并经边界跟踪等处理方法形成封闭的边界,将各边界所围区域作为最终的分割结果。由于在分割过程中只用到边界局部数据,以及存在微分运算,因此这种方法易受到测量噪声的影响。特别是对于型面缓变的曲面该方法将不再适用。基于区域的分割法是将具有相似几何特征的空间点划为同一区域,由于这种方法的分割依据具有明确的几何意义,因此是目前较为常用的分割方法。根据其分割过程的不同分从下至上和从上至下两种。

4. 曲面拟合技术

根据实际情况,拟合曲面既有隐形方程的表示形式,也有参数方程的表示形式。采用隐形方程表示的曲面一般是无界的,需要人为限定其范围。其优点在于对于拟合曲面的离散数据点的分布形式没有提出要求,进行求交运算时比较方便;主要缺点在于不能用统一的方程表示所有类型的曲面。由一定的基函数和控制点定义的参数曲面(线),如贝塞尔曲面(线)、B 样条曲面(线)等,目前作为形状数学描述的标准形式广泛应用于对曲面(线)的表达中。但参数化曲面(线)一般要求拟合区域的形状是较为规整的四边形,对于分割获得的任意 N 边形区域需做进一步插值划分处理以获得若干较为规整的四边形。此外,参数化曲面(线)要求区域内的数据点大体上呈矩形网格状的分布形式,因此对于区域内散乱分布的数据点,通常采用局部插值的方法来计算出规则的网格数据。曲面拟合可以分为插值和逼近两种方式。使用插值方法拟合曲面可通过所有数据点,适合于测量设备精度高,数据点坐标比较精确的场合;使用逼近的方法所拟合的曲面不一定通过所有的数据点,适用于测量数据较多,测量数据含噪声较高的情况。

5. 逆向工程的实施过程

1) 零件原型的数字化

通常采用三坐标测量仪(CMM)或激光扫描等测量装置来获取零件原型表面点的三维坐标值。

2) 从测量数据中提取零件原型的几何特征

按测量数据的几何属性对其进行分割,采用几何特征匹配与识别的方法来获取零件原型所具有的设计与加工特征。

3) 零件原型 CAD 模型的重建

将分割后的三维数据在 CAD 系统中分别做表面模型的拟合,并通过各表面片的求交与拼接获取零件原型表面的 CAD 模型。

4) 重建 CAD 模型的检验与修正

根据获得的 CAD 模型来重新测量和加工出样品，以检验重建的 CAD 模型是否满足精度或其他试验性能指标的要求。对不满足要求者重复以上过程，直至达到零件的设计要求。

5.8.3　逆向工程中常用的测量方法

逆向工程中的测量方法大体分为接触式与非接触式两类。

1. 接触式测量方法

1) 坐标测量仪(Coordinate Measuring Machine，CMM)

坐标测量仪(CMM)是一种具有很强柔性的尺寸测量设备。CMM 在工业界的应用开始于对棱柱类零件的快速、精确测量。但随着 CMM 各方面技术的发展(如回转工作台、触发式测头的产生)，特别是计算机控制的 CMM 的出现，目前，CMM 已广泛应用于对各类零件的自动检测。与投影仪、轮廓测量仪、圆度测量仪、激光测量仪等相比较，CMM 具有适应性强、功能完善等特点。坐标测量仪的出现，不但提高了检测设备的水平，而且在自动化检测中也是一个重要的突破。

CMM 在自动化程度方面有很大的差别。计算机控制的 CMM 具有全自动执行检测、分析检测数据和输出检测结果的功能，而一般的 CMM 仅具有手动控制功能或手动控制加示教功能。目前，随着计算机硬件性能的提高和价格的降低，绝大部分 CMM 均配有计算机，利用计算机可对测量所得的数据进行在线分析，以判别被测工件是否合格。同时也可以使用统计技术来确定工艺能力是否满足，分析误差来源等。

除了在质量检测方面使用 CMM 外，CMM 还可应用于对实物的仿制加工中，即所谓的逆向工程(Reverse Engineering)。在这种情况下，由 CMM 测量实际工件，并将测量所得的数据传送到 CAD/CAM 系统中，由 CAD/CAM 系统对这些数据进行加工处理，建立 CAD 模型，并进一步生成加工指令来指导加工。

2) 层析法

层析法是近年来发展的一种逆向工程技术，将研究的零件原型填充后，采用逐层铣削和逐层光扫描相结合的方法获取零件原型不同位置截面的内外轮廓数据，并将其组合起来获得零件的三维数据。层析法的优点在于可以对任意形状、任意结构零件的内外轮廓进行测量，但测量方式是破坏性的。

2. 非接触式测量方法

非接触式测量根据测量原理的不同，大致有光学测量、超声波测量、电磁测量等方式。以下仅将在逆向工程中最为常用与较为成熟的光学测量方法(含数字图像处理方法)作一简要说明。

1) 基于光学三角形原理的激光扫描法

这种测量方法根据光学三角形测量原理，以激光作为光源，其结构模式可以分为光点、单光条、多光条等，将其投射到被测物体表面，并采用光电敏感元件在另一位置接收激光的反射能量，根据光点或光条在物体上成像的偏移，通过被测物体基平面、像点、像距等之间的关系计算物体的深度信息。

2) 基于相位偏移测量原理的莫尔条纹法

这种测量方法将光栅条纹投射到被测物体表面，光栅条纹受物体表面形状的调制，其条纹间的相位关系会发生变化，以数字图像处理的方法解析出光栅条纹图像的相位变化量来获取被测物体表面的三维信息。

3) 基于工业 CT 断层扫描图像法

这种测量方法对被测物体进行断层截面扫描，以 X 射线的衰减系数为依据，经处理后重建断层截面图像，根据不同位置的断层图像可建立物体的三维信息。该方法可以对被测物体内部的结构和形状进行无损测量。该方法造价高，测量系统的空间分辨率低，获取数据时间长，设备体积大。美国 LLNL 实验室研制的高分辨率 ICT 系统的测量精度为 0.01 mm。

4) 立体视觉测量方法

立体视觉测量是根据同一个三维空间点在不同空间位置的两个(多个)摄像机拍摄的图像中的视差，以及摄像机之间位置的空间几何关系来获取该点的三维坐标值。立体视觉测量方法可以对处于两个(多个)摄像机共同视野内的目标特征点进行测量，而无需伺服机构等扫描装置。立体视觉测量面临的最大困难是空间特征点在多幅数字图像中提取与匹配的精度与准确性等问题。近年来出现了将具有空间编码特征的结构光投射到被测物体表面来制造测量特征的方法，有效解决了测量特征提取和匹配的问题，但在测量精度与测量点的数量上仍需改进。

5.9　3D 打印技术

3D 打印是一种快速制造技术，其核心思想起源于 19 世纪的照相雕塑技术(Photosculpture)和地貌成形技术(Topography)，但受当时材料、计算机等学科技术的限制而未得到广泛应用和商业化。3D 打印技术的正式研究始于 20 世纪 70 年代，直到 20 世纪 80 年代后期才得以发展和推广。

3D 打印的概念是：以数字模型文件为基础，运用液体、固体、气体等材料，通过逐层或逐区域正向增长的方式来构造三维物体，所制造结果具有论证价值、直接和间接使用价值，体现了信息技术、控制技术、先进材料技术、数字制造技术的密切结合，是快速制造、智能制造、先进制造、高端制造、再工业化的重要组成部分。

3D 打印技术诞生于 20 世纪 80 年代的美国，1984 年 Charles Hull 开始研发 3D 打印技术。1986 年 Charles Hull 率先推出了光固化方法(Stereo Lithography Apparatus，SLA)，这是 3D 打印技术发展的一个里程碑。同年，他创立了世界上第一家 3D 打印设备的 3D Systems 公司。该公司于 1988 年开发出第一台商业 3D 印刷机 SLA-250。

1988 年，美国人 Scott Crump 发明了另外一种 3D 打印技术——熔融沉积制造技术(Fused Deposition Modeling，FDM)，并成立了 Stratasys 公司，该公司在 1992 年卖出了第一台商用 3D 打印机。FDM 3D 打印技术是理想的消费类 3D 打印技术，它简便易用，成形过程可控，无光学或电磁危害，使用成本、维护成本和材料成本均较低，整机具有一定的价格优势。

1989 年由美国得克萨斯州大学奥斯丁分校的 C.R.Dechard 博士发明了选择性激光烧结法(Selective Laser Sintering，SLS)并获得专利，1992 年开发了商用成形机。其原理是利用高强度激光将材料粉末烧结直至成形，应用该种技术开发的 3D 打印机，其设备成本、维护成本、材料成本高，一般机器体型较大，运输和使用不便。

1993 年，麻省理工学院教授 Emanual Sachs 发明了一种选择性黏结技术，并获得了立体平版印刷技术专利。这种技术类似于喷墨打印机，通过向金属、陶瓷等粉末喷射黏结剂的方式将材料逐片成形，然后进行烧结制成最终产品。1995 年，美国 ZCorp 公司从麻省理工学院获得授权，利用该技术来生产 3D 打印机，"3D 打印机"的称谓由此而来。3D 打印技术的优点在于制作速度快、价格低廉，但其烧结环节类似陶瓷制品的烧结环节，难以快速进入个人或家庭的视野。2005 年，市场上首个高清晰彩色 3D 打印机 Spectrum Z510 由 ZCorp 公司研制成功。2008 年，开源 3D 打印项目 RepRap 发布"Darwin"，3D 打印机制造进入新纪元。

5.9.1　3D 打印技术的基本原理

3D 打印技术的成形原理是分层制造、逐层叠加，又称为增材制造技术。打印系统通过读取数字模型文件中的横截面信息，每次制作一个具有微小厚度和特定形状的截面，每个截面如同医学上的一张 CT 照片，然后再把它们逐层黏结起来，得到所需制造的三维物体。

3D 打印流程为：首先通过三维建模软件设计、三维扫描仪数据采集、互联网平台下载、三维重建等方式获取数字模型文件；然后将模型文件导入与打印机配套的解析软件环境中，进行相关打印参数如打印速度、温度、层高等的设定，并转化为 3D 打印机可识别的格式文件，如 G 代码文件；最后打印系统自动读取经转化的模型信息进行打印。

3D 打印技术工艺流程如图 5.9.1 所示。

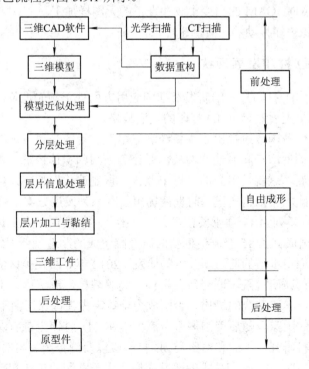

图 5.9.1　快速成形工艺流程

目前 3D 模型软件和 3D 打印机之间协作的标准文件格式有多种,常用的有 4 种:STL、OBJ、AMF 和 3MF。其中,STL 是最简单易用的一种格式。STL 是三角网格文件格式,一个 STL 文件使用多个三角面来近似模拟物体的表面和内部结构,当三角面越小、数量越多时其生成的表面分辨率越高。

用传统方法制造出一个模型通常需要数小时到数天,根据模型的尺寸及复杂程度而定。而用 3D 打印技术则可以将时间缩短为数小时,当然这是由打印机的性能以及模型的尺寸和复杂程度而定的。传统的制造技术如注塑法可以以较低的成本大量制造聚合物产品,而 3D 打印技术则可以以更快、更有弹性以及更低成本的办法生产数量相对较少的产品。一个桌面尺寸的 3D 打印机就可以满足设计者或概念开发小组制造模型、设计、论证、试用的基础需要。3D 打印机通过读取文件中的横断面信息,用液体状、粉状或片状的材料将这些截面逐层地打印出来,再将各层截面以各种方式黏合起来从而制造出一个实体,这种技术的特点在于其几乎可以制造出任何形状的物品。

3D 打印技术的特点如下:

(1) 高度柔性。3D 打印的成形过程无需专用工具和模具,它将十分复杂的三维制造过程简化为二维过程的叠加,使得产品的制造过程几乎与零件的复杂程度无关,可以制造任意复杂形状的三维实体,这是传统方法无法比拟的。

(2) 成形的快速性。3D 打印设备类似于一台与计算机和 CAD 系统相连的"三维打印机",将产品开发人员的设计结果即时输出为实实在在可触摸的原型,产品的单价几乎与批量无关,特别适合于新产品开发和单件小批量生产。

(3) 全数字化的制造技术。3D 打印技术基于离散/堆积原理,以计算机软件和数控技术为基础,实现了 CAD、CAM 的高度集成和真正的无图样加工。

(4) 无切割、噪声和振动等,有利于环保。

5.9.2　国内外 3D 打印发展现状

美国和欧洲在 3D 打印技术的研发及推广应用方面处于领先地位。美、欧发达国家及日韩和中国等国家都先后制定了 3D 打印的发展战略。

一段时间以来,美国政府提出了"新经济战略",目的是使美国经济转向可持续的增长模式,即出口推动型增长和制造业增长,要让美国回归实体经济,重新重视国内产业,尤其是制造业的发展。这就是美国的"再工业化,再制造化"战略,也称"重振美国制造业"发展战略。为此,美国自奥巴马时期就提出了一系列发展方案,曾多次强调 3D 打印的重要性,将 3D 打印列为 11 项重要技术之一,把其和机器人、人工智能并列为美国制造的关键技术,并提出成立由 15 个制造创新的研究院组成的制造创新网络,每一个研究院主要致力于具有广阔应用价值的前沿新技术的研发。2012 年 8 月在美国俄亥俄州的扬斯敦成立了国家增材制造创新研究院,联合研发机构、高等院校、制造商,引进大量人才从事研发生产,这是一个产学研结合的机构。美国成为全球率先在国家层面上推动 3D 打印技术和产业的快速发展的国家。随后美国多所一流大学在 3D 打印上都有深入的研究,包括生物打印、创新型材料研究、工业和消费类 3D 打印机以及细分金属材料研究等。

欧洲也十分重视对 3D 打印技术的研发应用。由于欧洲的工业基础扎实,科技创新和人才优势明显,在 3D 打印领域的研发也较早,尤其是工艺技术、研发投入、人才基础、产业形态、材料等领域都比较强。以德国 EOS、瑞典 ArcamAB、英国 RepRap 公司为代表的企业更加注重 3D 打印技术在高端制造业、生物医疗等领域的实际应用。欧洲航天局(ESA)和美国航天局(NASA)一样,也在积极探索 3D 打印技术在太空的应用。2012 年,ESA 进行了一项"针对太空应用的通用零部件加工-复制工厂"的研究项目,着重使用高分子和金属材料开发国家空间站所需的可替换部件。

目前日本的 3D 打印技术及应用也处在消费级和专业级领域,在高端领域的发展受限于材料技术、3D 打印技术的制约。为了提高日本在 3D 打印领域的竞争力,日本政府也对 3D 打印产业在财政上给予大力支持,成立了"3D 打印机"研究会。日本经济产业省启动了开发高水平 3D 打印机的国家项目,政府拨款以实施"以三维成形技术为核心的制造革命计划",该计划分成"新一代工业 3D 打印机技术开发"和"超精密三维成形系统技术开发"两个主题。该项目的开发除了成形装备外,还包括新型粉末材料和实现后处理自动化的周边装置的开发。日本在 3D 打印领域更注重于推动 3D 打印技术的推广应用。

我国从 20 世纪 90 年代起开始研发 3D 打印技术,已经有了 20 多年的探索和积累,国内各高校、研究机构以及企业已经取得不错的研究成果,研发出光固化、陶瓷成形、激光烧结、金属烧结、生物制造等类型的增材制造装备和材料,并在产业化上获得了一定的进展。但国产 3D 打印机在打印精度、打印速度、打印尺寸和软件支持等方面还难以完全满足广泛的商用需求,技术水平有待进一步提升;此外,直接利用 3D 打印制造产品最终部件,因材料的限制还需一段时间的发展和技术积累。我国也高度重视 3D 打印产业的发展,2013 年 4 月,科技部公布的《国家高技术研究发展计划(863 计划)、国家科技支撑计划制造领域 2014 年度备选项目征集指南》,首次将 3D 打印产业纳入其中;2015 年 2 月,工信部、发改委、财政部研究制定了《国家增材制造产业发展推进计划(2015——2016 年)》,根据计划提出的目标,到 2016 年,初步建立较为完善的增材制造产业体系,整体技术水平保持与国际同步,在航空航天等直接制造领域达到国际先进水平,在国际市场上占有较大的市场份额;2015 年 5 月,国务院发布了《中国制造 2025》规划,将 3D 打印列为要突破的 10 个重点领域之一。

5.9.3　典型 3D 打印工艺

自从 1988 年世界上第一台 3D 打印机问世以来,各种不同的 3D 打印工艺相继出现并逐渐成熟。目前 3D 打印方法有几十种,其中以 SLA、LOM、SLS、FDM 工艺使用最为广泛和成熟。

1. 光固化成形(SLA)工艺

光固化成形工艺也称立体光刻(Stereo Lithography Apparatus,SLA),于 1984 年由 Charles Hull 提出并获美国专利。该工艺是基于液态光敏树脂的光聚合原理工作的,这种液态材料在一定波长和功率的紫外光照射下能迅速发生光聚合反应,分子量急剧增大,材料就从液态转变成固态。

图 5.9.2 为 SLA 工艺原理图。液槽中盛满液态光敏树脂,氦-镉激光器或氩离子激光器发出的紫外激光束在偏转镜的作用下,能在液体表面进行扫描,扫描的轨迹及光线的有无均按零件的分层截面信息由计算机控制,光点扫描到的地方液体就固化。成形开始时,工

作平台处于液面下一个确定的深度,聚集后的光斑在液面上按计算机的指令逐点扫描,即逐点固化。当一层扫描完成后,未被照射的地方仍是液态树脂。然后工作台下降一个层厚的高度,已成形的层面上又布满一层液态树脂,然后刮刀将黏度较大的树脂液面刮平,进行下一层的扫描加工,新固化的一层牢固地黏在前一层上,如此重复直到整个零件制造完毕,得到一个三维实体原型。

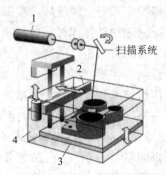

1—激光器;
2—刮刀;
3—可升降工作台;
4—液槽

图 5.9.2　SLA 工艺原理图

1) 系统组成

　　光固化成形系统由激光器、刮刀、X-Y 运动装置或激光偏转扫描器、光敏树脂、液槽、升降台和控制系统等组成,如图 5.9.2 所示。

　　(1) 光学部分。激光器大多采用紫外光式。成形系统用的激光器主要有两种类型:一是氦-镉激光器,输出功率为 15～50 mW,输出波长为 325 nm,激光器寿命约为 2000 h;另一种是氩离子激光器,输出功率为 100～500 mW,输出波长为 351～365 nm。激光束光斑直径一般为 0.05～3.00 mm,激光位置精度可达 0.008 mm,重复精度可达 0.13 mm。

　　数字控制的激光束扫描装置也有两种形式:一种是电流计驱动式的扫描镜方式,最高扫描速度达 15 m/s,适合于制造尺寸较小的原型件;另一种是 X-Y 绘图仪方式,激光束在整个扫描过程中与树脂表面垂直,适合于制造大尺寸的原型件。

　　(2) 液槽。盛装液态光敏树脂的液槽采用不锈钢制作,其尺寸大小取决于成形系统设计的最大尺寸原型件或零件。升降工作台由步进电动机控制,最小步距应在 0.02 m 以下,在 225 mm 位移的工作范围内位置精度为 ±0.05 mm。刮刀保证新一层的光敏树脂能够迅速、均匀地涂敷在已固化层上,保持每层厚度的一致性,从而提高原型件的精度。

　　(3) 控制系统。控制系统主要由工控机、分层处理软件和控制软件等组成。激光器光束反射镜扫描驱动器、X-Y 扫描系统、工作台 Z 方向上下移动和刮刀的往复移动都由控制软件来控制。

　　光敏树脂的固化速率与单位面积激光功率供给量直接相关。为使固化均匀,要求控制系统保证恒功率扫描。控制系统的核心部件是激光束扫描器,它由两个检流计驱动的反射镜来控制激光束进行 X 和 Y 方向的扫描运动,达到 250～2540 mm/s 的扫描速度。由于激光束斜射造成的激光斑点尺寸变化会在很大程度上影响该点的激光功率分布,即影响激光功率的单位面积供给量,为此需要一个微定位器控制的聚焦透镜进行变焦。

　　聚焦透镜的移动控制必须与调节轴的检流计保持同步,以使激光束焦点保持在树脂液面上。透镜对改变扫描线宽或填充大的区域有重要作用。同时,还需要调整扫描速度或激光功率，以补偿变焦引起的功率密度变化。反射镜偏转角一个很小的误差也会造成扫描激光斑点在液面上很大的位移误差，因而扫描器应该采用闭环控制。激光束的控制开关必须保证在非加工动作时切断光束，此时快门的速度影响着扫描线的精度。需要测量激光的功率以确定每层的扫描速度，还需要掌握光敏树脂的变形特性，以此确定补偿参数。

2) 成形工艺过程

光固化成形工艺过程包括模型及支撑设计、分层处理、原型制作、后处理等步骤。

(1) 模型及支撑设计。模型设计是应用三维 CAD 软件进行几何建模，并输出为 STL 格式文件。

在成形过程中，由于未被激光束照射的部分材料仍是液态，它不能使制件截面上的孤立轮廓和悬臂轮廓定位。因此，必须设计一些细柱状或肋状支撑结构(见图 5.9.3)，并在成形过程中制作这些支撑结构，以便确保制件的每一结构部分都能可靠固定，同时也有助于减少制件的翘曲变形。

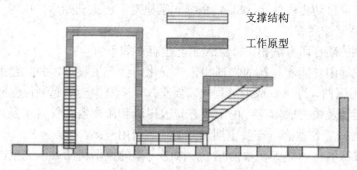

图 5.9.3　支撑结构示意图

工件的底部也设计和制作了支撑结构，这是为了成形完成后能方便地从工作台上取下工件，而不会使工件损坏。成形过程完成后应小心地除去上述支撑结构，从而获得最终所需的工件。

(2) 分层处理。采用专用的分层软件(由各个制造商自己开发安装在 3D 打印系统的计算机内)对 CAD 模型的 STL 格式进行分层处理，得到每一层截面图形及其有关的网络矢量数据，用于控制激光束的扫描轨迹。分层处理还包括层厚、建立模式、固化深度、扫描速度、网格间距、线宽外偿值、收缩补偿因子的选择与确定。这些参数和建立方式的不同选择，对建立时间和模型精度都有影响，因此要选择合适的参数和建立方式，才能得到理想的工件。

(3) 原型制作在计算机控制下，液态光敏树脂被逐层扫描、固化，完成零件的制作。

(4) 后处理原型制作完毕后，需进行剥离，以便去除废料和支撑结构，有时还需进行后固化、修补、打磨、抛光、表面涂覆、表面强化处理等，这些工序统称为后处理。

SLA 原型制作完毕后，需从工作台上取下原型，然后小心地剥离支撑结构。由于刚制作的原型强度较低，需要通过进一步固化处理，才能达到需要的性能。后固化工序是采用很强的紫外光源使刚刚成形的原型件充分固化，这一工序可以在紫外烘干箱中进行。固化时则根据制件的尺寸大小、形状和树脂特性而定，一般不少于 30 min。

3) SLA 材料

SLA 原型材料是液态光敏树脂，如环氧树脂、乙烯酸树脂、丙烯酸树脂等，较广泛地用于为 CAD 的设计提供样件和试验模型等，也可以通过加入其他成分用 SLA 方法代替熔模精密铸造用的蜡模来间接生产金属零件。要求 SLA 树脂在一定频率的单色光照射下迅速固化，并具有较小的临界曝光和较大的固化穿透深度。为保证原型精度，固化时树脂的收缩率要小，并应保证固化后的原型有足够的强度和良好的表面粗糙度，且成形时毒性要小。

光敏树脂材料中主要包括齐聚物、反应性稀释剂和光引发剂。根据光引发剂的引发机理，光敏树脂可分为 3 类：自由基光敏树脂、阳离子光敏树脂和混杂型光敏树脂。

4) SLA 工艺特点

SLA 工艺具有如下优点：

(1) 尺寸精度高。SLA 原型的尺寸精度可达 0.1 mm，是 3D 打印技术中最高的。

(2) 原型表面质量优良。虽然 SLA 工艺在每层固化时侧面及曲面可能出现台阶，但上表面仍可得到玻璃状的效果。

(3) 可以制作结构复杂、细小的模型。

(4) 成形过程自动化程度高。SLA 系统非常稳定，加工开始后，成形过程可以完全自动化，直至原型制作完成。

和其他几种 3D 打印方法相比，SLA 工艺也存在如下缺点：

(1) 成形过程中伴随着材料的物理和化学变化，会产生收缩，并且会因材料内部的应力导致制件较易翘曲、变形。成形过程中需要支撑，否则也会引起制件变形。

(2) 设备运转及维护成本高。由于液态光敏树脂和激光器的价格较高，并且为了使光学元件处于理想的工作状态，需要定期进行调整，费用较高。

(3) 需要二次固化。在大多数情况下，成形完毕的原型树脂并未完全固化，所以通常需要二次固化。

(4) 液态树脂固化后在性能上不如常用的工业塑料，一般较脆、易断裂。

SLA 技术成形速度较快，精度较高，在概念设计的交流、单件小批量精密铸造、产品模型、快速工模具及直接面向产品的模具等方面广泛应用于汽车、航空、电子、消费品、娱乐以及医疗等行业。

2. 叠层实体制造(LOM)工艺

叠层实体制造工艺也称分层实体制造(Laminated Object Manufacturing，LOM)，LOM 工艺方法和设备于 1991 年问世。该工艺采用薄片材料，如纸、塑料薄膜等，片材表面事先涂覆一层热熔胶。图 5.9.4 为 LOM 工艺原理图。加工时，热黏压机构热压片材，使之与下面已成形的工件部分黏结，然后用 CO_2 激光器按照分层数据，在刚黏结的新层上切割出零件当前层截面的内外轮廓和工件外框，并在截面轮廓与外框之间多余的区域切割出上下对齐的网格以便在成形之后能剔除废料；激光切割完成后，工作台带动已成形的工件下降一个纸厚的高度，与带状片材(料带)分离；原材料存储及送进机构转动收料轴和供料轴，带动料带移动，使新层移到加工区域，工件的层数增加一层，高度增加一个料厚；再在新层上切割截面轮廓。如此反复直至零件的所有截面黏结、切割完，得到分层制造的实体零件。

LOM 3D 打印机由计算机及控制系统、原材料存储及送进机构、热黏压机构、激光切割系统、可升降工作台、导向辊等组成。

计算机用于接收和存储工件的三维模型，对模型进行分层处理，发出控制指令。

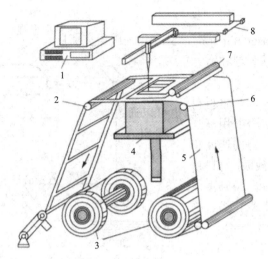

1—计算机；

2、6—导向辊；

3—原材料存储及送进机构；

4—工作台；

5—原材料；

7—热黏压机构；

8—激光切割系统

图 5.9.4　LOM 工艺原理图

原材料存储及送进机构将存储于其中的原材料逐步送至工作台的上方，并通过热粘压机构将一层层材料黏合在一起。所使用的原材料是底面涂有热熔胶和改性添加剂的高性能纸，当热压辊被加热到 210～250℃并碾压纸时，能使纸上的胶熔化并产生黏性。混入添加剂的作用是改善纸和成形件的性能，使其具有优良的豁性、机械强度、硬度和抛光性，较小的收缩率，较高的工作温度和易于剥除废料。常用纸的厚度为 0.13 mm 左右。

激光切割系统按照计算机提取的截面轮廓，逐层在材料上切割出轮廓线，并将无轮廓区切割成小方网格。网格的大小根据被成形件的形状复杂程度选定，网格愈小，愈容易剥除废料，但成形花费的时间较长。激光切割系统由 CO_2 激光器、外光路、切割头、X-Y 工作台、驱动伺服电动机等组成。配上激光切割速度及切割功率的自动匹配控制后，光束能恰好穿透正在成形的一层材料，而不会损伤已成形的下面一层截面轮廓。切割头由两台伺服电动机驱动，能在 X-Y 平面上作高速、精密扫描运动。X-Y 工作台由精密滚珠丝杠传动，用精密直线滚珠导轨导向，重复定位精度为 10 μm。

可升降工作台由伺服电动机经精密滚珠丝杠驱动，用精密直线滚珠导轨导向，从而能在高度方向作快速精密往复运动。当每层成形之后，工作台降低一个材料厚度，以便送进、黏合和切割新一层材料。采用 LOM 工艺刚刚成形后的制品如图 5.9.5 所示，其中所需的工件被废料小方格包围，剔除这些小方格之后，便可得到三维工件。

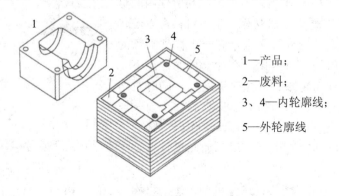

1—产品；

2—废料；

3、4—内轮廓线；

5—外轮廓线

图 5.9.5　废料未剥离的 LOM 原型

3. 选择性激光烧结(SLS)工艺

选择性激光烧结工艺(Selective Laser Sintering，SLS)由美国得克萨斯大学 C.R.Dechard 于 1989 年研制成功。它是利用粉末状材料在激光照射下烧结的原理，在计算机控制下层层堆积成形的。图 5.9.6 为 SLS 工艺原理图。加工时，将材料粉末铺撒在已成形零件的上表面，并刮平；用高强度的 CO_2 激光器在刚铺的新层上以一定的速度和能量密度按分层轮廓信息扫描出零件截面，材料粉末在高强度的激光照射下被烧结在一起，得到零件的截面，并与下面已成形的部分连接，未扫描过的地方仍然是松散的粉末；当一层截面烧结完后，铺上新的一层材料粉末，选择性地烧结下一层截面，如此反复直到整个零件加工完毕，得到一个三维实体原型。SLS 技术用粉末材料制造模型，该技术可使用的材料相对多一些，有工程塑料、聚碳酸酯、尼龙、玻璃纤维尼龙、金属粉末、合成橡胶及蜡等材料。

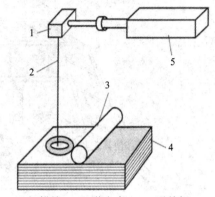

1—扫描镜；2—激光束；3—平整辊；
4—粉末；5—激光器

图 5.9.6 SLS 工艺原理图

SLS3D 打印设备由机械系统、光学系统和计算机控制系统组成。机械系统和光学系统在计算机控制系统的控制下协调工作，自动完成制件的加工成形。

机械结构主要由机架、工作平台、铺粉机构、活塞缸、集料箱、加热灯和通风除尘装置组成。光学系统实现激光束的精密控制。光路的主要组成部件有激光器、反射镜、扩束聚焦系统、扫描器、光束合成器等。控制系统是一个由计算机控制的开环系统，其基本工作过程是：计算机先控制铺粉机构，将粉末均匀地铺在烧结面上，然后控制激光器和扫描器，使激光束在烧结面上扫描，然后烧结面下降一个层厚的距离，完成一次烧结过程。如此不断重复上述过程，完成逐层叠加。

4. 熔融沉积制造(FDM)工艺

熔融沉积制造工艺(Fused Deposition Modeling，FDM)由美国学者 Scott Crump 博士于 1988 年研制成功，并于 1991 年由美国的 Strata-sys 公司率先推出商品化设备。它是利用热塑性材料的热熔性和黏结性在计算机控制下层层堆积成形的。图 5.9.7 为 FDM 工艺原理图，其所使用的材料一般是蜡、ABS 塑料、尼龙等热塑性材料，以丝状供料。材料通过送丝机构被送进带有一个微细喷嘴的喷头，并在喷头内被加热熔化。在计算机的控制下，喷头沿零件分层截面轮廓和填充轨迹运动，同时将熔化的材料挤出。材料挤出喷嘴后迅速凝固并与前一层熔结在一起。一个层片沉积完成后，工作台下降一个层厚的距离，继续熔喷沉积下一层，如此反复直到完成整个零件的加工。

FDM 系统主要包括喷头、送丝机构、运动机构、

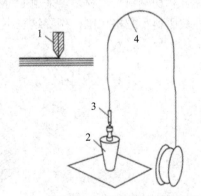

1、3—喷头；2—成形工件；4—料丝

图 5.9.7 FDM 工艺原理图

加热成形室和工作台 5 个部分。喷头是最复杂的部分。材料在喷头中被加热熔化，喷头底部有一喷嘴供熔融的材料以一定的压力挤出，喷头沿零件截面轮廓和填充轨迹运动时挤出材料，与前一层黏结并在空气中迅速固化，如此反复进行即可得到实体零件。它的工艺过程决定了它在制造悬臂件时需要添加支撑，支撑可以用同一种材料建造。FDM 工艺只需要一个喷头。目前国外一般都采用双喷头独立加热，一个用来喷模型材料制造零件，另一个用来喷支撑材料做支撑。两种材料的特性不同，支撑采用水溶性或低熔点材料，制作完毕后去除支撑相当容易。

送丝机构为喷头输送原料，送丝要求平稳可靠。原料丝一般直径为 1～2 mm，而喷嘴直径只有 0.2～0.3 mm，这个差别保证了喷头内一定的压力和熔融后的原料能以一定的速度(必须与喷头扫描速度相匹配)被挤出成形。送丝机构和喷头采用推拉相结合的方式，以保证送丝稳定可靠，避免断丝或积瘤。

运动机构包括 X、Y、Z 3 个轴的运动。X-Y 轴的联动完成喷头对截面轮廓的平面扫描，Z 轴则带动工作台实现高度方向的进给。

加热成形室用来给成形过程提供一个恒温环境。熔融状态的丝挤出成形后如果骤然冷却，则容易造成翘曲和开裂，适当的环境温度可最大限度地减小这种缺陷，提高成形质量和精度。工作台主要由台面和泡沫垫板组成，每完成一层成形，工作台便下降一层高度。

5.9.4　3D 打印技术的应用和发展趋势

世界工业强国纷纷将 3D 打印作为未来产业发展新的增长点加强培育，制定了发展 3D 打印技术和产业的国家战略和具体推动措施，力争抢占未来科技和产业制高点。因此，未来 3D 打印行业将不断出现新的成形工艺和成形技术，可用材料持续拓宽，3D 打印与传统技术相结合更紧密，应用更广泛，产品创新速度会更快，创客将大量涌现，定制化生产将成为常态。

不同种类的细分 3D 技术和工艺在未来都有自己的独特发展趋势、发展前景和应用场合，不同的 3D 打印成形技术在不同条件下发挥的作用各不相同，不能完全相互替代，在不同的发展阶段会展示出各自的利弊及用武之地。

随着技术的推广与应用的逐步普及，3D 打印设备、材料、行业规则和产品细化标准将逐步制定出台，3D 打印产业链的专业分工将逐步完善，3D 打印也将转化为更有普遍意义的工具平台，3D 打印在工业领域的应用亦将获得较快的发展，成为现代制造工艺的重要组成部分。

3D 打印技术不仅降低了立体物品制造的制造成本，还激发了人们的想象力和创造力。未来 3D 打印技术的应用将会更加广泛。3D 打印技术最突出的优点是无需机械加工或任何模具，就能直接从计算机图形数据中生成任何形状的零件，从而极大地缩短产品的研制周期，提高生产率和降低生产成本。这项技术目前正迅猛发展，已越来越引起人们的广泛重视。

5.10　虚 拟 制 造

虚拟制造(Virtual Manufacturing)也称虚拟产品开发，它是建立在利用计算机完成产品整个开发过程这一构想基础之上的产品开发技术。虚拟制造综合应用建模、仿真和虚拟现实等技术，提供三维可视交互环境，对从产品概念到制造的全过程进行统一建模，并实时、并行地模拟出产品未来制造的全过程，以期在真实执行制造之前，预测产品的性能、可制造性等。其组织方式是由从事产品设计、分析、仿真、制造和支持等方面的人员组成"虚拟"产品开发小组，通过网络并行工作；其应用过程是以数字方式虚拟地创造产品，即完全在计算机上对这一产品模型的配置和功能进行评审、修改，这样常常只需制作一次最终的实物原型，从而使新产品的开发一次获得成功。虚拟制造技术不仅能够使企业快速响应市场需求，同时还能大大节约开发资金。将它应用于 IMS 中将会更好地支持智能设计。

尽管虚拟制造的出现只有短短的几年时间，但它对制造业的革命性的影响却很快地显示了出来。近几年，工业发达国家均着力于虚拟制造的研究与应用。在美国，NIST(National Institute of Standards and Technology)正在建立虚拟制造环境(也称为国家先进制造测试床，National Advanced Manufacturing Testbed，即 NAMT)，波音公司与麦道公司联手建立了 MDA(Mechanical Design Automation)，德国的 Darmstatt 技术大学的 Fraunhofer 计算机图形研究所、加拿大的 Waterloo 大学、比利时的虚拟现实协会等均先后成立了研究机构，开展虚拟制造技术的研究。

5.10.1　虚拟制造的定义及特点

一些人曾对虚拟制造进行了比较有代表性的定义。佛罗里达大学 Gloria J.Wiens 的定义是："虚拟制造是这样一个概念，即与实际一样在计算机上执行制造过程。其中虚拟模型是在实际制造之前用于对产品的功能及可制造性的潜在问题进行预测。"美国空军 Wright 实验室的定义是："虚拟制造是仿真、建模和分析技术及工具的综合应用，以增强各层制造设计和生产决策与控制。"另一个有代表性的定义是由马里兰大学的 Edward Lin&etc 给出的："虚拟制造是一个用于增强各级决策与控制的一体化的、综合性的制造环境。"

综合目前国际上有代表性的文献，我们对虚拟制造的定义是："虚拟制造是实际制造过程在计算机上的本质实现，即采用计算机仿真与虚拟现实技术，在计算机上群组协同工作，实现产品的设计、工艺规划、加工制造、性能分析、质量检验，以及企业各级过程的管理与控制等产品制造的本质过程，以增强制造过程各级的决策与控制能力。"

可以看到，"虚拟制造"虽然不是实际的制造，但却实现了实际制造的本质过程，是一种通过计算机虚拟模型来模拟和预估产品功能、性能及可加工性等各方面可能存在的问题，提高人们的预测和决策水平，使得制造技术走出主要依赖于经验的狭小天地，发展到了全方位预报的新阶段。

与实际制造相比较，虚拟制造的主要特点如下：

(1) 产品与制造环境是虚拟模型，在计算机上对虚拟模型进行产品设计、制造、测试，甚至设计人员或用户可"进入"虚拟的制造环境检验其设计、加工、装配和操作，而不依赖于传统的原型样机的反复修改；还可将已开发的产品(部件)存放在计算机里，不但大大节省仓储费用，更能根据用户需求或市场变化快速改变设计，快速投入批量生产，从而能大幅度压缩新产品的开发时间，提高质量、降低成本。

(2) 可使分布在不同地点、不同部门的不同专业人员在同一个产品模型上同时工作，相互交流，信息共享，减少大量的文档生成及其传递的时间和误差，从而使产品开发以快捷、优质、低耗适应市场变化。

5.10.2　虚拟制造系统的分类及功能

虚拟制造包括与产品开发制造有关的工程活动的虚拟，同时也涉及与企业组织经营有关的管理活动的虚拟。因此，虚拟设计、生产和控制机制是虚拟制造的有机组成部分，按照这种思想可以将虚拟制造分成 3 类：以设计为中心的虚拟制造、以生产为中心的虚拟制造和以控制为中心的虚拟制造。

(1) 以设计为中心的虚拟制造把制造信息引入到设计的全过程，利用仿真技术来优化产品设计，从而在设计阶段就可以对所设计的零件甚至整机进行可制造性分析，包括加工过程的工艺分析、铸造过程的热力学分析、运动部件的运动学分析和动力学分析等，甚至包括加工时间、加工费用、加工精度分析等。它主要解决的问题是"设计出来的产品是什么样的"，能在三维环境下进行产品设计、模拟装配及产品虚拟开发等。

(2) 以生产为中心的虚拟制造是在生产过程模型中融入仿真技术，以此来评价和优化生产过程，以便低费用、快速地评价不同的工艺方案、资源需求规划、生产计划等。其主要目标是对产品的"可生产性"进行评价，解决"这样组织生产是否合理"的问题，能对制造资源和环境进行优化组合，提供精确的生产成本信息，便于进行合理化决策。

(3) 以控制为中心的虚拟制造是将仿真加到控制模型和实际处理中，达到优化制造过程的目的。其支持技术主要基于仿真的最优控制，其具体的实现工具是虚拟仪器。它利用计算机软硬件的强大功能，将传统的各种控制仪表和检测仪表的功能数字化，并可灵活地进行各种功能的组合。它主要是解决"应如何去控制""这样控制是否合理和最优"的问题。

虚拟制造系统(VMS)是一个在虚拟制造技术的指导下，在计算机网络和虚拟现实环境中建立起来的，具有集成、开发、分布、并行、人机交互等特点的，能够从产品产生全过程的高度来分析和解决制造系统各个环节的技术问题的软硬件系统。虚拟制造系统能够完成多方面的功能，主要包括虚拟设计、虚拟制造、虚拟生产和面向虚拟企业等功能。

(1) 虚拟设计功能。虚拟设计是在虚拟现实和网络环境中，群组协同工作，对未来产品进行优化设计，完成产品的性能评价、可制造性评价等工作，从而最终实现产品的虚拟原型等功能。

(2) 虚拟制造功能。该功能主要包括生产工艺设计与评价、加工过程切削参数优化、材料加工成形仿真、数控设备软件的编制与验证等。它是以全信息模型为基础的众多仿真分析软件的集成，包括力学、热力学、运动学、动力学等分析。

(3) 虚拟生产功能。该功能包括生产环境的布局设计、设备集成产品远程虚拟测试、企业生产计划与调度的优化等。

(4) 虚拟企业功能。利用虚拟企业的形式以实现劳动力、资本和信息等资源的最优配置，该功能为敏捷制造提供合作性支持。

5.10.3　虚拟制造系统的基本工作流程及关键技术

1. 虚拟制造系统的工作流程

虚拟制造系统是在虚拟环境下的现实制造系统的映射，它是企业根据市场需求做出经营决策，充分利用企业内部的人力、物力、技术资源进行合理调配，发挥各自优势组织的制造系统。可利用计算机网络系统，模拟出产品整个制造过程，从而对产品的设计、加工制造、生产管理及调度、销售及服务做出综合评价。其工作流程如图 5.10.1 所示。

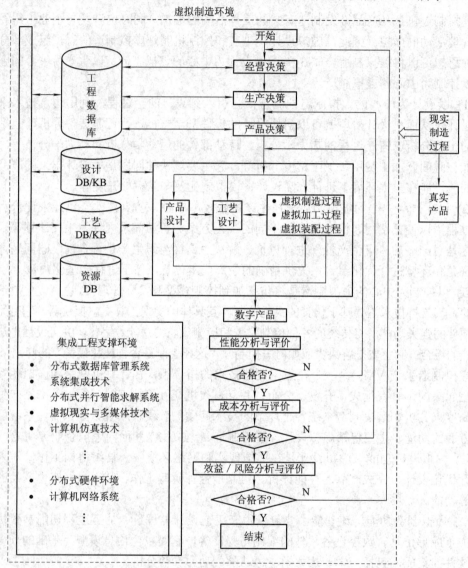

图 5.10.1　虚拟制造系统的基本工作流程

2. 虚拟制造系统的技术内涵

1) 虚拟现实技术

虚拟现实系统是一种可以创建和体验虚拟世界的计算机系统，包括操作者、机器和人机接口等 3 个基本要素。和一般的计算机绘图系统或模拟仿真系统不同的是虚拟现实系统不仅能让用户真实地看到一个环境，而且能让用户真正感到这个环境的存在，并能和这个环境进行自然交互，使人产生一种身临其境的感觉。

虚拟现实系统的特征如下：

(1) 自主性。在虚拟环境中，对象的行为是自主的，是由程序自动完成的，要让操作者感到虚拟环境中的各种生物是有生命的和自主的，而各种非生物是可操作的，其行为符合各种物理规律。

(2) 交互性。在虚拟环境中，操作者能够对虚拟环境中的生物及非生物进行操作，并且操作的结果能够反过来被操作者准确地、真实地感觉到。

(3) 沉浸感。在虚拟环境中，操作者应该能很好地感觉各种不同的刺激，存在感的强弱与虚拟表达的详细度、准确度和真实度有密不可分的关系。强的存在感能使人们深深地沉浸在虚拟环境之中。

2) 制造系统建模

制造系统是制造工程及所涉及的硬件和相关软件组成的具有特定功能的一个有机整体，其中硬件包括人员、生产设备、材料、能源和各种辅助装置，软件包括制造理论、制造技术和制造信息等。

虚拟制造要求建立制造系统的全信息模型，也就是运用适当的方法对制造系统的组织结构和运行过程进行抽象表达，并在计算机中以虚拟环境的形式真实地反映出来，同时构成虚拟制造系统的各抽象模型应与真实实体一一对应，并且具有与真实实体相同的性能、行为和功能。

(1) 制造系统模型主要包括设备模型、产品模型、工艺模型等。

(2) 虚拟设备模型主要针对制造系统中各种加工和检测设备，建立其几何模型、运动学模型和功能模型等。

(3) 制造系统中的产品模型需要建立一个针对产品相关信息进行组织和描述的集成产品模型，它主要强调制造过程中产品和周围环境之间，以及产品的各个加工阶段之间的内在联系。

工艺模型是在分析产品加工和装配的复杂过程以及众多影响因素的基础上，建立产品加工和装配过程的规划信息模型，是联系设备模型和产品模型的桥梁，并反映两者之间的交互作用。工艺模型主要包括加工工艺模型和装配工艺模型。

3) 虚拟产品开发

虚拟产品开发又称虚拟设计或数字化设计，主要包括实体建模和仿真两个方面，它是利用计算机来完成整个产品的开发过程，以数字化形式虚拟地、可视地、并行地开发产品，并在制造实物之前对产品结构和性能进行分析和仿真，实现制造过程的早期反馈，及早发现和解决问题，减少产品开发的时间和费用。

产品的虚拟开发要求将 CAD 设计、运动学分析、动力学分析、有限元分析、仿真控制等系统模型封装在 PDM 中，实现各个系统的信息共享，并完成产品的动态优化和性能分析，完成虚拟环境下的产品全生命周期仿真、磨损分析和故障诊断等，实现产品的并行设计和分析。

4) 制造过程仿真

制造过程仿真可分为制造系统仿真和具体的生产过程仿真。具体的生产过程仿真又包括加工过程仿真、装配过程仿真和检测过程仿真等。

加工过程仿真(虚拟加工)主要包括产品设计的合理性和可加工性、加工方法、机床和切削工艺参数的选择以及刀具和工件之间的相对运动仿真和分析。

装配过程仿真(虚拟装配)是根据产品的形状特征和精度特征，在虚拟环境下对零件装配情况进行干涉检查，发现设计上的错误，并对装配过程的可行性和装配设备的选择进行评价。

5) 可制造性评价

可制造性评价主要包括对技术可行性、加工成本、产品质量和生产效率等方面的评估。虚拟制造的根本目的就是要精确地进行产品的可制造性评价，以便对产品开发和制造过程进行改进和优化。由于产品开发设计的影响因素非常多，影响过程又复杂，因此建立适用于全制造过程的、精确可靠的产品评价体系是虚拟制造一个较为困难的问题。

3. 虚拟制造系统的关键技术

虚拟制造技术是多学科的交叉、多种高新技术的融合，虚拟制造的实现主要依赖于 CAD/CAE/CAM 和虚拟现实等技术，可以看作是 CAD/CAE/CAM 发展的更高阶段。虚拟制造不仅要考虑产品，还要考虑生产过程；不仅要建立产品模型，还要建立产品生产环境模型；不仅要对产品性能进行仿真，还要对产品加工、装配和生产过程进行仿真。因此，虚拟制造涉及的技术领域极其广泛，但一般可以归纳为两个方面，一方面是侧重于计算机以及虚拟现实的技术，另一方面则是侧重于制造应用的技术。

虚拟制造系统的关键技术主要有：

(1) 虚拟制造系统的理论体系。

(2) 基于分布式并行处理环境下的虚拟制造系统的开放式体系结构的研究。

(3) 虚拟环境下的产品主模型技术。主模型是一个核心，能以此为中心通向设计、制造、生产管理等各个环节并为其提供服务。主模型有统一的动态数据结构和管理、调度、控制及决策等四个机制。主模型所建立的产品模型是虚拟产品的模型，它是一个数字产品模型，具有所代表的对象所具有的各种性能和特征。虚拟产品在它投入生产前就已存在，它具有明显的可视性，并能并行处理设计、分析、加工制造、生产组织与调度等各种生产环节所面临的诸多问题，并能在供销之间建立信息系统。

(4) 虚拟环境下分布式并行处理的分布式智能协同求解技术与系统。

(5) 虚拟环境下的系统全局最优决策理论与技术。

(6) 现实制造系统与虚拟制造系统之间的映射，虚拟设备、虚拟传感器、虚拟单元、虚拟生产线、虚拟车间及虚拟工厂的建立，以及各种虚拟设备的重用性和重组性技术。

(7) 基于虚拟现实、科学可视化技术、多媒体及计算机仿真等技术的综合可视化技术的研究，以实现真实动画感的虚拟产品的装配仿真、生产制造过程及生产调度仿真、数控加工过程仿真等技术与系统。

5.10.4 虚拟制造系统存在的问题

虚拟制造技术是一个跨学科的综合性技术，它涉及仿真、可视化、虚拟现实、数据继承、优化等领域。然而，目前还缺乏从产品生产全过程的高度开展对虚拟制造的系统研究。这表现在：

(1) 虚拟制造的基础是产品、工艺规划及生产系统的信息模型。尽管国际标准化组织花了很大精力去开发产品信息模型，但 CAD 的开发者尚未采用它们；尽管工艺规划模型的研究已获得了一些进展和应用，但仍然没有一种综合的，可以集成于虚拟制造平台的工艺规划模型；生产系统能力和性能模型，以及其动态模型的研究和开发需要进一步加强。

(2) 现有的可制造性评价方法主要针对零部件制造过程，因而面向产品生产过程的可制造性评价方法需要研究开发，包括各工艺步骤的处理时间、生产成本和质量的估计等。

(3) 制造系统的布局、生产计划和调度是一个非常复杂的任务，它需要丰富的经验知识，支持生产系统的计划和调度规划的虚拟生产平台需要拓展和加强。

(4) 分布式环境，特别是适应敏捷制造的公司合作、信息共享、信息安全性等方法和技术需要研究和开发，同时经营管理过程重构方法的研究也需加强。

(5) 虚拟制造环境缺乏统一的集成框架和体系。

5.10.5　虚拟现实技术在生产制造上的应用

一个产品从概念设计到投放市场，即产品的生产周期按时间顺序可分为概念设计、详细设计、加工制造、测试、培训和维护，虚拟现实技术可以在产品的全部生产周期中的各个阶段发挥重要的作用。

1. 基于虚拟现实技术的产品开发

虚拟现实技术的沉浸性和交互性特性使得它成为设计新产品和开发相应生产线的得力工具。首先考虑一下设计并构造一个新产品原型所需要的时间。在设计过程中，设计师要考虑到产品的各个方面，以满足一定的安全性、人机工程学、易维护性和装配标准。因此，设计过程中严格地受到生产、时间和费用的限制。虚拟现实技术能完成比 CAD 更多的功能，因为 CAD 通常只考虑产品各个子部件的几何特征和相互间的几何约束。而在虚拟现实技术中，可以将以上提到的多种所需满足的条件集成到设计过程中一并考虑。我们还能适当减少子部件数目，甚至可以按比例放缩部件尺寸，这大大降低了设计费用和原型构造时间，更进一步地达到产品用户化的目标。

例如，在飞机制造业中，为评测某飞机设计方案的优劣，要建立一系列与真实产品同尺寸的物理模型，并在模型上进行反复修改，这要花去大量时间和费用，而在过去是不可避免的。如今美国波音公司在飞机设计中运用虚拟现实技术完全改变了这种设计方法。波音公司为设计波音 777 飞机，研制了一个名为"先进计算机图形交互应用系统"的虚拟环境，用虚拟现实技术在此环境中建立一架飞机的三维模型。这样设计师戴上头盔显示器后就可以在这架虚拟飞机中遨游，检查"飞机"的各项性能，同时，还可以检查设备的安装位置是否符合安装要求等。最终的实际飞机与设计方案相比，偏差小于千分之一寸，机翼和机身的接合一次成功，缩短了数千小时的设计工作量。同样，其他大型、复杂的产品如船舶、潜艇设计等都可以运用虚拟现实技术达到节约设计费用和时间并提高设计成功率的目标。

采用虚拟现实技术设计产品的优点是：产品用户化的一个不利效应是增加了模型的变量数目，也就相应地增加了生产的复杂度，而虚拟现实技术可在要加工的部位加上纹理和图形信息，这对机械制造将起到很好的向导作用。同样的过程可辅助训练和指导生产者，使他们能很快胜任新工作。虚拟环境的网络化可对某一项目合作组的成员进行设计、生产训练。这些合作组的成员可以在同一个或不同工厂里，甚至是来自院校的专家和国外顾问。

2. 虚拟现实技术在制造车间设计中的作用

目前众多的制造系统可按递阶控制层次分为四层：工厂层、车间层、制造单元层和设备层。其中车间层的设计与车间中设备的利用率、产品的生产效率等密切相关，如果设计不当，就会造成设备利用率低、车间产量不能满足用户需求、操作人员的空闲时间多。所以，如何合理地设计制造车间，保证它的高效运行是一个非常重要的问题。采用 VR 技术能提高设计的可行性和有效性。车间设计的主要任务是把生产设备、刀具、夹具、工件、生产计划、调度单等生产要素有机地组织起来。

在车间设计的初步阶段，设计者根据用户需求，确定车间的功能需求、车间的模式、主要加工设备、刀具和夹具的类型和数量，提出一组候选设计方案。VR 的作用就是帮助设计者评测、修改设计方案，得到最佳结果。

在详细设计阶段，设计者完成对各个组成单元的完整描述，运用虚拟现实造型技术生成各个组成单元的虚拟表示，进而用这些虚拟单元布置整个车间，其中还可加上自动导引小车、机器人、仓库等车间常用设备。设计者戴上头盔显示器后就可穿行于虚拟车间之中，可以开启其中的任何设备，观测运行情况，凡是他能想到的检测条件都立即能看到检测结果。设计者还可以在视察时交互式地修改设计方案，比如移动设备的位置，增加/删除设备的个数，这种"所想即所见"的设计方式极大地提高了设计的成功率。

3. 虚拟现实技术在生产计划安排上的应用

生产计划安排的可视化对于制造决策是极其有用的，但目前它还未能完全实现。使用虚拟现实技术，可将成百上千件产品、成千上万个零部件和许多其他生产要素可视化，辅助计划者更好地评价、选择生产计划。

5.10.6　虚拟制造技术的经济效益

虚拟制造技术的经济效益如下：

(1) 提供关键的设计和管理决策对生产成本、周期和能力的影响信息，以便正确处理产品性能与制造成本、生产进度和风险之间的平衡，做出正确的决策。

(2) 提高生产过程开发的效率，可以按照产品的特点优化生产系统的设计。

(3) 通过生产计划的仿真，优化资源的利用，缩短生产周期，实现柔性制造和敏捷制造。

(4) 可以根据用户的要求修改产品设计，及时做出报价和保证交货期。

5.11　敏　捷　制　造

5.11.1　敏捷制造的概念

1. 敏捷制造产生的背景和起源

第二次世界大战以后，日本和西欧各国的经济遭受战争破坏，工业基础几乎被彻底摧毁，只有美国作为世界上唯一的工业国，可以向世界各地提供工业产品。所以美国的制造商们在 20 世纪 60 年代以前的策略是扩大生产规模，到了 70 年代，西欧发达国家和日本制造业已基本恢复，不仅可以满足本国的工业需求，甚至可以依靠本国廉价的人力、物力生产廉价的产品打入美国市场，致使美国的制造商们将制造策略重点由规模转向成本。80 年代，原联邦德国和日本已经可以生产高质量的工业品和高档的消费品与美国的产品竞争，并源源不断地推向美国市场，又一次迫使美国的制造商将制造策略的重心转向产品质量。进入 90 年代，当丰田生产方式在美国产生明显的效益之后，美国人认识到只降低成本、提高质量还不能赢得竞争，还必须缩短产品开发周期，加速产品的更新换代。当时美国汽车更新换代的速度已经比日本慢了许多，因此速度问题成为美国制造商们关注的重心。"敏捷"从字面上看正是表明要用灵活的应变去对付快速变化的市场需求。

敏捷制造(Agile Manufacturing, AM)最初是由美国通用汽车公司和美国里海大学(Lehigh University)的 Iacocca 研究所联合研究，于 1988 年首次提出的，1990 年向社会半公开后，立即受到世界各国的重视。1991 年发表的具有划时代意义的《21 世纪制造企业发展战略》报告，提出了敏捷制造和虚拟企业的新概念，其核心观点除了学习日本的成功经验外，更要利用美国信息技术的优势，夺回制造工业的世界领先地位。1992 年，美国政府将这种全新的制造模式作为 21 世纪制造企业的战略，这一新的制造哲理在全世界产生了巨大的反响，并已经取得了引人瞩目的实际效果。

2. 敏捷制造的概念

敏捷制造的基本定义为：以先进的柔性生产技术和动态组织结构为特点，以高素质协同良好的工作人员为核心，实行企业间的网络集成，形成快速响应市场的社会化制造体系。

敏捷制造的基本思想是通过把动态灵活的虚拟组织结构、先进的柔性生产技术和高素质的人员进行全方位的集成，从而使企业能够从容应对快速变化和不可预测的市场需求。

敏捷制造是一种提高企业竞争能力的全新制造组织模式，于概念上在下列方面具有重要的突破：

(1) 全新的企业概念。将制造系统空间扩展到全国乃至全世界，通过企业网络建立信息交流高速公路，建立虚拟企业，以竞争能力和信誉为依据选择合作伙伴，组成动态公司。它不同于传统观念上的有围墙的有形空间构成的实体空间。虚拟企业从策略上讲不强调企业全能，也不强调一个产品从头到尾都由自己开发和制造。

(2) 全新的组织管理概念。简化过程，不断改进过程，提倡以人为中心，用分散决策代替集中控制，用协商机制代替递阶控制机制，提高经营管理目标，精益求精，尽善尽美地满足用户的特殊需要。敏捷企业强调技术和管理的结合，在先进柔性制造技术的基础上，通过企业内部的多功能项目组与企业外部的多功能项目组——虚拟公司，把全球范围内的各种资源集成在一起，实现技术、管理和人的集成。敏捷企业的基层组织是多学科群体，是以任务为中心的一种动态组合。

(3) 全新的产品概念。敏捷制造的产品进入市场以后，可以根据用户的需要进行改变，得到新的功能和性能，即使用柔性的、模块化的产品设计方法，依靠极其丰富的通信资源和软件资源，进行性能和制造过程仿真。敏捷制造的产品保证其在整个产品生命周期内都能让用户满意，企业的这种质量跟踪将持续到产品报废为止，甚至包括产品的更新换代。

(4) 全新的生产概念。产品成本与批量无关，从产品看是单件生产，而从具体的制造部门看，却是大批量生产。高度柔性的、模块化的、可伸缩的制造系统的规模是有限的，但在同一系统内可生产出产品的品种却是无限的。

3．敏捷制造的实现技术

为了推进敏捷制造的实施，1994 年美国能源部制定了一个实施敏捷制造技术(Technologies Enabling Agile Manufacturing，TEAM)的 5 年计划(1994—1999 年)，该项目涉及联邦政府机构、著名公司、研究机构和大学等 100 多个单位。从敏捷制造哲理到敏捷制造实践依赖于相应的实现技术，如图 5.11.1 所示。敏捷制造实现技术包括敏捷制造方法论、敏捷制造基础结构及敏捷制造使能技术 3 部分。其中，敏捷制造方法论是由在敏捷制造哲理指导下的敏捷制造模式与敏捷制造实施方法构成的，而敏捷制造实施方法则是在敏捷制造模式的指导下，采用敏捷制造基础结构与依附到该基础结构中的敏捷制造使能技术来具体操作的。

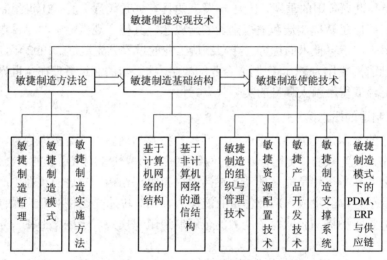

图 5.11.1　敏捷制造实现技术

5.11.2　动态联盟

敏捷制造是一种新的制造哲理。敏捷制造并不意味着需要以高额的投资为前提，也不需要抛弃所有过去的生产过程和结构，而是强调如何利用旧的、可靠的生产过程和生产要素来构成新系统，生产出更多的新产品。动态联盟就是利用已有的社会技术基础，通过重组来实现敏捷制造的有效方式。

动态联盟是敏捷制造的基本组织形态，其含义是指企业群体为了赢得某一机遇性市场竞争，围绕某种新产品开发，通过选用不同组织/企业的优势资源，综合成单一的靠网络通信联系的阶段性经营实体。动态联盟具有集成性和时效性两大特点，它实质上是不同组织/企业间的动态集成，随市场机遇的存亡而聚散。在具体的表现上，结盟可以是同一大公司的不同组织部门，也可以是不同国家的不同公司。动态联盟的思想基础是双赢(Win-Win)，联盟中的各个组织/企业互补结盟，以整体的优势来应付多变的市场，从而共同获利。

动态联盟的建立基础和运作特点不同于现有的大公司集团，前者是面向机遇的临时结盟，是针对产品过程的部分有效资源的互补综合，后者则一般是各企业所有资源的永久简单叠加。

动态联盟需要相应的技术支撑。一般认为，现有企业在向敏捷化转变过程中，应着重解决以下技术问题：

(1) 计算机集成制造(CIM)技术。CIM 技术是一种组织、管理与运行企业的生产技术。它借助于计算机硬、软件，综合应用现代管理技术、制造技术、信息技术、自动化技术、系统工程技术等，将企业生产全过程中有关人、技术、经营管理三要素及信息流、物料流有机集成并优化运行。它为实现敏捷制造的集成环境打下坚实的基础，是敏捷制造的基础技术。

(2) 网络技术。要实现敏捷制造，企业需要具有通信连通性，网络环境是必备的。利用企业网可实现企业内部工作小组之间的交流和并行工作，而利用全国网、全球网共享资源可实现异地设计和异地制造，且及时、有效地建立动态联盟。

(3) 标准化技术。以网络和集成为基础的制造离不开信息的交流，交流的前提是有统一的交流规则，这就是标准化的工作。要建立、完善和贯彻产品数据交换标准 STEP、电子数据交换标准 EDI 以及超文本数据交换标准 SGML 等一系列统一的信息交换标准。

(4) 虚拟技术。敏捷制造通过动态联盟和虚拟制造来实现，因而对产品经营过程进行建模和仿真，采用虚拟技术进行产品设计与制造是十分必要的。要对产品生命周期中的各项原型和步骤进行模拟与仿真，实现虚拟制造。

(5) 协同技术。通过组成多学科的产品开发小组协同工作，利用各种计算机辅助工具，可使产品开发的各阶段既有一定的顺序又能并行，而在产品开发的早期还能及时发现设计和制造中的问题。

(6) 过程技术。动态联盟是面向具体产品而动态创建的虚拟公司，其组织结构具有临时性和动态性，加上其产品研制过程的创新性和协同特性，使得动态联盟的管理应采用基于项目的管理方式进行。因此，它能有效支持企业业务重组、业务过程集成、项目管理和群组协同的过程管理，对实施动态联盟具有重要的支持作用。

此外，企业资源管理计划系统(ERP)、人工智能、决策支持系统、集成平台技术等也是支持敏捷制造和动态联盟的重要技术。

5.11.3　动态联盟的远程协同设计系统

动态联盟的远程协同设计是指通过计算机网络技术组织和管理各种异地的设计资源(设计知识、设计工具、设计人员)，对其进行优化配置，最终形成一种支持产品快速设计的工程设计方法。

1. 设计系统构成

远程异地协同设计系统的实现要依靠基于 Internet 的网络技术。由于 Internet 的发展，它为网络用户提供了标准的网络底层协议和功能众多的服务，这些服务能够满足网络数据共享和通信的要求。远程协同设计系统的结构如图 5.11.2 所示。图中只列出了一个客户端和一个服务器端，实际运行时客户端的数量是不受限制的，服务器端可由多个企业或单位结成联盟。

远程协同设计系统采用 Browser/Server 结构，以 Internet 的 Web 服务器为中心。在服务器端基于 Web 服务器开发出为设计组织者和设计者提供各种服务功能的服务程序，这些服务程序由超文本标记语言(HTML)编写,通过使用活动服务器页(ASP)或其他 Web 服务扩展方法来实现各项网络应用功能。对数据库的访问可采用 ODBC 或 JDBC 技术。通过 Internet还可提供 E-mail、FTP 等多项服务。在客户端,协作者通过浏览器与服务器连接,使用服务器提供的各项功能访问数据库,实现各种形式的信息交流。

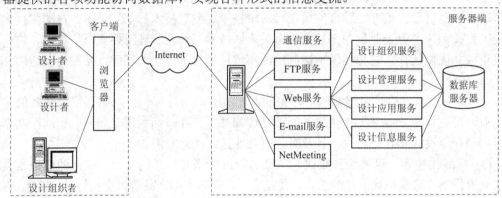

图 5.11.2　远程协同设计系统

2. 设计系统的功能模块

根据功能作用的不同,可以将远程协同设计系统划分为系统管理模块及组织管理模块、通信管理模块、数据管理模块、流程管理模块和权限管理模块,如图 5.11.3 所示。

设计组织模块的主要功能是完成远程协同设计系统的组织工作,主要功能包括:① 在设计组织者完成任务分解后进行任务的发布,让其他的设计者通过浏览任务发布页面来得到协作设计信息;② 将任务以网页的方式提供给设计者,由设计者进行设计申请,同时建立协作关系;③ 在设计的整个过程中维护协作关系。

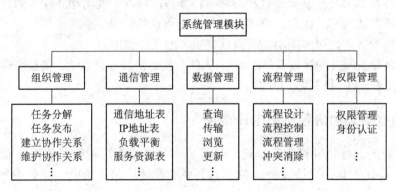

图 5.11.3　远程协同设计系统

通信模块的主要功能是在设计者和设计组织者之间建立通信联系,包括建立通信地址表,建立电子邮件联系、多媒体联系以及维持系统负载平衡等。

数据管理模块的主要功能是文档的传输和管理。文档传输可采用 FTP 的方式。在数据文档中可设置专门的数据位标识文档的设计状态(未设计、未审核、已审核)。客户在 Web浏览器中可使用各种方式来查看文档数据(三维图形采用三维图形浏览器观察,其他数据采用表格进行观察)。

流程管理模块的功能是管理设计流程,主要功能包括:① 在设计的初始阶段制定设计流程，分发给各设计者；② 在设计中根据设计者的反馈来修改设计流程，并将其通知各设计者；③ 当设计者之间发生设计冲突时，建立冲突解决协商机制，解决设计冲突。

权限管理模块的主要功能是对设计者和设计组织者进行权限的设置，并将权限设置信息保存在权限设置表中。另外，还用它来建立身份认证制度，通过 Web 提供的身份认证机制查询权限设置信息，给不同的客户以不同的访问权限。

3. 协同设计与开发

相关企业可以通过网络组建动态联盟，进行远程协同设计、开发。利用动态联盟提供的服务，这些企业能快速并行地组织不同的部门或集团成员将产品从设计转入生产，快速地将产品制造厂家和零、部件供应厂家组合成虚拟企业，形成高效经济的供应链。同时，在产品实现过程中，各参与单位能够就用户需求、计划、设计、模型、生产进度、质量以及其他数据进行实时交换和通信。

图 5.11.4 所示为利用远程协同设计的基本原理建立的动态联盟的运行模式。利用网络控制中心提供的动态联盟标区，发起联盟的企业(盟主)和相关企业进行项目咨询、价格投标、资格审查等系列操作，以便确定盟友。联盟组成后，盟主和盟友共同负责进度管理和诸如版本、工艺图等相关档案的管理。在整个产品生命周期内，联盟内部和外部企业可以通过在线技术讨论区对相关问题进行探讨。

制造企业应用网络体系的建设将大大加强企业与企业、企业与科研机构之间的信息交流，同时还能有效地将国内外相关领域连接起来。此外，它还将为进一步实施先进制造网络化工程、远程设计与制造、远程合作研究和联合技术开发等现代化企业运行模式积累经验。相信随着网络体系的进一步发展和完善，其支持的敏捷制造内涵也将发生相应的变化。通过对敏捷制造和远程协同设计技术的进一步深入研究，更加先进的敏捷制造模式将会被不断开发出来并得以实施。

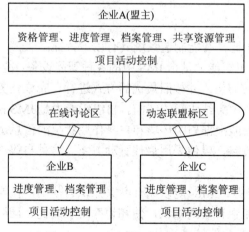

图 5.11.4　动态联盟的运行模式

5.12　智　能　制　造

所谓智能制造，就是面向产品全生命周期，实现泛在感知条件下的信息化制造。智能制造技术是在现代传感技术、网络技术、自动化技术、拟人化智能技术等先进技术的基础上，通过智能化的感知、人机交互、决策和执行技术，实现设计过程、制造过程和制造装备智能化，是信息技术、智能技术与装备制造技术的深度融合与集成。智能制造是信息化与工业化深度融合的大趋势。

5.12.1　智能制造系统 IMS 的提出

IMS(Intelligent Menufacturing System)是适应以下几方面的情况需要而兴起的：① 制造信息的爆炸性增长，以及处理信息工作量的猛增，这要求制造系统更加智能化；② 专业人才的缺乏和专门知识的短缺，严重制约了制造工业的发展，在发展中国家是如此，在发达国家，由于制造企业向第三世界转移，同样也造成了本国技术力量的空虚；③ 动荡不定的市场和激烈的竞争要求制造业在生产活动中具有更高的机敏性和智能；④ CIMS 的实施和制造业的全球化的发展，遇到了两个重大的障碍，即目前已形成的"自动化孤岛"的连接和全局优化问题，以及各国、各地区的标准、数据和人机接口的统一问题，而这些问题的解决也有赖于智能制造的发展。

5.12.2　IMS 的定义及特征

1．IMS 的定义

智能制造包括智能制造技术和智能制造系统。智能制造系统是一种由智能机器和人类专家共同组成的人机一体化智能系统，它在制造过程中能以一种高度柔性与集成的方式，借助计算机模拟人类专家的智能活动进行分析、推理、判断、构思和决策等，从而取代或延伸制造环境中人的部分脑力劳动，同时收集、存储、完善、共享、继承和发展人类专家的智能。

2．IMS 的特征

与传统的制造系统相比，智能制造系统具有以下特征：

(1) 自组织能力。自组织能力是指 IMS 中的各种智能设备，能够按照工作任务的要求，自行集结成一种最合适的结构，并按照最优的方式进行。完成任务以后，该结构随即自行解散，以备在下一个任务中集结成新的结构。自组织能力是 IMS 的一个重要标志。

(2) 自律能力。IMS 能根据周围环境和自身作业状况的信息进行监测和处理，并根据处理结果自行调整控制策略，以便采用最佳行动方案。这种自律能力使整个制造具备抗干扰、自适应和容错能力。

(3) 自学习和维护能力。IMS 能以原有专家知识为基础，在实践中不断进行学习，完善系统知识库，并删除库中有误的知识，使知识库趋于最优。同时，还能对系统故障进行自我诊断、排除和修复。

(4) 整个制造环境的智能集成。IMS 在强调各生产环节智能化的同时，更注重整个制造环境的智能集成。这是 IMS 与面向制造过程中的特定环节、特定问题的"智能化孤岛"的根本区别。IMS 涵盖了产品的市场、开发、制造、服务与管理的整个过程，把它们集成为一个整体，系统地加以研究，实现整体的智能化。

IMS 的研究是由人工智能在制造中的应用开始的，但又不同于它。人工智能在制造领域的应用，是面向制造过程中特定对象的，研究的结果导致了"自动化孤岛"的出现，人工智能在其中起辅助和支持作用。而 IMS 是以部分取代制造中人的脑力劳动为研究目标，并且要求系统能在一定范围内独立地适应周围环境，开展工作。

同时，IMS 不同于 CIMS。CIMS 强调的是企业内部物料流的集成和信息流的集成，而 IMS 强调的则是最大范围的整个制造过程的自组织能力，IMS 难度更大。但两者又是密切相关的，CIMS 中的众多研究内容是 IMS 发展的基础，而 IMS 又将对 CIMS 提出更高的要求。集成是智能的基础，而智能又推动集成达到更高水平，即智能集成。因此，有人预言，下一世纪的制造工业将以双 I(Intelligent 和 Integration)为标志。

5.12.3　IMS 的支撑技术及研究热点

1. IMS 研究的支撑技术

(1) 人工智能技术。IMS 的目标是用计算机模拟制造业人类专家的智能活动，取代或延伸人的部分脑力劳动，而这些正是人工智能技术研究的内容。因此，IMS 离不开人工智能技术(专家系统、人工神经网络、模糊逻辑)。IMS 智能水平的提高依赖于人工智能技术的发展。同时，人工智能技术是解决制造业人才短缺的一种有效方法，在现阶段，IMS 中的智能主要是人(各领域专家)的智能。但随着人们对生命科学研究的深入，人工智能技术定会有新的突破，最终在 IMS 中取代人脑进行智能活动，将 IMS 推向更高阶段。

(2) 并行工程。针对制造业而言，并行工程作为一种重要的技术方法学应用于 IMS 中，将最大限度地减少产品设计的盲目性和设计的重复性。

(3) 虚拟制造技术。用虚拟制造技术在产品设计阶段就模拟出该产品的整个生命周期，从而更有效、更经济、更灵活地组织生产，达到产品开发周期最短、产品成本最低、产品质量最优、生产效率最高的目的。虚拟制造技术应用于 IMS，为并行工程的实现提供了必要的保证。

(4) 信息网络技术。信息网络技术是制造过程的系统和各个环节智能集成化的支撑。信息网络是制造信息和知识流动的通道。因此，此项技术在 IMS 研究和实施中占有重要的地位。

(5) 自律能力。自律能力即搜集与理解环境信息和自身的信息并进行分析判断及规划自身行为的能力。强有力的知识库和基于知识的模型是自律能力的基础。

(6) 人机一体化。IMS 不单纯是人工智能系统，而是人机一体化智能系统，是一种混合智能。想以人工智能全面取代制造过程中人类专家的智能，独立承担起分析、判断、决策等任务，是不现实的。人机一体化一方面突出人在制造系统中的核心地位，同时在智能机器的配合下，更好地发挥出人的潜能，使人机之间表现出一种平等共事、相互理解、相互协作的关系，使二者在不同层次上各显其能、相辅相成。

(7) 自组织与超柔性。智能制造系统中的各组成单元能够依据工作任务的需要，自行组成一种最佳结构，其柔性不仅表现在运动方式上，而且表现在结构形式上，所以称这种柔性为超柔性，如同一群人类专家组成的群体，具有生物特征。

(8) MES 系统。作为车间信息管理技术的载体，MES(制造执行系统)在实现生产过程的自动化、智能化、网络化等方面发挥着巨大作用。MES 处于企业级的资源计划系统 ERP

和工厂底层的控制系统 SFC 之间，是提高企业制造能力和生产管理能力的重要手段。

2. 智能制造当前的研究热点

(1) 制造知识的结构及其表达，大型制造领域知识库，适用于制造领域的形式语言、语义学。

(2) 计算智能(Computing Intelligence)在设计与制造领域中的应用。计算智能是一门新兴的与符号化人工智能相对应的人工智能技术，主要包括人工神经网络、模糊逻辑、遗传算法等方法。

(3) 制造信息模型(产品模型、资源模型、过程模型)。

(4) 特征分析、特征空间的数学结构。

(5) 智能设计和并行设计。

(6) 制造工程中的计量信息学。

(7) 具有自律能力的制造设备。

(8) 通信协议和信息网络技术。

(9) 推理、论证、预测及高级决策支持系统，面向加工车间的分布式决策支持系统。

(10) 车间加工过程的智能监视、诊断、补偿和控制。

(11) 敏捷制造技术和虚拟制造。

(12) 生产过程的智能调度、规划、仿真与优化等。

5.12.4 中国制造 2025

制造业是国民经济的主体，是立国之本、兴国之器、强国之基。18 世纪中叶开启工业文明以来，世界强国的兴衰史和中华民族的奋斗史一再证明，没有强大的制造业，就没有国家和民族的强盛。打造具有国际竞争力的制造业，是我国提升综合国力、保障国家安全、建设世界强国的必由之路。世界各主要工业国都把智能制造作为国家重要发展战略，如"德国工业 4.0"和美国的"工业互联网"战略规划都期望通过构建智能化、标准化的制造系统实现国家核心竞争力的上升。

新中国成立尤其是改革开放以来，我国制造业持续快速发展，建成了门类齐全、独立完整的产业体系，有力推动了工业化和现代化进程，显著增强了综合国力，支撑了世界大国地位。然而，与世界先进水平相比，中国制造业仍然大而不强，在自主创新能力、资源利用效率、产业结构水平、信息化程度、质量效益等方面差距明显，转型升级和跨越发展的任务紧迫而艰巨。

当前，新一轮科技革命和产业变革与我国加快转变经济发展方式形成历史性交汇，国际产业分工格局正在重塑。《中国制造 2025》规划为把中国打造成现代化工业强国描绘出了清晰的路线图。

2014 年 12 月，"中国制造 2025"这一概念被首次提出。2015 年 3 月 5 日，李克强总理在全国两会上作《政府工作报告》时首次提出"中国制造 2025"的宏大计划。2015 年 3 月 25 日，李克强总理组织召开国务院常务会议，部署加快推进实施"中国制造 2025"，实现制造业升级，会议审议通过了《中国制造 2025》。

《中国制造 2025》是在新的国际国内环境下，中国政府立足于国际产业变革大势，作出的全面提升中国制造业发展质量和水平的重大战略部署。其根本目标在于改变中国制造业"大而不强"的局面，到 2020 年，基本实现工业化，制造业大国地位进一步巩固，制造业信息化水平大幅提升；掌握一批重点领域关键核心技术，优势领域竞争力进一步增强，产品质量有较大提高；制造业数字化、网络化、智能化取得明显进展；重点行业单位工业增加值能耗、物耗及污染物排放明显下降；到 2025 年，制造业整体素质大幅提升，创新能力显著增强，全员劳动生产率明显提高，两化（工业化和信息化）融合迈上新台阶；重点行业单位工业增加值能耗、物耗及污染物排放达到世界先进水平；形成一批具有较强国际竞争力的跨国公司和产业集群，在全球产业分工和价值链中的地位明显提升；再通过 10 年的努力，使中国迈入制造强国行列，到 2035 年，我国制造业整体达到世界制造强国阵营中等水平；创新能力大幅提升，重点领域发展取得重大突破，整体竞争力明显增强，优势行业形成全球创新引领能力，全面实现工业化；到 2045 年制造业大国地位更加巩固，综合实力进入世界制造强国前列；制造业主要领域具有创新引领能力和明显竞争优势，建成全球领先的技术体系和产业体系，最终将中国建成具有全球引领和影响力的制造强国。

《中国制造 2025》强调建设五大工程，即制造业创新中心（工业技术研究基地）建设工程、智能制造工程、工业强基工程、绿色制造工程和高端装备创新工程。其中智能制造工程被置于重要战略地位，主要任务是紧密围绕重点制造领域关键环节，开展新一代信息技术与制造装备融合的集成创新和工程应用；支持政产学研用联合攻关，开发智能产品和自主可控的智能装置并实现产业化；依托优势企业，紧扣关键工序智能化、关键岗位机器人替代、生产过程智能优化控制、供应链优化，建设重点领域智能工厂/数字化车间；在基础条件好、需求迫切的重点地区、行业和企业中，分类实施流程制造、离散制造、智能装备和产品、新业态新模式、智能化管理、智能化服务等试点示范及应用推广；建立智能制造标准体系和信息安全保障系统，搭建智能制造网络系统平台；到 2020 年，制造业重点领域智能化水平显著提升，试点示范项目运营成本降低 30%，产品生产周期缩短 30%；不良品率降低 30%。到 2025 年，制造业重点领域全面实现智能化，试点示范项目运营成本降低 50%，产品生产周期缩短 50%，不良品率降低 50%。

5.13　产品数据管理(PDM)

5.13.1　引入 PDM 的意义

先进制造技术特别强调计算机技术、信息技术和现代管理技术在制造中的综合应用。随着企业信息化技术应用的不断深入，有效地管理好产品信息变得日益重要和迫切。在此背景下 PDM (Product Data Management，产品数据管理)应运而生，并在 20 世纪 90 年代初开始在国际市场上形成商品化的软件产品，国际上的许多大型企业纷纷接受并投入巨资实施 PDM，把它作为支持企业经营过程重组、建立并行产品开发协作环境的主要技术基础和保持企业竞争力的一种重要手段。

我国学者与企业界也在 PDM 的研究和实施方面做了大量的工作，取得了一定的进展。

目前，我国企业信息化过程中存在的主要问题是：

(1) 信息共享程度低。企业内部主要还是一些离散孤立的信息系统，产品数据存储于不同的计算机系统中，而且由于支持的文件格式和应用环境的差异，无法在各部门之间有效地进行信息共享和传递。

(2) 信息管理方式滞后。不少企业虽然采用了计算机辅助工具，但技术信息的载体在一定程度上仍是纸介质，采用手工化管理方式，既无法准确记录技术数据形成的过程，也无法迅速有效地检索产品数据文件，因此带来了诸多问题，如难以追溯产品设计制造过程、信息反馈慢、设计重用度差等。

(3) 产品开发方式落后。企业信息化多数只在原有产品开发方式框架下起到一定的"改良"作用，未能有效引领产品开发过程进入现代先进模式，难以满足激烈的市场竞争要求。

要解决这些问题，企业实施 PDM 是一个有效途径。目前看来，PDM 至少有以下几方面的作用：

(1) 通过改善企业信息流程，提高生产效率；

(2) 消除由于无效分布而造成的数据丢失及减少数据冗余；

(3) 支持并行工程，缩短产品开发时间，加速产品升级换代；

(4) 提高数据的可靠程度，保证产品设计的质量；

(5) 改善过程和数据的集成度与可回溯性；

(6) 减少生产成本，全面提高企业竞争力。

由于 PDM 技术把数据库的数据管理能力、网络的通信能力和其自身数据的控制能力结合在一起，因此可通过有效管理和控制所有与产品相关的信息，满足企业对信息管理较高层次的需求，从而能较好地解决上述问题。

随着先进制造技术的迅速发展和应用，对于制造企业而言，PDM 变得越来越重要，成为当今受到关注的热门技术之一。PDM 由于具有对产品生命周期中信息的全面管理能力，因此不仅其本身成为 CAD/CAM 集成系统的重要组成部分，也为以 PDM 系统为平台的 CAD/CAM 集成提供了前提条件。在这样的集成系统中，各部分的信息交流与管理都通过 PDM 平台来进行，这种集成被业界普遍看好，被认为具有广阔的应用前景。

5.13.2　PDM 的基本概念

PDM 技术的早期目标是解决大量工程图纸文档的管理，然后逐渐扩展到产品开发过程的 3 个领域中，即设计图纸和电子文档的管理、自动化工程更改单的管理以及物料清单(BOM)的管理。PDM 可看作是一个电子资料库，集成了产品生命周期内的全部信息，它在形式上又是一种软件，能进行涉及产品数据的各种管理工作。

目前对 PDM 技术尚无严格统一的定义。CIMdata 公司对 PDM 的定义是："PDM 是一门用来管理所有与产品相关信息(包括零件信息、配置、文档、CAD 文件、结构、权限信息等)和所有产品相关过程(包括过程定义和管理)的技术。"加特纳集团(Gartner Group)公司把 PDM 定义为："PDM 是为企业设计和生产构筑一个并行产品艺术环境(由供应、工程设计、制造、采购、销售与市场、客户构成)的关键使能技术。一个成熟的 PDM 系统能够使所有参与创建、交流、维护设计意图的人在整个产品信息生命周期中自由共享和传递与产品相关的所有异构数据。"尽管表述不同，但还是可以看出业界对 PDM 定义的认同点，即 PDM 是一门管理所有与产品相关的信息和与产品相关的过程的技术。

一般认为，PDM 的应用范围如图 5.13.1 所示。

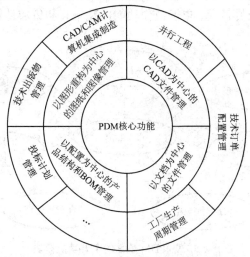

图 5.13.1　PDM 的应用范围

5.13.3　PDM 系统的体系结构

PDM 是以计算机网络环境下的分布数据库系统为技术支撑，采用客户/服务器结构和工作方式，为企业实现产品全生命周期的信息管理、协调工作流程和进而建立并行化产品的开发协作环境。

PDM 系统的四层体系结构从上至下分别为用户层、功能层、管理层和环境层，如图 5.13.2 所示。

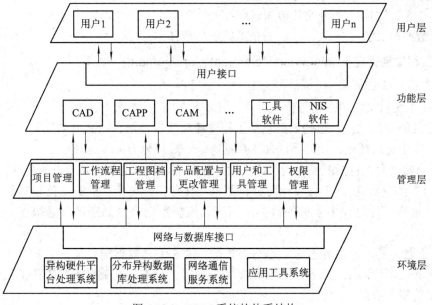

图 5.13.2　PDM 系统的体系结构

5.13.4　PDM 软件系统的功能

PDM 软件系统的主要功能模块包括电子仓库、工程文档管理、产品配置管理、工作流程管理、分类和检索、项目管理、电子协作功能以及工具和集成件管理等方面，如图 5.13.3 所示。

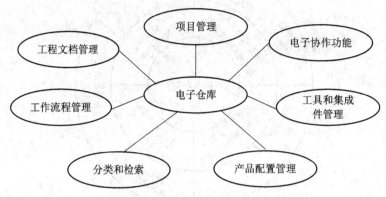

图 5.13.3　PDM 软件的主要功能模块

1. 电子仓库(Vault)

电子仓库是 PDM 的核心模块，它保存了管理数据(元数据)以及指向描述产品的相关信息的物理数据和文件的指针。它为用户存取数据提供一种安全的控制机制，并允许用户透明地访问全企业的产品信息，而不用考虑用户或数据的物理位置。

电子仓库模块的功能包括：

(1) 数据对象的检入(Check-in)和检出(Check-out)；

(2) 按属性搜索机制；

(3) 数据对象的动态浏览/导航能力；

(4) 分布式文件管理/分布式数据仓库；

(5) 数据对象的安全控制与管理(记录锁定、域锁定)。

2. 工程文档管理(Engineering Document Management)

1) 文档管理对象

PDM 系统以文件和图档为管理对象，统称为文档。文档管理对象包括产品整个生命周期中所涉及的全部数据。这些数据包括工程设计与分析数据、产品模型数据、产品图形数据、专家知识与推理规则及产品的加工数据等，一般可分为：

(1) 原始档案，包括产品合同、产品设计任务书、需求分析、可行性报告等文件。

(2) 设计文档，包括工程设计与分析数据，既有各种设计过程的规范和标准产品的技术参数，也有设计过程中生成的数据，如产品模型数据、产品图形信息报告、加工 NC 代码等。

(3) 工艺文档，分为静态与动态两类数据。静态工艺数据主要是指工艺设计手册上已经标准化和规范化的工艺数据以及标准工艺规程等；动态工艺数据主要指在工艺规划过程中所产生的相关信息。

(4) 生产过程的计划与管理数据。

(5) 维修服务，如备件清单、维修记录和使用手册等说明文件。

(6) 其他专用文件。

2) PDM 文档管理模型

PDM 把上述各种文档分成以下 5 种类型进行管理：

(1) 图形文件，由不同 CAD 软件产生的描述产品及其零部件几何图形的文件。

(2) 数据文件，即零部件的设计中所进行的分析、运动模拟、试验测试等产生的以数据为主的文件。

(3) 文本文件，描述产品性能的以文字为主的文件。

(4) 表格文件，包括有关产品或部件、零件的产品定义信息和结构关联信息。

(5) 多媒体文件，用以描述产品及产品各个部位的真实形象以及模拟产品装配过程、维修过程的音频视频文件。

3) 工程图档管理体系结构

在 CAD/CAM 系统中图形文件具有重要的地位，与此相应，工程图档管理是 PDM 文档管理中的重要部分。工程图档管理的体系结构如图 5.13.4 所示。

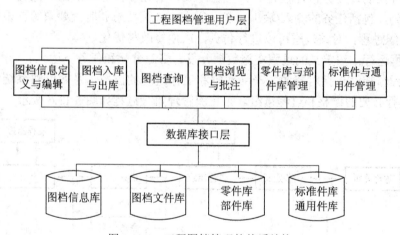

图 5.13.4　工程图档管理的体系结构

4) 工程图档管理的主要功能

(1) 图档信息定义与编辑：提供图档信息的配置功能，并根据用户定义的信息项完成图档基本信息的录入与编辑。

(2) 图档入库与出库：建立图档基本信息与图档文件的连接关系，实现图档文件的批量和交互入库，以及将指定的图档文件从数据库中调出来，传送给用户进行操作。数据库中的图档文件支持 Check-in/Check-out 功能，以保证文件的完整性和一致性。

(3) 图档浏览：浏览和显示多种常见格式的文件，如 DWG、DXF、IGES 等格式的图形文件，BMP、TIF、PCX、TGA、GIF 等格式的图像文件，TXT、DOC、RTF 等格式的文本文件，AVI 等格式的视频文件等。

(4) 图档批注：提供快速、方便的批注功能，支持使用各种用于批注的实体。用户可以通过屏幕的工具栏选取批注工具和批注图层名称、颜色及批注文件名。批注文件存放在独立的文件中，以充分保护原始文件。

3. 工作流程管理(Workflow or Process Management)

在产品设计制造过程中，任何一个环节、任何一个阶段的工作都要遵照一定的流程来进行。工作流程管理的功能就是要以过程控制、过程运行和过程监控来实现对工作流程的建模、控制与协调，如图 5.13.5 所示。

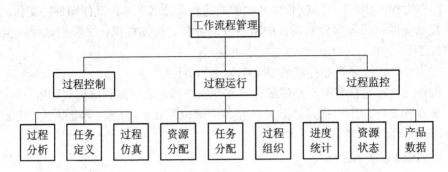

图 5.13.5　工作流管理功能模块

(1) 过程控制：在分析过程特点、关键环节、实施条件等基础上，定义一系列过程基本单元(任务)，包括任务的输入/输出、资源需求、人员要求和时间要求等。根据任务间的依赖关系组织过程，对该过程可以进行仿真，以便修改与优化。

(2) 过程运行：按定义的过程实施数据分发、资源分配和任务下达。

(3) 过程监控：包括对资源、产品数据和工作进度的监控，及时反映系统中发生的各种变更，进行必要的调整和过程重组。工作流管理执行过程如图 5.13.6 所示。

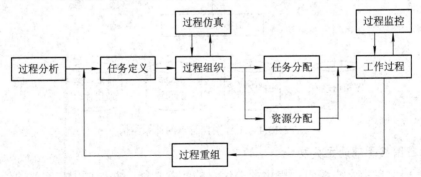

图 5.13.6　工作流管理执行过程

4. 分类和检索(Classification and Retrieval)

PDM 系统提供了对数据的快速方便的分类技术，将具有相似特性的数据与过程分为一类，并赋予一定的属性和方法，使用户能够在分布式环境中高效地查询文档、数据、零件、标准元件、过程等对象。分类功能是实现快速查询的支持技术之一。

PDM 系统的主要检索功能包括：

(1) 零件数据库接口；

(2) 基于内容的而不是基于分类的检索；

(3) 构造数据电子仓库码过滤器的功能，检索功能使用户可以利用现有设计创建新的产品。

5. 产品配置管理(Product Configuration Management)

1) 产品结构树

在制造业的生产计划编制、物资采购计划编制和新产品开发中，常通过产品分解获得产品零件汇总表或产品结构树。产品结构树是由产品装配系统图、产品零部件明细表(包括通用件、标准件、自制件、外购件、外协件、原材料)产生的，树中各节点分别表示部件或组件，叶节点表示零件。这种视图方式反映了产品与零件之间的层次关系，如图 5.13.7 所示。

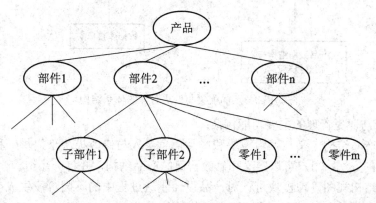

图 5.13.7　产品结构树

零部件都有各自的属性，如零件的材料、质量、尺寸、颜色以及部件由多少零件组成等。由于对象实例被分散地存放在网络中的若干节点上，为实现面向对象数据模型到关系数据模型的转换，可将对象的描述属性转换为关系数据库中的二维表信息，结构树的每个节点都连接着相关的零部件属性。

2) 产品配置的概念

不同的部门在不同的时期对物料清单(Bill Of Material, BOM)有不同的要求。为满足这些要求，需要将产品结构中的零部件按某种条件进行相应的编排，这称为配置。PDM 的产品配置管理以电子仓库为底层支持，以物料清单 BOM 为组织核心，把定义最终产品的有关工程数据和文档联系起来，对产品对象及其相互之间的联系进行维护和管理。产品配置管理能够建立完善的 BOM 表，实现其版本控制，高效灵活地检索与查询最新的产品数据。

3) 产品配置目标

产品配置的主要目标如下：

(1) 集中管理产品数据资源及使用权限；

(2) 统一管理产品生命周期内全部数据的有效性；

(3) 确保各部门物料清单(BOM)在实质内容上的一致性；

(4) 提供不同类型的产品配置信息；

(5) 建立灵活的产品数据配置模式。

4) 产品配置与变更管理的主要功能

产品配置与变更管理的体系结构如图 5.13.8 所示。

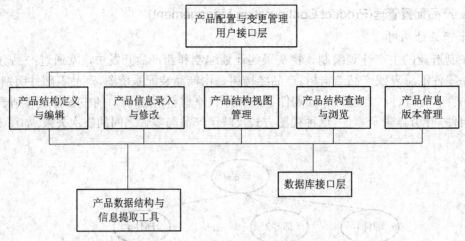

图 5.13.8　产品配置与变更管理的体系结构

产品配置与变更管理的主要功能包括：

(1) 通过产品结构定义与编辑模块和产品信息录入与修改模块来提供一种快速访问和修改 BOM 表的方法，用户可以定义和修改自己的产品结构，并将产品结构存入数据库中。

(2) 产品结构视图管理模块可针对产品设计制造过程中的不同阶段生成产品结构信息的不同视图以满足对同一产品的不同 BOM 描述的需求。

(3) 产品结构查询与浏览模块提供多种条件查询与浏览，并用直观的图示方式显示产品零部件之间的层次关系。

(4) 产品信息版本管理模块对产品的各版本数据提供解冻、释放、复制等操作。由于从产品开发到样机制造的过程中，产品的配置信息要经历多次的变化，造成产品信息具有各种版本，因此信息版本管理是不可缺少的。

6. 项目管理(Project Management)

项目管理是建立在工作流程管理基础之上的一种管理。项目管理在项目实施过程中实现其计划、组织、人员及相关数据的管理与配置，进行项目运行状态的监视，完成计划的反馈。

7. 电子协作功能

电子协作功能用来实现用户与 PDM 数据之间高速、实时的交互功能，包括设计审查时的在线操作、电子会议等。较为理想的电子协作技术能够无缝地与 PDMS 一起工作，允许交互访问 PDM 对象，采用 CORBA 或 OLE 消息的发布机制把 PDM 与图像紧密结合起来等。

8. 工具和集成件功能

为了使不同的应用系统之间能够共享信息，以及对应用系统所产生的数据进行统一管理，必须形成基于 PDM 的应用集成。

根据集成程度的不同，基于 PDM 的应用集成从低到高可分为 3 个层次：应用封装、接口交换、紧密集成。该模块的功能有批处理语言、应用接口(API)、图形界面/客户编程能力、系统/对象编程能力、工具封装能力、集成件(样板集成件、产品化应用集成件、基于规则集成件)。

5.13.5　PDM 的发展趋势

随着 PDM 技术的发展，已有不少 PDM 软件问世。按照软件产品的服务对象进行分类，有的产品是支持全企业的，有的产品是支持工作团体或部门的，还有面向专用产品数据管理系统的。

PDM 软件按软件功能特点可分为：

(1) 以文档、数据管理为着重点。

(2) 主要面向 CAD，以设计过程及产品结构管理为重点。

(3) 面向软件异构系统集成。

PDM 软件的使用面一直在扩大，新的用户不断增加。就目前的情况来看，用户不仅希望能实现 PDM 对各种应用软件所产生的数据和文档进行有效管理，还希望在 PDM 环境中做到应用软件之间的信息共享、应用系统与 PDM 系统中数据对象的一致性以及设计制造部门与经营管理部门的信息集成。

一般认为，当前要做到应用系统与 PDM 系统的紧密集成是有前提条件的，那就是应用软件系统与 PDM 软件系统都来自同一家开发公司，如同样出自 EDS 公司的 CAD/CAM 软件 UG 和 PDM 软件 iMAN 就可做到紧密集成。显然，这对于用户而言并不是一种理想的状况，这种状况的改变主要将取决于应用系统与 PDM 系统之间面向对方的内部结构开放性问题，这在一定程度上已超出了技术范畴。

PDM 是应多元性数据管理与集成的需要而产生的，PDM 系统在分布式计算技术和 Internet/Intranet 技术等支撑技术推进下得到了迅速发展，其底层能支持异构软、硬件平台，中间层能提供分布式信息管理、通信服务以及支持应用集成的应用服务，为制造业全生命周期的各种产品信息的统一管理与控制提供必要的支持工具，并提供从 CAD/CAM、CIMS 走向并行工程的信息集成与过程集成的支持框架。

PDM 系统具有如下的发展趋势：

(1) 构架在分布式计算环境上。PDM 作为企业信息化的集成平台，要求能够集成不同应用平台下的应用系统，目前实现这个目标的重要技术手段是引入 CORBA，如国外企业级的 PDM 产品无一例外地采用了 CORBA 平台，希望能从根本上消除企业信息化过程中的"孤岛"现象。

(2) 基于 Web 的客户端。对跨地域分布的企业来说，需要提供能在网络浏览器上运行的 PDM 客户端，以便完成 PDM 的集成管理功能。

(3) 功能模块的独立性。典型的 PDM 产品的各功能模块都能既相互关联又相对独立。功能模块的独立性体现了 CORBA 平台的优势，各模块可以根据用户需求灵活地组合成不同的应用系统。

(4) 完备的应用工具集。PDM 需要提供大量的应用工具，如应用模型的建立工具、CAD 系统接口、CAD 系统浏览工具、二次开发接口等。

(5) 与 ERP 系统的集成。PDM 与 ERP 系统在应用中的侧重点不同，但它们应是互为开放的系统，能够实现系统之间有效、可靠的集成。ERP 向 PDM 提供市场需求信息、产品设计任务要求、原材料信息、设备状态信息、工程更改请求信息等；PDM 则向 ERP 提供产品属性信息、产品加工工艺信息、成本信息、工程更改信息等。

(6) 与 CAD/CAPP/CAM 系统的集成。PDM 系统与 CAD/CAPP/CAM 系统之间可实现共享信息和共享操作服务，任何一方内部的操作都可在另一方中自动形成相应的修改，双方还可相互调用有关服务，真正实现一体化。

✦✦✦✦✦ 思 考 题 ✦✦✦✦✦

1. 21 世纪制造业的产品、市场和环境的特点分别是什么？
2. 21 世纪制造业的技术特点是什么？
3. 什么是 CIMS？CIMS 的关键技术及经济效益各是什么？
4. 工业机器人的用途及发展趋势各是什么？
5. 工业机器人手部、手臂、腕部的功能分别是什么？
6. 有限元分析的基本思想和一般流程是什么？
7. 什么是 CAPP？CAPP 的基本原理是什么？
8. 派生式 CAPP 和创成式 CAPP 各自的特点是什么？
9. 成组技术的实质、基本概念和核心问题各是什么？
10. CAPP 软件的基本功能是什么？
11. 什么是并行工程？并行工程的特点和关键技术各是什么？
12. 成组技术中的 JLBM-1 分类编码系统是如何进行编码的？
13. 什么是逆向工程？逆向工程有哪些应用？有哪些测量方法可用于逆向工程？
14. 快速成形技术的基本过程是什么？典型的快速成形工艺有哪些？
15. 什么是虚拟制造？虚拟现实技术在生产中有哪些应用？
16. 敏捷制造的产生背景是怎样的？动态联盟的基本含义是什么？
17. 智能制造系统的基本特征是什么？"中国制造 2025"的具体目标是什么？
18. 产品数据管理(PDM)软件系统的主要功能模块包括哪些？

参 考 文 献

[1]　方新. 机械 CAD/CAM 技术. 西安：西安电子科技大学出版社，2004

[2]　方新. 机械 CAD/CAM. 北京：高等教育出版社，2003

[3]　宁汝新. 赵汝嘉. CAD/CAM 技术. 北京：机械工业出版社，1999

[4]　宗志坚. CAD/CAM 技术. 北京：机械工业出版社，2001

[5]　王雷. Pro/Engineer(野火版)应用基础与产品造型实例. 北京：人民邮电出版社，2003

[6]　邱志惠. Pro/ENGINEER 实用教程. 西安：西安电子科技大学出版社，2011

[7]　谭雪松，张黎骅，漆向军. Pro/ENGINEER 基础教程. 北京：人民邮电出版社，2009

[8]　牛宝林. Pro/ENGINEER Wildfire 4.0 应用与实例教程(高职). 北京：人民邮电出版社，
2009

[9]　陈胜利. Pro/ENGINEER Wildfire 三维造型设计实例教程. 北京：清华大学出版社，2009

[10]　张平亮. 先进制造技术. 北京：高等教育出版社，2009

[11]　冯宪章. 先进制造技术基础. 北京：北京大学出版社，2009

[12]　郁鼎文，陈恳. 现代制造技术. 北京：清华大学出版社，2006

[13]　张之敬，焦振学. 先进制造技术. 2 版. 北京：北京理工大学出版社，2007

[14]　黎震，朱江峰. 先进制造技术. 2 版. 北京：北京理工大学出版社，2009

[15]　王庆明. 先进制造技术导论. 上海：华东理工大学出版社，2007

[16]　袁根福，祝锡晶. 精密与特种加工技术. 北京：北京大学出版社，2007

[17]　李伟. 先进制造技术. 北京：机械工业出版社，2007

[18]　赵云龙. 先进制造技术. 西安：西安电子科技大学出版社，2006

[19]　邓三鹏，马苏常. 先进制造技术. 北京：中国电力出版社，2006

[20]　王润孝. 先进制造技术导论. 北京：科学出版社，2004

[21]　中国科学技术协会，中国机械工程学会. 机械工程学科发展报告 2008—2009. 北京：
中国科学技术出版社，2009

[22]　高伟强，成思源，胡伟，等. 机械 CAD/CAE/CAM 技术. 武汉：华中科技大学出版
社，2013

[23]　蔡汉明，陈清奎，杨新华，等. 机械 CAD/CAM 技术. 北京：机械工业出版社，2013

[24]　任学军，田卫军，杜义贤，等. CAD/CAM 应用技术. 北京：电子工业出版社，2011

[25]　欧长劲. 机械 CAD/CAM. 西安：西安电子科技大学出版社，2007

[26]　刘利钊. 3D 打印组装维护与设计应用. 北京：新华出版社，2016